双 碳 系 列 教 材

流域生态补偿
政策与实践

余婕 李星皓 陈星雨 著

中国财经出版传媒集团

经济科学出版社
Economic Science Press

·北 京·

图书在版编目（CIP）数据

流域生态补偿政策与实践 / 余婕，李星皓，陈星雨
著 . -- 北京：经济科学出版社，2025.3. --（双碳系
列教材）. -- ISBN 978 - 7 - 5218 - 6887 - 6

Ⅰ . X321.2

中国国家版本馆 CIP 数据核字第 2025DG2324 号

责任编辑：撖晓宇
责任校对：王肖楠
责任印制：范　艳

流域生态补偿政策与实践

余　婕　李星皓　陈星雨　著

经济科学出版社出版、发行　新华书店经销

社址：北京市海淀区阜成路甲 28 号　邮编：100142

总编部电话：010 - 88191217　发行部电话：010 - 88191522

网址：www. esp. com. cn

电子邮箱：esp@ esp. com. cn

天猫网店：经济科学出版社旗舰店

网址：http://jjkxcbs. tmall. com

北京季蜂印刷有限公司印装

787 × 1092　16 开　13.5 印张　320000 字

2025 年 3 月第 1 版　2025 年 3 月第 1 次印刷

ISBN 978 - 7 - 5218 - 6887 - 6　定价：55.00 元

前　言

对于本科生而言，学术研究往往如同一扇高不可攀的天窗，需要解锁独特的密钥。然而，如果能够将"学"与"研"紧密结合，在课堂上共同探讨学术与实践问题，便能够打开研究的大门，帮助学生更快速地厘清未来发展的方向与职业选择。同时，我们也期盼该书能够有机会重印，这将为我们提供不断修订和完善的动力。基于此，经过与合作者的商讨，我们决定将本书命名为《流域生态补偿政策与实践》，突出政策的概论与实践，实践更多偏向应用与操作示例。鉴于此，本书的第一部分是政策导论篇（第一章至第二章），第二部分是发展现状与具体案例篇（第三章至第四章），第三部分是方法论的应用与操作篇（第五章至第六章）。通过对政策的梳理与分析、理论模型的构建以及实证分析的结合，我们从理论的高度逐步走向应用与操作，力求将研究方法与实际操作相融合，帮助学生更好地理解和掌握生态补偿政策的具体实施过程。以下是本书的各章节安排。

第1章为基础篇。作为全书的开篇，承担着为读者构建理论基础和提供背景知识的重任。内容上，系统梳理了生态补偿的核心概念，为深入探讨流域生态补偿奠定基础。同时，本章扩展了视野，概述了国际生态补偿政策的进展与实践案例，使读者能够全面理解生态补偿政策的发展脉络。此外，还论述了生态补偿政策的价值，着重阐述了生态补偿政策与生态文明建设之间的紧密联系及其对社会、经济与环境的积极影响。

第2章为概念篇。梳理了流域生态补偿的定义、特征、补偿模式及类型，同时综合政策实施情况，全面概述了中国流域生态补偿体系的建设背景及其政策进展。通过深入剖析流域生态补偿的内涵、系统梳理其补偿模式，为理解中国流域生态补偿政策的演变路径提供了清晰的框架，同时为后续模型构建与定量分析奠定了理论基础。

第3章为现状篇。综合分析流域内不同补偿方向的实践情况，总结了纵向与横向生态补偿政策的发展态势及面临的挑战，并归纳了流域生态补偿现实发展中的矛盾与困境。

第 4 章为案例篇。通过分析不同补偿模式（单向与双向补偿）、特定领域（农业、工业、城市发展和减贫）以及跨区域范围（两省、三省及全流域）的案例，提炼出有益的经验与启示。

第 5 章为政策文本量化篇。基于 1996～2021 年中央与地方层面的 4 337 篇政策文本，运用社会网络分析法并结合 Pajek 软件，对生态流域政策主体的联合发文行为进行量化分析。通过给出详细操作指南，对政策文本的量化方法进行深入探讨。

第 6 章为演化博弈模型篇。介绍了演化博弈理论，并深入探讨了流域横向生态补偿责任主体的策略选择，计算了中央政府、上游与下游主体的演化博弈稳定策略，并配套了详细的 Matlab 操作代码和计算分析。

第 7 章为政策评估实证篇。采用多期双重差分法，基于城市层面的面板数据，评估了 2006～2018 年的横向流域生态补偿政策对水污染防治的激励效应。此外，提供了详细的 Stata 代码，使读者能够准确再现或复制分析过程与结果，进一步提升了本书的实用性。

本书的独特之处在于系统地介绍了流域生态补偿政策与实践，并按照理论与实践相结合的原则将内容分为两个主要部分：前四章为基础概论与案例研究，后三章则专注于方法教学与软件操作演示。在奠定坚实理论基础和案例分析的前提下，本书设计了一种互动式学习模式，旨在激发学生或读者的实践参与感，促进他们对学术研究的深入理解和应用。本书的特色在于其类似"手把手"和"情景还原"的教学方法，通过这种方法，不仅传授理论知识，更注重引导学生将所学知识转化为实际应用能力。通过提升案例的可复制性和实践操作性，旨在激发学生的创新思维和实践能力，为学生在流域生态补偿领域的专业发展提供坚实的教育支撑和技能训练。这种教学设计有效地促进了理论与实践的融合，增强了学生解决复杂环境政策问题的专业素养。

在开始深入本书的内容之前，读者可利用教学内容及附录中的指导，自行完成 Pajek 和 Stata 等软件的安装与基本操作技能的掌握。值得注意的是，本书并未对 Matlab 软件的使用进行详尽的教程编写。因此，对于 Matlab 的学习和应用，我们建议读者自行探索和学习，以丰富自己的数据分析能力。

本书中的代码和教学操作尽管经过精心设计，整理不易，但仍可能存在一定的不足与改进空间。若读者在使用过程中有任何宝贵的意见或建议，敬请与作者联系。限于作者水平有限，欢迎读者批评指正，我们将虚心并真诚接受各方建议，并致力于不断完善本书内容，以期为读者提供更加精准和有效的教学与研究支持。

余　婕

2025 年 1 月 12 日

目　　录

第 1 章

生态补偿政策导论

学习目标

(1) 学习和掌握生态补偿的概念。

(2) 学习生态补偿的类型与其他国家的生态补偿政策实践。

(3) 理解生态补偿政策对社会、经济与环境的影响。

1.1 生态补偿概述

1.1.1 生态补偿的概念界定

生态补偿是一种将外部成本转化为内部责任的环境经济手段（毛显强等，2002），它以绿色发展为导向、互利共赢为目标（李坦等，2022），通过调节利益相关者的权责来实现人与自然和谐发展与区域均衡发展（刘炯，2015），目前已成为各国生态治理的重要政策工具。对具有溢出性的地方公共品（余璐，2009），生态补偿能够通过经济手段激励个体或组织，促使其积极维护和保护生态系统，从而应对市场失灵带来的生态效益外部性问题（邓晓兰等，2013）。狭义的生态补偿主要包括弥补人类活动对生态系统和自然资源造成的直接损害，以及对环境污染的修复、补偿和综合治理等一系列措施（马立新等，2007）；而广义的生态补偿则还包括机会成本，指的是对因环境保护措施而失去发展机会的居民，提供资金、技术或实物支持（孙新章等，2006）。与狭义补偿相比，广义补偿的范围更为广泛，涵盖了环境成本以外的机会成本。

作为生态文明建设的重要内容，生态补偿能履行生态保护责任、调动各方积极性，被誉为实现"绿水青山就是金山银山"目标的关键途径，是迈向生态文明的"绿金之道"（赵越等，2018）。需要特别指出的是，生态补偿的真正意义不仅仅在于生态资金的筹集与使用，更是生态治理的重要组成部分。因此，生态补偿应当将区域生态建设与经济发展视为一个整体，致力于二者之间的平衡与协调（刘炯，2015）。

1.1.2　中国的生态补偿实践

改革开放以来，中国短短几十年间，就走完了西方发达国家百年的工业化历程。然而，高速经济增长的背后，生态环境遭受到了前所未有的破坏，这不仅对国家的经济、社会造成了危害，还对可持续发展造成了负面影响。为了改善这一现状，中国在 1978 年开展了最早的生态补偿实践——"三北防护林工程"，随后又于 1979 年颁布了《中华人民共和国环境保护法（试行）》，首次提出了"污染者付费"的理念，标志着中国的生态补偿机制进入探索阶段。1994 年，淮河再次暴发污染事件，导致局部河段的水质恶化迅速扩展至整个流域。这一事件促使中国开始在流域层面实施大规模的水治理措施（徐敏等，2019）。

党的十八大报告指出要建立包含生态文明建设在内的"五位一体"总体布局，随后2014 年，《中华人民共和国环境保护法》提出建立、健全生态保护补偿制度，加大对生态保护地区的财政转移支付力度。2016 年，国务院发布的《关于健全生态保护补偿机制的意见》提出，支持推动横向生态保护补偿，并建议制定以地方为主、中央财政给予支持的横向生态保护补偿机制办法。到了 2017 年，党的十九大报告进一步强调，应加快建立市场化和多元化的生态补偿体系，并加大水污染防治力度，推进流域及近岸海域的综合治理工作。此外，2020 年水利部发布了《关于建立跨省流域上下游突发水污染实践联防联控机制的指导意见》，明确规定省级政府为责任主体，加强上下游联动协作。2021 年，《国民经济和社会发展第十四个五年规划和 2035 年远景目标纲要》指出不断健全生态保护补偿机制，鼓励开展横向生态补偿。2023 年，《重点流域水生态环境保护规划》总结了新时期的治水思路，明确以污染治理为核心，同时推动水资源、水环境和水生态等流域要素的协同治理与统筹发展。同年，《关于延续黄河全流域建立横向生态补偿机制支持引导政策的通知》中进一步要求积极创新多元化补偿方式，探索建立全面覆盖、权责对等、共建共享的横向生态保护补偿模式。由此可见，中国的生态补偿政策经历了从"建立"和"健全"到"深化"的逐步演变过程。

1.1.3　生态补偿面临的困境

尽管生态补偿机制的探索不断深化，但在具体实施过程中，仍面临着诸多困难，主要体现在补偿主体单一化、主体间协同不足、补偿标准不明确、制度架构不健全以及基础设施建设滞后。

首先，生态补偿实践中补偿主体单一，受偿主体不明确。由于自然资源的国家所有权和全民共有属性，中国的生态补偿体系以依赖政府财政转移支付为主，市场化补偿方式为辅，大部分地区的市场化补偿机制尚处于初级探索阶段。然而，单一补偿主体的模式往往难以确保补偿资金充分覆盖生态损害的成本。同时，虽然自然资源属于国家所有，并由地方政府负责规划与管理，但现实中，经过审批的企业也能获得资源的开发权。这种复杂的资源使用权分配模式容易导致生态产权的界定不清和管理上的混乱，进而引发补偿责任与受偿权利的不明确，最终影响补偿资金的精准发放和有效落实。

其次，生态补偿的治理体系中主体不协调。生态环境的治理与修复工作横跨多个行政职能部门，包括农林牧渔、水利、城乡建设、自然资源等，这些部门之间普遍存在权责界定模糊、管理职能重叠、协同效率低下的问题。在生态补偿机制的实施过程中，缺乏统一的规划和综合性的治理策略，例如流域水资源的开发与管理由水利部门负责，而流域污染排放的收费与监管则由生态环境部门负责。这种分散的管理模式不仅阻碍了生态环境的统一监管，也降低了补偿资金的使用效率。

再次，生态补偿的补偿标准未形成明确的体系。由于生态系统的复杂性以及各地区生态环境和经济发展的差异，统一的补偿标准难以适应各地区的实际需求。理论上可以通过市场定价来反映生态资源和服务的真实价值，但目前缺乏完善的生态产品市场，难以通过市场发现合理的价格，补偿标准更多依赖政府的规划，而非市场引导。在实践中，地方政府往往根据自身的发展需求采用不同的评估指标和方法，导致补偿标准缺乏共识，进而影响生态补偿的公平性与有效性。

进一步而言，生态补偿的制度框架尚显不足。尽管中国已经颁布了众多与生态补偿相关的法律法规，但这些法规散布于不同层级的资源单项法律之中，制定主体和关注焦点各异，缺乏统一性和连贯性。这种制度布局的分散性导致生态补偿的实施过程遭遇诸多障碍，政策执行力不足，难以构建起一个有效运作的循环体系。

最后，生态补偿的基础设施建设与监管体系薄弱。在部分区域，生态治理所需的基础设施投资不足，建设进程缓慢，例如一些农村乡镇尚未建立污水处理设施，导致污水未经处理直接排放、严重影响流域生态环境。同时，现行的生态补偿监管和执法力度不足，管理措施和责任落实存在缺陷，风险预警与应急响应机制尚未健全。在生态补偿的实施过程中，部分地区缺乏有效的绩效考核和全程监管，面临执法成本高昂与违法成本低廉的双重挑战。

1.2　生态补偿的类型与理论基础

1.2.1　生态补偿的类型

生态补偿的类型划分有多种，分别从不同层面展现了生态补偿的重要特征。厉以宁等（1995）在《环境经济学》中根据环境破坏者的补偿途径将生态补偿划分为直接补偿和间接补偿，并提出了社会补偿的概念。社会补偿是一种间接的补偿形式，指社会各界通过各种途径筹集资金，来弥补因环境破坏而受到损害的群体或个人。洪尚群等（2001）根据补偿发生的空间范围，将生态补偿划分为国内补偿和国际补偿；根据是否能实现可持续发展划分为代内补偿和代际补偿。沈满洪等（2004）按照补偿对象，将生态补偿界定为对生态保护作出贡献、减少生态破坏、在生态破坏中的受损者给予补偿。按照行政管理的条块划分，为上下游间的补偿和部门间的补偿；按照政府干预程度划分，为政府的强干预补偿和弱干预补偿；按照补偿效果划分，为"输血型"和"造血型"补偿（李坦等，2022）。吕忠梅（2003）从内涵上区分了广义生态补偿和狭义生态补偿，广义生态补偿包含对生态功能和污染环境的补偿，狭义生态补偿仅对生态功能进行补偿。王攀科（2014）以补偿主体为依据，将生态补偿划分为国家生态补偿和社会生态补偿，具体分类及其内涵如表1-1所示。

表1-1　　　　　　　　　　　　　生态补偿的类型

分类依据	主要类型	具体含义
补偿途径	直接补偿	环境破坏的责任方直接向受害者支付赔偿
	间接补偿	环境破坏方将补偿款项支付给政府部门，然后由相关部门将资金分配给受害者进行补偿
区域范围	国内补偿	国内各部门、区域间的补偿
	国家间补偿	国家与国家间的补偿
可持续发展	代内补偿	同代人之间的生态补偿
	代际补偿	当代人对后代人的补偿
补偿对象性质	保护补偿	对生态保护作出贡献者给予补偿
	受损补偿	对减少生态破坏者、在生态破坏中的受损者给予补偿
行政条块	区域补偿	由经济发达的下游地区补偿上游地区
	部门补偿	由直接受益者支付补偿
政府介入程度	强干预补偿	通过政府转移支付实现生态补偿
	弱干预补偿	在政府的引导下，生态保护者与受益者通过自愿协商达成补偿协议
补偿的效果	输血型补偿	补偿方或政府将已筹集的补偿资金定期转交给受补偿方
	造血型补偿	补偿目标为提高落后地区的发展能力
补偿的内涵	广义补偿	生态功能和污染环境的补偿
	狭义补偿	生态功能的补偿
补偿的主体	国家补偿	由国家财政支付补偿
	社会补偿	由受益地区、部门、企业等提供的补偿

1.2.2　生态补偿的相关理论

生态补偿作为一项涉及多学科领域的社会议题，包含广泛的理论基础。目前，生态补偿的相关研究多以公共物品理论、外部性理论、生态价值理论和可持续发展理论为基础。这些理论共同构成了一个多维度的理论体系，为生态补偿政策的制定与实施提供坚实支撑。

1. 公共物品理论

公共产品与私人产品共同构成了社会产品。公共产品的概念最早由萨缪尔森（Samuelson，1954）在其论文《公共支出的纯理论》中提出，其核心特征为非排他性和非竞争性。其中，非排他性意味着公共产品在使用中容易引发"搭便车"现象，导致供给不足；而非竞争性则可能导致"公地悲剧"现象，即公共产品的过度使用。这两种特性使得市场机制在公共产品领域难以有效发挥作用（彭诗言，2011）。为了确保公共产品的正常供应，政府应依据"受益者付费、保护者受偿"的原则，设计针对公共产品保护主体的激励策略，从而实现资源的合理配置。

公共物品理论为建立生态补偿机制提供了理论基础，作为准公共物品，生态环境同样具有非排他性和非竞争性的特征。在生产和消费过程中，这些特性容易导致生态产品配置的低效率，主要表现为生态产品供给不足和"搭便车"行为。非竞争性特征往往会因为资源的稀缺性导致的资源过度利用，最终导致"公地悲剧"。戴利（Daily，1998）指出，生态系统服务的公共产品属性体现在其整体运作带来的综合效益，这些效益是由生态系统本身的功能和物理特性所决定的，保障生态服务的公平分配对于维护社会福祉和生态系统健康至关重要。因此，在自然资源和生态产品的供给过程中，应确保公众平等享有生态服务和生态产品的福利。这也是为什么，生态系统公共产品的供给应以政府主导为核心，同时依靠市场机制的补充支持。通过实施纵向和横向生态补偿、强制性生态税，并结合激励与惩罚的政策设计，可以有效保障生态服务和生态产品的长期供应。

2. 外部性理论

资源与环境经济学认为，外部性是引起资源过度开发和生态破坏的重要原因之一。马歇尔最早提出外部性这一概念，他的学生庇古进一步研究了外部性问题，并阐述了其产生的原因。外部性是指在经济活动中，生产者或消费者的行为对其他人或企业产生的超出其自身范围的影响（毛显强，2002）。这些影响可以是正面的，也可以是负面的，分别被称为正外部性和负外部性。正外部性是指某些行为使其他社会成员获得更多的社会福利，但其个人收益低于社会收益或个人成本高于社会成本，例如低碳出行、植树造林等；负外部性与之相反，如随意排放污水、不合理砍伐树木等行为。由于破坏生态环境的行为往往不受到惩罚，而外部成本或收益无法通过市场价格机制反映，导致保护生态环境的行为得不到补偿，进而使环境污染问题日益严重。

目前，缓解环境负外部性的方法有以下三种：一是庇古税。通过税收手段给予相应的补贴和罚款，将外部成本内部化，如对污染企业征收高额环保税、将清洁能源补贴给使用清洁能源的企业。二是科斯定理。通过明晰产权界定引入市场机制，从而实现对环境的有效治理，如将森林、河流等资源划归私人或集体所有，并允许其通过市场交易进行保护

（李坦等，2022）。三是环境干预主义学派加尔布雷思主张，通过政府干预或立法手段对破坏环境的行为予以约束与制止（罗小芳和卢现祥，2011），例如制定严格的环保法规，对污染行为进行处罚。具体到生态补偿的实践中，当某地区采取多种保护措施以改善周边地区的环境质量时，这种行为所产生的社会效益往往超过个人或地方的直接收益，从而形成正外部性。如果该地区能够获得足够的补偿或财政支持，便能将这些外部效益转化为内部激励，从而进一步推动生态保护措施的实施。

3. 生态价值理论

价值理论是经济学的核心议题之一，因为它在资源配置中具有决定性引导作用。然而，关于生态的价值及其具体表现形式，一直是学术界争论的核心问题。传统经济理论，如劳动价值论（亚当·斯密、大卫·李嘉图、马克思）、要素价值论、效用价值论以及新古典经济学（门格尔、维塞尔、马歇尔），长期将资本、劳动和技术视为推动经济增长的主要因素，而忽略了生态资源的根本作用。进入 20 世纪 80 年代，随着环境问题日益严峻，学术界开始认识到传统经济模型的局限性，发现它们既未能有效地将自然资源的约束纳入考虑，也未能理顺人类经济活动与自然生态系统之间的复杂关系。对此，生态经济学家提出了生态价值理论，主张为自然资源赋予内在价值，从而反映其在社会经济发展中的独特作用。这一理论不仅强调了自然资源在消耗过程中的存量与流量价值，还包括经济、伦理和功能等多维度的价值，推动了人类对生态系统多元价值的深刻认知。

生态价值理论不仅强调自然资源的经济属性，还倡导一种人与自然和谐共生的可持续发展模式。这一理论源自生态哲学，摒弃了传统经济学中以人类自利为核心的功利观，指出单纯的人类中心主义或自然中心主义无法全面解释人与自然之间的复杂互动。它提倡一种更为综合和包容的视角，认为人类与自然是相互依存、共同发展的整体。这一思想与近年来提出的"人与自然是一个生命共同体"以及"绿水青山就是金山银山"的理念高度契合，反映了人民对生态环境改善、可持续发展的强烈期望。此外，生态价值理论也为生态补偿标准的制定提供了重要依据。早期的研究强调通过极差地租或影子价格等方法，将水资源、森林、土地等生态系统服务的价值货币化。当前，更多的学者采用基于生态系统服务价值的货币化方法，通过系统化计算来确定生态补偿标准，已成为生态价值理论的重要拓展（周晨等，2015；牛指伟和邹昭晞，2019）。

4. 可持续发展理论

传统经济理论强调经济增长，忽视了资源环境的协调发展。到 20 世纪中叶，随着工业化和城市化加深，环境污染问题愈发突出，可持续发展理论得到关注与发展。1962 年，美国生物学家莱切尔·卡逊（Rachel Carson，1962）出版《寂静的春天》，详细阐述了使用杀虫剂对鸟类和生态环境造成的危害，将环境问题引入公众视野。到 1987 年，世界环境与发展委员会在《我们共同的未来》报告中明确提出了可持续发展的概念，将其定义为"既满足当代人的需要又不对后代人满足其需要的能力构成危害"的发展模式，并对全球范围的可持续发展问题进行全面论述（Imperatives，1987），至此，可持续发展理论正式确立。

可持续发展理论涵盖了三个核心维度：经济发展、社会发展和生态环境的可持续性。首先，经济发展可持续性并非仅仅追求增长速度，而是强调在保证增长的同时提高质量。这一理念并不主张通过牺牲经济增长来保护环境，而是提倡从传统的高投入、高污染模式转向更加集约和高效的经济发展方式。通过技术创新、清洁生产以及能源效率的提升，可以在实现经济效益的同时有效减少环境污染，从而实现经济的绿色转型。其次，社会发展可持续性超越了单纯的经济增长，注重提升全球人民的生活质量和健康水平。其核心目标是创造一个能够保障平等、自由、教育、基本人权以及免受暴力的社会环境。经济发展虽然是可持续发展的过程，但社会发展的可持续性才是最终的目的，它指向的是人类社会更全面、更深刻的发展，旨在实现人类的全面福祉。最后，生态可持续性要求我们在推动经济和社会发展的同时，考虑自然环境的承载能力。其核心在于如何合理使用自然资源，确保生态系统的健康和可持续性。对于不可再生资源，必须尽可能开发替代性的可再生资源；对于可再生资源，则要优化资源利用效率，确保其消耗速率不超过自然再生速率，从而保持生态平衡和环境的可持续性。总体而言，可持续发展理论强调三者之间的有机协调，要求在追求经济繁荣的同时，保护社会公平与生态环境，确保为未来世代留足资源和生存空间。

可持续发展理论将保护生态环境和社会经济发展紧密地结合，通过发展生态经济促进生态资源的持续利用。生态补偿政策正是在这一框架下应运而生，通过补偿机制，可以解决因公共生态资源保护而产生的外部性问题，促进资源的公平配置，实现经济、社会与环境的可持续平衡。因此，可持续发展理论为生态补偿政策提供了理论基础，生态补偿政策则为实现可持续发展目标提供了政策工具，进而推动社会经济和生态环境的和谐发展。

1.3　生态补偿政策的国际实践

1.3.1　国际生态补偿政策概览

随着经济社会的不断发展，全球资源日益紧缺。为改善和修复生态环境，世界各国纷纷投身于生态补偿的实践之中。补贴与偿还是最主要的政策工具，补贴政策通常是"向前看"的，它侧重于激励未来的环境友好行为；偿还政策则是"向后看"的，它侧重于对已经发生的环境损害进行补偿。偿还政策可能涉及对污染者或资源使用者收费，而补贴政策则涉及向环保行为者提供资金支持，实践中往往是将生态偿还和生态补贴进行结合。从各国的经验来看，偿还和补贴政策被广泛地应用于农业生态环境、森林、生态恢复与保护、流域综合管理、湿地保护等多个重要领域。

1. 美国生态补偿政策概述

20 世纪 30 年代起，美国因自然环境恶化和经济衰退，开始实行生态补偿政策。这一政策由政府主导，并以市场经济的方式运行，旨在保护生态环境、土地等与人类生存相关的重要资源。农业一直是美国生态补偿的重点关注领域，具有较长的历史，其中湿地补偿的研究最具代表性。美国生态补偿模式经历了政府主导阶段、政府与市场联合阶段到生态补偿的精细化运作阶段（宋皓，2016），表 1 - 2 展示了不同补偿模式下美国的生态补偿案例。

表 1 - 2 　　　　　　　不同生态补偿运行模式下美国的生态补偿案例

案例名称	美国农用地保护	美国得克萨斯州爱德华兹含水层保护	美国湿地缓解银行
支付方	美国农业部	圣安东尼奥市及其周边社区 200 万居民	从事开发活动并对生态环境造成损害的开发者
被补偿方	合格的土地所有者	含水层集水区和补给区土地所有权人或农民	建立和缓解银行的私营企业及土地所有者
受益者	普通公众	圣安东尼奥市及其周边社区 200 万居民	普通公众
中介主体	无	无	无
补偿标准	基于该土地的农业租金	依照土地价格而定	基于生态信用产品类型、生产成本及对该类型生态产品的需求
补偿方式	政府直接发放	税收	生态产品信用证
核算方法	无	无	基于面积或功能
资金来源	反向拍卖	增加居民税收	生态信用产品的交易
运作模式	政府主导型	政府主导型	政府与市场联合型

资料来源：吕国玮，杜亚敏，周思彤，等. 国外生态补偿运行模式的借鉴与启示 [J]. 自然资源情报，2023 (11)：1 - 9.

美国先后实施了一系列生态补偿计划，最早在罗斯福"新政"时期美国农业调整政策开创了美国生态补贴的先例[①]；1939 年，美国西弗吉尼亚州颁布《复垦法》以保护和修复矿区环境。在 1956 ~ 1972 年期间，由于农产品价格下跌，为控制生产，美国政府推行保护性退耕计划，即实施了《土壤银行计划》和《耕地保护计划》。1985 年，美国确定了土地休耕计划（conservation reserve program，CRP），属于美国最大的私人土地保护项目之一，向农民提供补贴，属于生态补贴政策。20 世纪 90 年代以来，美国开始探索市场化的生态补偿机制。为了有效遏制湿地面积的持续缩减，美国湿地银行（Wetland Bank-

---

① 高国荣. 从生产控制到土壤保护——罗斯福"新政"时期美国农业调整政策的演变及其影响 [J]. 北京师范大学学报（社会科学版），2022 (6)：93 - 106.

ing）运用市场机制，来维护与恢复生态系统。通过实施湿地生态补偿政策，开发商或责任方可以通过购买"生态信用"来补偿其造成的湿地破坏。此举不仅推动了湿地恢复项目，还显著提升了湿地内的生物多样性。1996 年，美国农业部自然资源保护局向私人土地所有者提供环境保护技术和资金援助计划，并实施环境质量激励计划（Environmental Quality Incentives Program，EQIP），为生产者提供技术和财政援助，以解决自然资源问题并带来环境效益（权昌会等，1997）。2002 年，美国颁布新农业法《2002 年农场安全与农村投资法案》（*The Farm Security and Rural Investment Act of* 2002），在 1996 年农业法的基础上，增加了对农业的投入和补贴。其中，生态保护计划由六个部分组成，分别为保护安全计划、土壤保护储备计划、耕作土地计划、农地保护计划、小流域复原计划和其他保护计划①。

　　近年来，美国的生态补偿政策逐渐从单一的生态保护措施，转向更系统化、合作性强的补偿机制。联邦和州政府、非政府组织（NGOs）以及私人部门共同参与生态补偿项目，推动生态系统的长期修复和可持续管理。例如，美国推广的"支付生态系统服务"（Payment for Ecosystem Service，PES）方案，不仅强调了跨部门、跨领域的合作，还倡导了责任共担与收益共享的原则。总的来看，美国的生态补偿政策正逐渐成为多元化、系统化的合作机制。

2. 欧盟生态补偿政策概述

　　欧盟推出农业生态补贴政策的动因可归结为三个方面：首先，生态环境过度污染导致农业种植条件不断恶化；其次，20 世纪 70 年代中期后，农业生产过剩严重，造成农产品市场供大于求；最后，农村地区失业率和贫困水平上升，导致农业生产的积极性普遍不高②。

　　早期欧盟的农业政策主要聚焦于提升农业生产率，而忽视了生态环境保护，政策动态如图 1-1 所示。1962 年，欧盟推出了共同农业政策（Common Agriculture Policy，CAP），标志着欧盟在农业领域开始迈向产业一体化。最初 CAP 以增产为导向，通过价格干预和农业补贴来提高农产品的自给率，但也导致了严重的资源消耗和环境污染，相关的生态补偿并未受到重视。随着 CAP 多次改革，从 20 世纪 80 年代开始，环境保护逐渐成为政策的重要组成部分。1991 年，马克·歇瑞改革（Mac Sharry Reform）标志着 CAP 出现重大转变，其重点是调整农业结构，促进农业生态环境保护，并通过直接支付手段对农民进行补偿。进入 21 世纪，欧盟的生态补偿范围扩展至流域、森林保护、矿区环境、物种多样性保护等多个领域。2003 年的第五次 CAP 改革对生态保护做出了两项重大调整：一是将农业补贴的重心从产量转向环保标准；二是增加对农村的投入，以改善环境状况。2013 年，欧盟通过了 CAP（2014—2020）政策框架，该框架保留了直接支付和市场支持两大支柱，并鼓励实施农村发展政策。2020 年，欧盟发布了生物多样性战略，生态补偿政策通过激励

---

① 中华人民共和国农业农村部. 美国新农业法的主要内容分析［EB/OL］. https：//www. moa. gov. cn/ztzl/nygnzczcyj/200301/t20030102_41792. htm？eqid = b6311b7a00002206000000036442420b.
② 中国农村研究网. https：//ccrs. ccnu. edu. cn/list/h5details. aspx？tid = 3839。

环保农业实践和生态服务支付，来保护生物多样性和建立可持续的食物链。进一步地，为了推动全球供应链向绿色转型，并致力于遏制全球森林砍伐与退化，2023 年，欧盟正式颁布了零毁林法案（*EU Deforestation Regulation*，EUDR）。该法案不仅限制和禁止销售与森林砍伐或退化相关的产品，同时也鼓励和支持"零毁林"产品的国际贸易。此外，最新的 CAP（2023~2027）进一步强调了环境保护的重要性，旨在促进欧洲农业向可持续、有弹性和现代化的方向过渡，体现了欧盟对生态问题的持续重视。

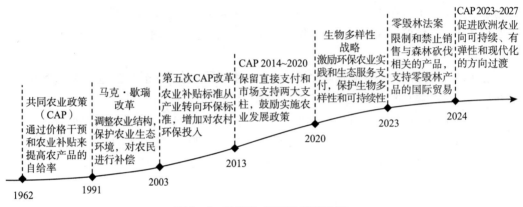

图 1-1　欧盟的 CAP 政策的改革

3. 日本生态补偿政策概述

日本作为岛国经常遭受自然灾害，随着战后经济飞速发展导致环境严重污染，日本政府和民众开始重视生态环境的建设和保护，并实施生态补偿政策。日本的生态补偿政策偏向行政指令，在法律制度上有强制性的规定。早期的生态补偿主要集中在森林和流域，逐渐扩展到海洋和农业生态补偿。例如，1966 年的《林业基本法》和 1970 年的《森林法》中明确规定了森林生态补偿机制，包括林业补助金、税收优惠和林业专用贷款优惠等方面（赵杏一，2016）。此外，1973 年制定的《水源地区对策特别措施法》设立了"水源地区对策基金"，开始实施对水源区的综合利益补偿机制（Ballatore，2001）。1984 年修订的《保安林临时措施法》建立了完善的"保安林"制度，并通过《自然公园法》等法律确立了完备的公用限制补偿制度（王登举，2005）。在海洋生态补偿方面，日本注重填海造陆和沿海工业的污染治理。2004 年的"大阪湾再生行动计划"提出放缓海洋经济扩张，将神户人工岛的开发重点从"产业优先"转向"生态修复优先"，推动海洋生态保护的回归。"濑户内海生态修复与保护行动"则针对环海区域的产业污染问题，开展了补偿与修复工作。此外，在农业领域的《农业污染防治法》和《可持续农业法》中将农民的收益与环境保护相结合，并明确了详细的补偿标准。日本的生态补偿政策涉及的补偿范围非常广泛，凡与生态保护相关的活动都可以享受政府在税收贷款、农建资金等方面提供的优惠。

4. 巴西生态补偿政策概述

巴西是世界上生物多样性与森林资源最丰富的国家之一，但长期以来对森林的过度砍伐，使其生态环境遭受到了严重破坏。1990 年起，巴西政府逐渐意识到保护森林的重要性，为了促进生态平衡和可持续发展，开始实施《亚马逊生态保护法》《环境法》等一系列法规。这些举措标志着巴西开始在环境保护方面进行深入探索。

巴西的环境保护制度以其严格的法律框架为基础，使得生态保护区和上游流域地区因为环境保护而在一定程度上牺牲了经济发展。为解决这一问题，巴西各州政府开始发展生态补偿机制、完善财政转移支付。巴西的生态转移支付资金主要来自本国的税收，各州征收的工业产品税中有 22.5% 被用于支付各级政府的生态补偿（陈挺等，2016），接受补偿的地区大部分是巴西政府规划的生态保护区。除了国内的财政转移，巴西还开始借助外资，例如，2008 年巴西用挪威捐赠的资金设立了亚马逊基金。挪威政府承诺，若巴西持续减少对自然资源的破坏，未来将提供 10 亿美元的资金补偿。巴西的生态补偿机制在实践中取得了显著成效，逐步实现环境保护和经济发展的双赢局面。

5. 其他国家的生态补偿政策概述

德国的生态补偿实践以政府为主导，通过专项基金来筹集补偿资金。1976 年颁布的《联邦自然保护法》规定，对于不可避免地对自然生态环境造成损害的情况，将执行补偿和替代措施，若无法完全实施时则通过支付款项进行弥补。此外，德国生态补偿机制还强化了横向转移支付，不仅包括富裕地区向贫困地区的横向转移支付，还包括州际间的横向转移支付，以平衡区域间的生态利益格局（朱丹，2016）。其中，州际间转移支付主要通过州际财政平衡基金实现，该基金包含两部分：一是销售税的 75%，按居民人数平均分配给各州；二是富裕州根据一定标准向贫困州提供的补助金。

瑞典主要通过生态税扩充环保资金以进行环境保护。根据《森林法》的规定，对于被纳入自然保护区的林地，国家将补偿其所有者的经济损失。另外，1992 年修订的《联邦农业法》明确提出要对保护性农业活动、有机农业以及特定物种的保护进行财政补偿。此外，瑞士政府还对自愿遵守生态保护的农民进行直接补偿，以及对参与保护物种多样性并取得进展的农民提供补助（高彤，2006）。

1.3.2　国际生态补偿政策比较分析

国外的生态补偿政策主要有以下四个方面的共同点。

（1）大多数发达国家都将生态补偿机制规范为法律法规，这些补偿政策分布在不同的法案中，构成了完善的法律体系（段禄峰，2015），为落实生态补偿政策提供明确的法理基础。

（2）国外实施生态补偿政策主要依托于生态补偿项目，如美国的土地休耕计划、日本的农业生态治理项目、加拿大的湿地保护项目等，通过对这些项目进行财政补贴来促进生态环境保护。

（3）国外的生态补偿机制充分发挥了政府和市场的互补作用。从美国、欧盟等国家的实践来看，政府采用市场手段和经济激励政策极大地丰富了生态补偿的资金来源和补偿形式（李果仁，2009）。

（4）这些国家都建立了与生态保护相关的税收制度。1970 年以来，发达国家开始实施绿色税收制度，例如瑞典的能源税、欧盟针对大气污染的生态税。这些税收一方面通过提升环境污染成本来保护生态；另一方面通过财政转移为生态保护行为提供补偿。

国外的生态补偿政策存在两个方面的差异。一方面，侧重点有所不同，美国和欧盟地域广阔，拥有丰富的土地和森林资源，其生态补偿主要侧重于生态系统的保护，以确保资源利用的可持续性。相比之下，日本作为国土面积较小的岛国，频繁受到自然灾害的影响且资源相对稀缺，主要侧重海洋生态补偿（赵杏一，2016）。另一方面，市场化程度存在差异，美国生态补偿机制的市场化程度较高，会通过森林碳汇交易和狩猎等方式进行生态补偿，而德国则基本上由政府主导相关的生态补偿。

1.4　生态补偿政策的价值

1.4.1　生态补偿政策与生态文明建设

构建"绿水青山"的美丽中国，是新时代生态文明建设的核心任务。优质的生态环境是中华民族可持续发展的基础。党的十八大报告首次将生态文明建设置于战略高度，明确提出要将生态文明融入经济、政治、文化和社会各个领域，全面推进，充分体现了党和国家对生态文明的高度重视。生态文明建设的核心是尊重自然，维护自然生态的动态平衡，实现人与自然的和谐发展，建立人与人、人与自然、人与社会间的和谐共生秩序（沈洪满，2012）。生态补偿作为一种经济手段，通过协调不同利益相关者的关系，进而改善生态系统服务（Zhong et al.，2020），体现了系统化的生态文明思维，是促进生态文明建设的重要政策工具。

1. 生态补偿政策是生态文明建设的必然要求

保护自然环境与加强生态建设是生态文明建设的核心内容。生态补偿政策通过调节生态保护方与受益方、破坏方与受损方之间的利益关系，不仅突出了资源的稀缺性，推动资源的有偿利用，还体现了资源的生态价值。这一政策有助于推动生态文明制度建设，奠定了构建生态文明体系的基础。

生态补偿政策通过对重点生态功能区的补偿，不仅明确了各个功能区的角色和定位，还优化了国土空间的使用布局，为生态文明建设提供了有力支持。资源有偿使用制度的推行，有效减少了对资源的过度开采，推动了资源节约与污染减排目标的实现。同时，借助经济激励机制，政策鼓励上游地区和资源丰富的区域积极提供生态产品，从而改善生态环境，真正体现了生态文明建设的实际成效。总之，生态补偿政策旨在促进人与人、人与自然、人与社会以及代际之间的协调发展，是实现生态文明建设的必然要求（靳乐山等，2013）。

2. 生态补偿政策是生态文明建设的制度保障

生态文明是人类文明的基础，对人类文明的发展起着至关重要的作用，而生态补偿政策则是建设生态文明的主要制度之一。自 20 世纪 80 年代以来，中国开始实施一系列生态建设项目，如退耕还林、退耕还草、防沙治沙工程等，这些项目推动了中国的生态恢复。根据《2022 年中国国土绿化状况公报》，目前中国的生态建设已取得了一定的成效，如森林覆盖率达到了 24.02%，湿地生态系统也得到了有效恢复。

尽管如今地方政府和民众已有一定的环境保护意识，但仅靠国家的呼吁还不足以充分调动保护生态环境的积极性。为建立起生态保护的长效机制，需要建立完备的生态补偿政策，将地方政府和民众的利益与有效的生态保护紧密联系在一起。这有助于激发地方政府和民众保护环境的主人翁意识，促进他们更加高效地利用和配置环境资源，从而从源头上、制度上保障生态文明的建设。只有真正落实生态补偿政策，才能更有效地推进生态文明建设，实现绿色崛起的新局面。

1.4.2　生态补偿政策对社会、经济与环境的作用

生态补偿政策是解决社会经济发展和生态环境危机之间矛盾的重要手段，也是实现环境与经济平衡的关键措施。其实施有利于化解社会矛盾、促进社会和谐、平衡利益相关者的成本与收益，进而最大化生态资源价值，实现社会经济、人与自然的和谐与可持续发展。

首先，生态补偿政策有利于化解社会矛盾，促进社会和谐。当前，生态环境的保护和社会经济发展之间的矛盾尤为突出。东部地区的经济发展水平高于中部和西部，但这是建立在中西部地区资源被免费或廉价获取的基础上。经济发展较快的地区将污染留给落后区域，这种不合理的发展方式导致资源耗竭和生态环境持续恶化。同时，落后地区为保护自然环境，牺牲经济发展，却未得到应有的补偿，严重削弱了其改善生态环境的积极性。随着时代变迁和贫富差距扩大，不平等引起的各种社会冲突也日益加剧。由此可见，促进各区域、城乡之间的协调发展是解决冲突的最佳方案，而生态补偿政策明确了"受益者补偿"的原则，合理地配置了各利益主体的经济与环境利益。因此，建立健全的生态补偿机制有助于协调各区域间的社会矛盾，推动社会和谐发展。

其次，生态补偿政策有利于实现生态资源价值最大化，促进经济的可持续发展。良好的生态环境既是经济发展和社会进步的基础，也是人类生存和发展的支撑。面对日益严峻的环境问题与能源短缺，只有完善生态补偿机制，积极发展低碳、绿色、循环经济，才能

突破资源限制，提升经济效率与质量，从而在全球竞争中占据优势。社会经济的可持续发展必须依托生态环境的健康循环。生态补偿政策的实施有效遏制了资源与环境的过度消耗，优化了生态价值和效益，促进了生态资源的最大化利用。因此，完善的生态补偿机制对实现生态文明、促进社会经济可持续发展具有重要作用。

最后，生态补偿政策有利于保护生态环境资源，促进人与自然的和谐发展。改革开放以来，中国的生态环境受到严重破坏，形势十分严峻。生态环境的恶化对人们的生活构成了极大的威胁，凸显了生态保护的重要性。生态补偿政策通过一系列经济手段和法律条款限制企业和公民乱排乱放、浪费自然资源等破坏生态环境的行为活动，按照"谁开发谁保护，谁收益谁补偿"的原则，激发各地企业和公民保护环境和节约资源的意识，从而优化生态资源使用，减少环境污染。人与自然的和谐相处是推动人类社会走向生产发展、生活富裕、生态良好的文明发展道路的关键，处理好人与自然之间的关系，才能使社会经济再生产同自然环境的再生产相结合（陈彦霞等，2012）。生态补偿机制以保护环境、维持生态平衡与物种多样性为宗旨，是促进资源有偿利用、人与自然协调发展的政策手段。因此，建立健全生态补偿政策对实现资源循环利用、生态可持续发展以及人与自然和谐相处具有重要意义。

▶ 小 结 ◀

本章首先界定了生态补偿的基本概念，回顾了中国自改革开放以来生态补偿政策的实践历程与演变脉络，分析了当前生态补偿在实施过程中所面临的现实困境。其次，详细介绍了生态补偿的分类方法及各类型的具体内涵，并在此基础上探讨了支撑生态补偿的主要理论基础。再次，介绍了美国、欧盟、日本、巴西和德国等国家的生态补偿政策与实践经验，总结了不同国家在制度设计、执行机制等方面的共性与差异。最后指出生态补偿是推动生态文明建设的内在要求，也是构建现代环境治理体系的重要制度安排，具有显著的经济、社会与环境价值。

 习题部分

1. 名词解释
（1）生态补偿。
（2）公共品。
（3）外部性。
（4）生态文明建设。
2. 简答题
（1）简述生态补偿的概念和类型。

（2）通过对国际上生态补偿政策的案例分析，讨论哪些做法对中国制定和实施生态补偿政策具有借鉴意义。请至少列举两个国家的情况，并详细说明其可借鉴之处。

（3）阐述生态补偿政策在推进生态文明建设中的作用。

3．思考题

（1）中国 1982 年开始征收的排污费是一种生态补偿政策吗？

（2）中国与世界各国的生态补偿政策各自集中在哪些领域？有何异同？

第 2 章

流域生态补偿的概念与政策历程

学习目标

(1) 掌握流域生态补偿的概念。

(2) 学习流域生态补偿的补偿方式与分类。

(3) 理解流域生态补偿的制度基础。

2.1 流域生态补偿的概念与内涵

2.1.1 流域生态补偿的提出背景

水是万物之母、生命与文明之源，中国是治水大国，历代善治国者均以治水为重。传统治水主要包括水害、防洪、灌溉和航运，现代治水还包括污染治理、水环境、水资源以及水生态治理。古代治水理念蕴含着丰富的哲学思想，其中"顺之水性"强调顺应自然水系特征，"天人合一"倡导人与自然和谐共生，而"无为而治"则主张在治理中不过度干预水循环（张细兵，2015）。

改革开放以来，高速的经济增长对生态环境提出了前所未有的挑战，水资源污染事件频发。淡水资源的稀缺性和水资源安全的脆弱性，迫切要求采取综合性的水资源管理策略和环境治理措施来改善污染，以保障水资源的可持续性，同时维护公共健康和水生态平衡。

2.1.2　流域生态补偿的概念

流域生态补偿是指以保护水环境为目的，通过经济激励和政策调控，对因流域生态保护而产生成本的相关方进行合理补偿的机制（李坦等，2022；张兵兵等，2024）。通过内部化流域治理中的外部性，流域生态补偿有助于减轻水体污染、调节上下游之间的利益关系，是推动流域经济与生态可持续发展的重要措施（袁广达，2022）。流域生态补偿要求上下游地区共享水环境治理的成本和收益，具体来说，流域上游承担生态保护责任，同时享有因水质改善和水量保障带来的收益；而流域下游则对上游的生态治理给予经济补偿，并享有水质恶化、上游过度用水的受偿权利（张兵兵等，2024）。早期的流域生态补偿多是上游对下游补偿，但由于水资源流动带来的跨区域利益关联以及补偿主体界定的复杂性，流域生态补偿逐步演进为激励机制，实践中普遍主张由下游受益主体向上游生态环境保护的贡献者以货币的方式进行补偿（夏勇等，2024）。

相较于传统的环境规制，流域生态补偿实现了从被动保护到主动保护、从末端治理到源头保护、从生态资源到生态资本的转化，能够在加强治理激励的同时保障公平（任以胜等，2023）。但另一方面，流域生态补偿具有高度复杂性、跨界性、系统性、协同性和长期性，实践中如何因地制宜地确立水质目标、监测方式和补偿标准仍处于探索阶段，尚未形成规范化和标准化的制度体系（杨小军等，2023）。

2.1.3　流域生态补偿的内涵扩展

关于流域生态补偿的内涵扩展主要从以下几方面进行介绍：流域、利益相关者与治理主体、水质评价与主要污染物、国家地表水考核断面及中国水资源概况。

1. 流域

流域是指以河流为中心的自然区域，被分水线①所包围的地区，地域上有明确的边界范围（唐常春，2011）。与此同时，《地表水环境质量评价办法（试行）》对流域的定义指江河湖库及其汇水来源各支流、干流河集水区域总称。根据地质大辞典对流域的定义，指河流集水范围的总称，流域范围是由地表水的分水线来圈定的，一般指的是地表集水区。流域面积是由分水线包围的面积，也被称为集水面积或者汇水面积，计算单位一般为平方公里。水系是流域内的河流、湖泊、水利工程等水体构成的水网系统。河流水系是由干流和支流组成的河网系统。水系受地貌、地质以及流水条件的约束，在平面上呈不同的几何形态。同时，与水系相通的湖泊也属于水系之内。水体是河流、湖泊以及水库等的总称（吴长航和王彦红，2017），不仅包括水体本身，还包括水中的悬浮物、水生生物、底泥以

---

① 根据地质大辞典的定义，分水线是指相邻流域的分界线，由分水岭的最高点的连线组成，通常是以地面分水线为流域的分界线。

及溶解物质等（江晶，2014）。

如前所述，流域体现的是区域，水系反映的是系统，水体表示为水的集合体。同时，流域概念较广，能够涵盖水系和水体。在一定程度上厘清和辨析流域、水系以及水体三者的概念，有助于更好地界定流域内涵。因此，本书所指的流域，包括设置国家地表水考核断面的江河、湖泊（水库）以及水利工程的水体区域，不包含城市地下水、黑臭水体以及未设置国家地表水考核断面的较小河流、湖泊、水库和沼泽等地区。

2. 利益相关者与治理主体

流域生态系统的跨界性使得生态补偿涉及多个利益方的协调与博弈，不同主体需要合作、协调和共谋以实现共同目标（杨小军等，2023）。毛显强等（2002）总结了三类生态补偿的利益相关者：资源的所有者、资源的开发使用者以及资源的管理者。具体到流域生态补偿领域，这一分类可以拓展为政府、市场和社会公众等多个利益相关方，同时不同尺度和区域的利益相关方不尽相同，会随着时间推移而呈现动态变化（任以胜等，2023）。由于供给主体明确但消费主体不明确，流域生态补偿通常以政府为主导开展，中央政府和地方政府是生态环境的治理主体（潘鹤思等，2019）。长期以来，中国生态环境保护采取的是中央和地方双重治理模式（后小仙等，2018），为流域生态补偿提供了制度框架（戴胜利和李筱雅，2022）。

3. 水质评价与主要污染物

关于水资源的开发与利用，从供水量来看，主要来自地表水、地下水以及其他；从用水需求量来看，主要包括工业用水、生活用水、农业用水以及人工生态环境补水。流域断面的水质与污染物是评定生态补偿的主要依据。中国水体的污染主要来源于工业污染、农业污染、生活污水以及其他污染等，可以分为化学性污染、物理性污染以及生物性污染（江晶，2014）。自 2002 年实施以来，《地表水环境质量标准》逐步成为中国地表水环境质量考核的依据，水体主要污染物可以参考《地表水环境质量标准》（GB3838－2002）中的规定。依据《地表水环境质量标准》的分类，按地表水环境功能区划，可以将水质类别、水质状况以及表征颜色划分为五类，分别为Ⅰ类（优，蓝色）、Ⅱ类（良好，绿色）、Ⅲ类（轻度污染，黄色）、Ⅳ类（中度污染，橙色）以及Ⅴ类（重度污染，红色）[①]。此外，污染程度超过Ⅴ类的水被归为劣Ⅴ类水。2011 年，环境保护部办公厅印发了《地表水环境质量评价办法（试行）》（以下简称《办法》）的通知，《办法》规定地表水环境质量的评价方法，河流断面水质的评价采用单因子评价法[②]。流域考核标准是跨界断面的水质，现阶段考核标准由以往的单一污染因子改为氨氮、高锰酸盐指数、总磷等多污染因子考核。值得注意的是，受季节性影响，流域存在丰、平、枯水期，水质评价也需要区分不同

[①] Ⅰ类主要适用于源头区、国家自然保护区；Ⅱ类主要适用于集中式生活饮用水地表水源地一级保护区、珍稀水生生物栖息地、鱼虾类产卵场、仔稚幼鱼的索饵场等；Ⅲ类主要适用于集中式生活饮用水地表水源地二级保护区、鱼虾类越冬场、洄游通道、水产养殖区等渔业水域及游泳区；Ⅳ类主要适用于一般工业用水区及人体非直接接触的娱乐用水区；Ⅴ类主要适用于农业用水区及一般景观要求水域。

[②] 根据评价时段内该断面参评的指标中类别最高的一项来确定。

时期。表 2 - 1 反映了水体主要污染物划定由浅入深的政策过程，主要污染物排放指标也由单一指标逐步向多重指标过度。

表 2 - 1　　　　　　　　　水体主要污染物的政策变化过程

政策	主要污染物
《"十一五"主要污染物总量减排核查办法（试行）》	化学需氧量和二氧化硫
《"十二五"主要污染物总量减排统计办法》	化学需氧量、氨氮、二氧化硫和氮氧化物
《"十三五"生态环境保护规划的通知》	化学需氧量、氨氮、二氧化硫和氮氧化物、重点地区重点行业挥发性有机物、重点地区总氮以及重点地区总磷
《"十四五"国家地表水检测及评价方案（试行）》	"9 + X"

4. 国家地表水考核断面

"十二五"到"十四五"期间，国家设置了地表水国控评价、考核、排名断面（以下简称"国考断面"）。"国考断面"覆盖长江、黄河、珠江、松花江、淮河、海河和辽河七大流域，浙闽片河流、西北诸河和西南诸河，太湖、滇池、巢湖等重点湖泊和水库。"十二五"期间，2012 年中国环境保护部印发了《国家地表水、环境空气监测网（地级以上城市）设置方案的通知》，并公布了 972 个地表水国控断面。2012 年 11 月起，由中国环境监测总站编制的《全国地表水水质月报》正式对外发布。"十三五"期间，国家地表水考核断面为 1 940 个。为了坚决打好碧水保卫战，中国"十四五"地表水检测断面逐步增加至 3 641 个。

此处，本书手工整理了中华人民共和国生态环境部和中国环境监测总站的全国地表水水质月报数据，并绘制了从 2012 年 11 月至 2023 年 12 月中国地表水国控断面的点位，覆盖"十二五"至"十四五"期间（具体数据可参考附录表 A1）。选择 2012 年 11 月为起始点主要有两点原因：一是中国生态环境部从 2012 年 11 月开始公布地表水水质月报；二是为了响应《国家地表水、环境空气监测网（地级以上城市）设置方案的通知》。根据地表水监测月份数据，动态分析中国流域水质检测的情况（不含入海河流断面），如图 2 - 1 所示。从图中可发现，地表水考核断面（点位）和未监测到的国考断面（点位）具有季节性，未监测到的国考断面（点位）在冬季与春季初的数量会增多，主要是由于冰封期或季节性断流。

5. 中国水资源概况

水资源主要是指陆地上的淡水资源。根据中华人民共和国水利部公布的《中国水资源公报》，2023 年中国水资源总量为 25 782.5 亿立方米，地表水资源量 24 633.5 亿立方米，约占总水资源量的 95.5%。地表水资源主要分布在 10 个水资源一级区，分别是松花江区、辽河区、海河区、黄河区、淮河区、长江区（包含太湖流域）、东南诸河区、珠江区、西南诸河区以及西北诸河区。

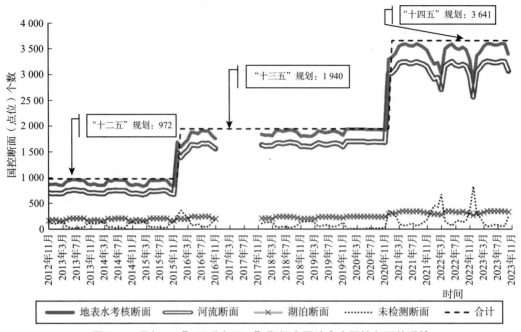

图2-1 "十二五"至"十四五"期间中国地表水国控断面的详情

注：2017年生态环境部未公布全国地表水水质月报数据，因此2017年的数据为空。地表水考核断面是含监测到的河流与湖泊断面，合计＝地表水考核断面＋未监测到的断面，地表水考核断面＝河流断面＋湖泊断面。2012年11月～2015年12月属于"十二五"规划期，合计点位972个；2016年1月～2020年12月属于"十三五"规划期，合计点位1940个；2021年及以后属于"十四五"规划期，合计点位3641个。

资料来源：生态环境部。

　　河流是水资源的主要组成部分，根据第一次全国水利普查公报，中国流域面积1000平方公里及以上的河流有2221条，总长度为38.65万公里。按照径流的循环形式，河流可分为注入海洋的外流河和与海洋不相沟通的内流河，划分界限大致为：北段大体沿着大兴安岭—阴山—贺兰山—祁连山（东部）一线，南段比较接近于200毫米的年等降水量线（巴颜喀拉山—冈底斯山）。该线路的东南侧为外流区域，约占全国总面积的2/3，河流水量占全国95%以上，内流区域约占全国总面积的1/3，但是河流水量占比不到5%。

　　中国有九大流域片，包含长江流域片、黄河流域片、珠江流域片、海河流域片、淮河流域片、松辽流域片、东南诸河片、西南诸河片以及内陆河片。尽管中国河流众多、内外流区域兼备、蕴藏着丰富的水资源，但地理分布上水资源禀赋配置不均。因此，需要采取科学的政策措施来优化水资源的配置和利用，以实现流域水资源的可持续发展。

2.2 流域生态补偿的补偿方式与分类

2.2.1 流域生态补偿的补偿方式

　　实践中流域生态补偿方式主要是资金补偿。生态补偿离不开财政手段，以政府为主导的资金补偿形式，可简称为财政生态补偿（陈少强和覃凤琴，2022）。财政生态补偿的来源能反映资金的流动路径，先由补偿人到中间人，再由中间人到受偿人。其中，补偿人是生态环境的受益者，受偿人是生态保护者或生态破坏受害者，而中间人通常是政府部门，且多为上级政府（卢洪友等，2014）。

财政生态补偿工具可以分为前端财政政策工具和后端财政政策工具，前端财政政策分别有税收、生态补偿收费和生态保证金；后端财政政策有转移支付和税收优惠（卢洪友等，2014）。其中，财政转移支付是生态补偿最直接、最具可行性的手段（王金南等，2006；田民利，2013）。例如，2020 年以来，中央财政就通过水污染防治资金，分别针对长江流域和黄河流域的横向生态保护补偿机制安排了 60 亿元与 40 亿元的引导资金。

除资金补偿外，流域生态补偿方式还包括政府主导的产业补偿、技术补偿和生态移民，以及市场主导的开放性交易和生态标签等（潘华和周小凤，2018；任以胜，2023）。从实践来看，资金补偿虽然行之有效，但这种直接型的补偿方式并未充分发挥下游地区的产业、人才优势。相较之下，对口协作、产业转移、人才培训和共建园区等间接型的生态补偿，更能提升上游地区的创新能力和发展潜能，实现从"输血"到"造血"的转变，同时也能带动居民、企业和第三方机构参与，促进持续性惠益分享（刘格格等，2023）。因此，中共中央办公厅、国务院办公厅印发的《关于深化生态保护补偿制度改革的意见》就明确指出要探索多样化的补偿方式，以灵活有效的方式推进生态保护补偿工作。

综合来看，开展流域生态补偿应该统筹考虑地区经济社会发展水平、财政承受能力、生态保护成效，在财政转移支付的基础上，积极发展间接型的补偿方式。

2.2.2 流域生态补偿的分类

中国的流域生态补偿已经发展出了多样化的运行模式，从补偿方向上看，主要包含两种类型：一是存在行政隶属关系的纵向补偿；二是不存在行政隶属关系的横向补偿。

1. 纵向流域生态补偿

纵向流域生态补偿通常指上级政府对下级政府的转移支付（蒋永甫和弓蕾，2015；张捷和王海燕2020），主要包括中央与地方的补偿以及地方省内的补偿。例如，中央政府与地方政府之间的转移支付，省级行政辖区内上级政府对下级政府的生态补偿。考虑到上游流域的生态保护惠及全流域、具备显著外部性，由上级政府给予补偿也是公平原则的体现。

财政纵向转移支付是中国现阶段生态补偿资金的主要来源（邓晓兰等，2013），它能有效均衡各级预算主体之间收支规模不对称等问题，充分发挥中央或上级支付集中统一的优势，具有较高的权威性和支付效率，能够确保生态保护地区获得必要的财政支持。安虎森和周亚雄（2013）研究发现，地方政府在生态补偿的过程中容易出现利益分歧，此时需要由中央政府作为中立的第三方进行主导，才能确保补偿政策的有效性。此外，纵向生态补偿也可以根据生态效益外溢性、生态功能重要性、生态环境敏感性和脆弱性等特点，在重点生态功能区转移支付中实施差异化补偿。这有助于缩小生态保护流域与其他地区的发展差距，推动区域均衡发展（李宁等，2010）。

值得注意的是，纵向流域生态补偿不存在市场化的定价机制，每年拨付的具体金额需经财政预算执行确定，因此难以准确量化生态补偿的收益并迅速准确地调整金额（李宁等，2010）。此外，也有研究指出，仅依赖中央政府的财政转移支付并不足以解决区域间经济发展与生态治理之间的矛盾，不利于构建一种区域间相互支持、利益共享的生态补偿循环系统（胡振华等，2016）。过度依赖上级政府的补偿还可能减少地方政府在生态保护方面的自主性，降低补偿机制带来的生态收益。

2. 横向流域生态补偿

横向流域生态补偿是指相同行政级别主体之间的生态补偿行为，主要为流域上下游同级别地方政府间的转移支付（卢洪友等，2014）。这种补偿模式强调自主协商的原则，体现了"地方为主，中央引导，自主协商"的民事性补偿关系。

横向流域生态补偿是纵向转移支付的有益补充（杨晓萌，2013），有助于在生态联系紧密的省际或地区之间构建生态服务的市场交易机制，将生态服务的外部性内部化。此外，这一机制能有效减轻中央政府的财政负担、填补区域生态补偿的资金短缺，促进财政资金从生态受益区域向生态服务提供区域的合理流动，进而推动补偿机制向市场化和多样化发展。

在实践中，横向流域生态补偿可以进一步分为单向生态补偿和双向生态补偿。前者指由补偿主体向补偿客体单方面支付补偿资金的方式；后者是指流域上下游地区根据交界断面水质状态动态调整产权并相互支付补偿资金的补偿方式（张捷和傅京燕，2016）。如果监测到交界断面的水质未达到预定标准，那么上游地区需要向下游地区提供经济补偿；若水质达到或超过标准，则由下游地区向上游地区支付补偿金。已有研究指出，在各类流域生态补偿方式中，双向生态补偿对受偿地区居民的就业改善最为显著，其次是纵向流域生态补偿，而单一方向的横向补偿作用并不明显（夏勇等，2024）。因此，在制定生态补偿政策时，应深入评估不同生态补偿方式的适用性，尽量避免采用效果较弱的单向生态补偿方式，以提高政策的综合效益。

按照行政区域的划分，横向流域生态补偿还可以分为省际间的横向生态补偿、省内的横向生态补偿以及重点全流域的生态补偿。当前，横向补偿的实施主要集中在省际层面，如新安江（景守武和张捷，2018）、渭河流域（王奕淇和李国平，2016）以及引滦入津流域的补偿机制。同时，浙江、江西、湖北、甘肃等省份也已着手开展省内横向生态补偿，并设置省级奖励资金，加快补偿机制的建设。全流域横向生态补偿已开启试点工作，财政部、生态环境部、水利部、国家林业和草原局2020年以来陆续发布《支持引导黄河全流域建立横向生态补偿机制试点实施方案》和《支持长江全流域建立横向生态保护补偿机制的实施方案》，持续推动全流域生态保护和治理。

2.3 流域生态补偿的制度背景与政策概述

2.3.1 流域生态补偿政策的制度背景

1. 行政组织结构

行政管理体制决定了政治组织的科层结构。行政组织层次结构往往面临深度和宽度之间的权衡，深度是指垂直层数，宽度是指控制的幅度与范围（Li et al.，2016）。行政组织结构是行政组织各层级和各部门之间建立的一种关系模式，各层级是按照纵向分工形成的行政组织层级制，具有上下级的行政隶属关系；而各部门是按照横向分工形成的行政组织部门化。然而，随着政府组织的发展，很难去定义和完善组织的形状，因为组织内的层级和结构具有内生性（Li et al.，2016）。

中国政府组织是基于各地区的组织机构建立的多层级体系（Xu，2011）。根据《中华人民共和国宪法》第三十条的规定，中国地方行政区域分为三个层级，即省、县（市）以及乡（镇）三级行政区域。本书统一用"省级政府"指代省、自治区和直辖市政府；用"地级政府"指代地级市、自治州、地区以及盟政府；用"县级政府"指代市辖区、县级市、县、自治县、旗、自治旗以及林区政府①。根据中华人民共和国民政部发布的关于中国行政区划代码的统计标准的数据，截至 2023 年底，除台湾地区、香港特别行政区和澳门特别行政区以外，省级行政区划共有 31 个。地级行政区划共有 333 个，2 844 个县级行政区。省级行政区划包括 22 个省，5 个自治区，4 个直辖市；地级行政区划包括 293 个地级市，30 个自治州，7 个地区以及 3 个盟；县级行政区划有 977 个市辖区，1 299 个县，397 个县级市，117 个自治县以及 49 个旗，3 个自治旗，1 个林区。

中国行政组织结构采用"条块结合"的治理结构，"条条"是指行政机关自上而下垂直设置的管理机构和职能部门（周黎安，2018）。中国具有多个层级的管理机构和职能部门，不同层级中还嵌套内部层级，形成金字塔等级结构。"块块"是指地方政府辖区内横向设置的管理机构和职能部门，具有典型的"属地管理"的特征。"条块结合"构成了矩阵式纵横交错的组织结构（周黎安，2018）。综上所述，中国行政组织结构是典型的"纵横交错"多层级结构。

---

① 需要说明的是，盟是中国市级行政区划之一，是内蒙古自治区特有的行政区划。旗属于县级行政区，由地级市、盟管辖，是内蒙古自治区特有的县级行政区划。林区是县级行政区划类型之一，神农架林区是中国唯一的林区。

2. 层级制政府的运作逻辑

需要说明的是，关于中国层级制政府的运作逻辑，既有研究比较有影响力的运作逻辑有"行政发包制""科层制""控制权"以及"项目制"（折晓叶和陈婴婴，2011；渠敬东，2012），四者皆以纵向视角来解释政府间关系。然而，中国的科层制是一个"复合体"，复合体的角色不仅体现在结构科层化与功能非科层化，还体现在治理过程的"变"与"常"（吕忠，2019）。

行政发包制是行政组织边界内部的发包制，能够体现政府间上下级关系嵌入的发包关系，既不同于传统韦伯式科层政府组织，也与纯粹的外包制迥异，它的特征是属地层层发包，是纵向上的"块块"关系（周黎安，2014），能够较好地解释目前中国行政组织内部的层层关系。行政发包制由中央政府提出目标和战略，各级政府层层传递与部署，对目标任务进行分解与下达，实施量化指标来评估与考核。以往研究关于行政发包制大都限于单一的委托代理关系，黄晓春和周黎安（2017）通过拓展行政发包制来解释多层级政府治理的形态。相较于科层制而言，行政发包制具有更高的激励效果。

周雪光和练宏（2012）在内部控制权分配的基础上，又提出目标设定权、检查验收权以及激励分配权三个类别来重新概念化"控制权"，增强分析政府治理模式的力度。赓续其上，还需要提到的是项目制，项目制是通过财政专项转移支付手段（渠敬东，2012），项目制是非科层化的竞争授权，而不是行政指令性授权，除了通过发包贯彻发展理念，还能调动地方政府的能动性和积极性，逐渐成为一种综合国家各个领域多个层面的技术治理方式（吕忠，2019）。然而，项目制在实际运行当中却出现事与愿违的现象，项目制与单位科层制相互嵌套并发生作用（渠敬东，2012）。这些制度中，行政发包制与项目制是生态补偿政策实施过程中层级政府典型的运作逻辑。

3. 财政管理体制

财政管理体制是确定各级政府之间分配关系的根本制度，能够明确划定不同层级政府间在生态治理中涉及财政分配的权、责、利关系。2010年以来，中央、省相继印发《关于建立和完善县级基本财力保障机制的意见》，全面推进县级基本财力保障机制建设，切实保障基层政府实施公共管理，提高基本公共服务以及落实基本民生政策的财力需要。为了保障城市经济社会的可持续发展和推进城市化进程，1983年中国开始推行"市管县"体制，通过确立"市管县"的财政管理体制，试图发挥城市经济的辐射带动作用，实现城乡经济的共同发展，由以往三级行政区调整为省、市、县以及乡（镇）四级行政区域。然而，随着"市管县"行政体制的发展，也衍生出一些诸如"市限县、市压县、市刮县"等现象，县级政府的自由裁量权较小，导致县政府无法因地制宜履行政府职能，难以在辖区内享有充分决策权和执行权（刘冲等，2014）。此外，政府层级的增多，降低了行政效率，增加了行政成本。为赋予县级政府一定程度的自由裁量权，扩大县级政府的发展空间，促进县域经济的持续发展，减少政府层级，中央政府采取对县级政府的分权改革。县级政府的分权改革主要从行政和财政两方面入手，从行政分权来讲，有经济管理上的"强县扩权"和"扩权强县";从财政分权来讲,有财政上的"省直管县"。其中,在转移支付方面,财政转移支付主要表现在由省财政直接核定并补助给县财政,市财政不参与分享县财政的转移支付。

2002 年初,中国实施了"省直管县"的财政改革,以提高县级政府的行政效率和减轻其财政压力(Liu and Alm,2016)。从财政的角度来分析,省直管县是指省级财政直接对县(市、区)财政的一种财政管理方式,县(市、区)被赋予独立的财政自主权,以解决基层财政困难、预算级次过多等问题[①]。需要注意的是,即使在行政区划上"省直管县"仍旧隶属于地级行政区,但实际在财政管理方面,省级行政区直接管理县级行政区。2012 年,中国 27 个省份共有 1 080 个县,实施省直管县的财政管理方式[②]。截至 2020 年底,《中国县域经济发展报告(2020)》中的百强县,涉及省直管县的地区共有 69 个县或者县级市[③]。目前,中国地方行政区划是三级(省—县—乡)与四级(省—市—县—乡)并存的状态。"省直管县"和"强权扩县"属于扁平化的治理结构,省直管县中省对县的预算、转移支付以及资金使用进行监督,建立省与县的直接财政管理关系(Li et al.,2016),图 2 - 2 为中国财政管理体制下的组织结构。然而,由于上级政府将任务传递给下级政府,各级政府同时会增加自己的任务授权,导致级联效应,最终使得县级政府负担更加繁重。与此同时,市级政府对于县级政府的帮扶意愿也有所降低。因此,一些省份也逐步撤销和调整省直管县制度,例如辽宁省、广西壮族自治区、河北省以及河南省。

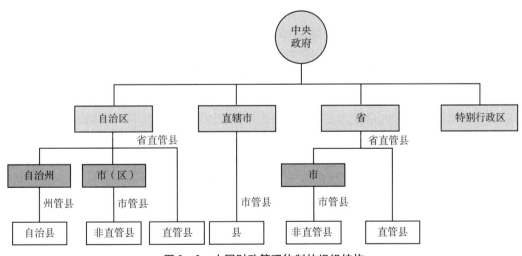

图 2 - 2　中国财政管理体制的组织结构

注:该图不涉及基层政府乡(镇),以县级政府为行政单元。

---

① 该定义来源于中华人民共和国财政部。
② 《第十一届全国人民代表大会第五次会议关于 2011 年中央和地方预算执行情况与 2012 年中央和地方预算的决议》。
③ 中国社会科学院发布的《中国县域经济发展报告(2020)》以及中泰证券的研究报告《看城投,来了解一下省管县》。

总的来看，根据财政分级管理原则，目前中国财政管理体制实行的是以分税制为基础的财政管理体制，各级政府财政支出范围按照中央与地方政府的事权划分。

4. 流域管理与行政管理的协同发展

2015 年，中共中央、国务院发布的《生态文明体制改革总体方案》提到，研究实行中央与地方政府分级代理行使所有权职责的体制。2019 年，中共中央办公厅和国务院发布《关于统筹推进自然资源资产产权制度改革的指导意见》（以下简称《指导意见》），"所有权委托代理"概念被正式提及。关于自然资源资产的产权主体，由国务院自然资源主管部门代表统一行使全民所有自然资源资产所有者职责。《指导意见》要求探索建立委托地方政府代理行使自然资源资产所有权的资源清单和监督管理制度，鼓励多地推进所有权委托代理的试点。进一步明确自然资源所有权的主体，中央政府行使自然资源所有者权利，是所有权的权利代表主体；地方政府行使所有权管理者的权利，是所有权的职权性行政主体。此外，《指导意见》还要求深入开展重大问题研究，包括国家所有权、委托代理、收益分配等重大理论和实践问题的研究。

所有权涵盖占有、使用、收益和处分的权利。《中华人民共和国宪法》明确规定，水流、森林、草原等自然资源都属于国家所有，中国水资源属于国家所有，水资源的所有权由国务院代表国家行使①。国家所有权是指国家作为所有权的主体，代表全体人民利益和意志，由国家行使所有者权利②。目前，中国水资源的管理体制实行流域管理与行政区域管理相结合的管理体制③，可以归纳为"统一领导、分级管理"模式。其中，"统一领导"是指由国务院水行政主管部门负责全国水资源的统一管理和监督，"分级管理"是指按照行政区域的层级，负责本行政区域内的流域管理。

5. 中央与地方在生态环境领域的事权与支出责任划分

在分析中国财政管理体制与流域管理与行政管理协同发展的基础上，有必要梳理中央与地方在生态环境领域的事权与支出责任的划分。1994 年，中国实施分税制财政管理体制以来，逐步建立配套的转移支付制度，尤其是省以下的转移支付制度进一步得到规范。关于完善省以下转移支付，2014 年国务院发布《关于改革和完善中央对地方转移支付制度的意见》，优化各级政府转移支付结构，省以下转移支付制度要与省以下各级政府事权和支出责任划分相适应。2020 年，国务院针对中央与地方在生态保护中财政事权与支出责任作出划分方案，开始实施《生态环境领域中央与地方财政事权和支出责任划分改革方案》。按照中央财政事权、地方财政事权以及共同财政事权分类，具体事权如表 2-2 所示。通过表 2-2 可以发现，关于流域治理中央的财政事权集中于跨界、跨区域的重点流域，明显超出地方行政边界的流域视为责任对象；地方财政事权活动范围锁定为辖区内，有明显

---

① 《中华人民共和国水法》第三条。
② 《中华人民共和国民法典》第二百四十六条规定属于国家所有的财产，属于国家所有即全民所有。
③ 《中华人民共和国水法》第十二条规定，国家对水资源实行流域管理与行政区域管理相结合的管理体制。国务院水行政主管部门负责全国水资源的统一管理和监督工作。县级以上地方人民政府水行政主管部门按照规定的权限，负责本行政区域内水资源的统一管理和监督工作。

的地理边界；共同财政事权主要包括影响较大的流域污染问题。

表 2 – 2　　　　生态环境领域中央与地方财政事权与支出责任的划分内容

内容划分	中央财政事权	地方财政事权	共同财政事权
规划制度制定	国家、跨区域、重点流域海域以及影响较大的重点区域生态环境规划和国家应对气候变化规划制定	其他	无
监测执法	全国性的生态环境监测、执行监督、执法检查、督察	地方性的生态环境监测、执法检查、督察	无
管理事务与能力建设	全国性、重点的评价考核、受益范围广的指导协调、具有全局性、战略性意义的监督管理以及重大信息的发布等	与之相关的地方性的管理事务与能力建设	无
污染防治	跨国界水体污染防治	土壤、农业农村、固体废物、化学品、地下水以及其他地方性大气和水污染防治；噪声、光、恶臭、电磁辐射污染防治等事项	放射性、影响较大的重点区域大气、流域和海域的污染防治等事项
其他事项	研究制定生态环境领域法律法规和国家政策、标准、技术规范等	研究制定生态环境领域地方性法规和地方政策、标准、技术规范等	无

资料来源：根据《生态环境领域中央与地方财政事权和支出责任划分改革方案》总结和整理。

2.3.2　流域生态补偿政策的发展历程

1. 政策概述

自 2000 年以来，通过颁布多项政策文件，中国的生态补偿机制取得了一定进展。2005 年，国务院颁布《关于落实科学发展观加强环境保护的决定》，明确提出要完善生态补偿政策，尽快建立生态补偿机制和开展补偿试点。

2007 年的太湖蓝藻污染事件敲响了水环境问题的警钟，水源地附近蓝藻堆积导致无锡市区自来水大面积污染，严重影响社会秩序。同年，国家环境保护总局印发《关于开展生态补偿试点工作的指导意见》将推动建立流域水环境保护的生态补偿机制明确为生态保护补偿四大重点领域任务之一。随后，国务院印发的《节能减排综合性工作方案》也要求开展流域生态补偿试点工作。2008 年，国家环境保护部进一步发布《关于预防与处置跨省界水污染纠纷的指导意见》，指出要督促并协助跨省界流域上下游地区政府建立联席会商机制。

党的十八大以来，中央政府对流域生态保护补偿机制的顶层设计进行系统谋划和总体部署，并制定了一系列方针、政策与法律法规。流域生态补偿分别于 2014 年和 2017 年被纳入《环境保护法》和《水污染防治法》，从而在法律层面上为流域生态治理提供了依据。2016年，财政部、环境保护部、国家发展改革委、水利部联合印发《关于加快建立流域上下游横向生态保护补偿机制的指导意见》，规范了流域横向生态补偿的重要环节，强调要根据"谁受益、谁补偿"原则，明确责任主体、目标任务以及补偿办法，标志着国内流域生态补偿的机制建设迈出了关键一步。

2018年，发改委牵头的六部委和人民银行联合下发了《建立市场化、多元化生态保护补偿机制行动计划》，进一步鼓励生态保护地区和受益地区开展横向生态保护补偿，支持流域下游地区对上游地区提供的优质水资源予以补偿，并探索建立相关机制。2021年，中共中央办公厅、国务院办公厅印发了《关于深化生态保护补偿制度改革的意见》，指出要巩固跨省流域横向生态保护补偿机制试点成果，在更大范围推广成熟经验，同时加快重点流域跨省补偿建设，开展跨区域联防联治，并允许中央财政和省级财政给予引导支持。至此，国内流域生态补偿的顶层设计与制度框架日趋规范完善。

2. 政策试点范围的演进

流域生态补偿最早以省内补偿的模式开展。2007年浙江省依据《浙江省生态环保财力转移支付试行办法》划拨6亿元资金对省内各地区的生态保护工作进行转移支付，涉及境内八大水系的一级支流源头及流域面积较大的市县，是早期流域生态补偿政策的重要实践。随后，河南、河北、海南、山东、辽宁等省份相继出台生态补偿的管理方案，针对重点流域开展污染防治和转移支付，如2010年河南省政府发布《水环境生态补偿暂行办法》，规定按照"谁污染、谁补偿"和"谁保护、谁受益"的原则，由省财政主管部门负责生态补偿金扣缴及资金转移支付。截至2020年，浙江、江西、四川、吉林、陕西等20省份实现了行政区内全流域生态补偿。

2011年，安徽省与浙江省签订《新安江流域水生态环境补偿协议》以解决跨省跨区的水污染问题，自此开启了省际流域生态补偿机制的试点工作。同年，陕西与甘肃签订《渭河流域环境保护城市联盟框架协议》，随后，粤桂两省（区）政府于2014年签署《粤桂九洲江流域跨界水环境保护合作协议》，粤闽两省（区）于2016年签订《关于汀江—韩江流域上下游横向生态补偿的协议》，均在全国起到良好的示范作用。截至2021年底，已有安徽、浙江、广东、福建、广西、江西、河北、天津、云南、贵州、四川、北京、湖南、重庆等18个省份参与了13个流域（河段）的跨省界流域生态补偿。

随着省内和跨省流域生态补偿深入实施，全流域横向生态补偿也开始稳步推进。2020年全国人大通过了第一部流域法律《中华人民共和国长江保护法》，鼓励地方政府之间开展横向生态补偿，同时规范了长江流域生态补偿机制，为相关实践提供了重要的法律依据。2020年，财政部、生态环境部等四部门联合印发了《支持引导黄河全流域建立横向生态补偿机制试点实施方案》，提出要在黄河全流域建立横向生态补偿机制；2021年，再度联合印发《支持长江全流域建立横向生态保护补偿机制的实施方案》，提出了建立全流域横向生态补偿机制的阶段目标，为形成全覆盖的流域生态保护补偿长效机制提供了重要的政策引导。继黄河流域横向生态保护补偿机制试点取得积极效果以来，2023年《关于延续黄河全流域建立横向生态补偿机制支持引导政策的通知》决定将《支持引导黄河全流域建立横向生态补偿机制试点实施方案》的期限延长至2025年，并继续执行中央引导下的资金筹集与分配方案。2024年发布的《生态保护补偿条例》，标志着生态保护补偿机制进入法治化新阶段，同时为跨界横向生态保护补偿提供了法律依据。

3. 考核标准的演变

在各地开展流域生态补偿的过程中，随着生态环境的变化，考核标准也在不断演进和创新。"十一五"时期的流域生态补偿以省内转移支付为主，并未形成全国性、规范化的考核标准，地方政府多以水质化学需氧量浓度为核心考核指标。这一阶段也有部分地区采用双指标的考核模式，如山东省要求按照上年度跨界断面的化学需氧量和氨氮浓度自动监测数据的年平均值进行考核，河北省政府也在《关于进一步加强跨界断面水质目标责任考核的通知》中明确要在原有的化学需氧量考核基础上，增加氨氮含量作为考核指标。

随着流域生态补偿机制的逐步完善，政策目标已扩展到水源地保护、生态功能维持和水资源等多个方面，考核指标也出现多元化。如2012年《新安江流域水环境补偿协议》中就提出以两省跨界断面高锰酸盐指数、氨氮、总氮、总磷4项指标为考核依据，在随后新安江流域的试点工作中，更是形成了以P值（由水质指标、水质稳定系数以及指标权重系数组成）为主要内容的科学考核体系。2015年福建省发布的《重点流域生态补偿办法》也指出补偿资金的分配要综合考虑水质目标、水污染物总量和重点整治任务完成情况。此时，流域生态补偿仍然遵循"水质优先，合理补偿"，将水质作为核心考核标准。

2016年四部门联合印发的《关于加快建立流域上下游横向生态保护补偿机制的指导意见》规范了考核方式和标准，提出将水量目标纳入补偿因素，考核断面水量必须全部满足最小流量且相应水功能区水质达标。同时，这一指导意见也明确了高锰酸盐、氨氮、流量、泥沙等一系列检测指标，并以签订补偿协议前3~5年平均值作为补偿基准。此外，指标考核时间也由考核年达标率，拓展为既考核年达标率也检测每月达标率的"双指标考核"。随后的流域生态补偿实践基本沿用了《指导意见》的考核方法，并结合实际进行细化和创新。例如，《金钟河流域水污染防治生态补偿》要求实行月度、半年考核，生态补偿资金按月核算、按半年结算；《湖南省湘江流域生态补偿暂行办法》将水质考核标准进一步区分为6种主要考核因子和16种辅助考核因子；《长江流域水生态考核指标评分细则》提出要根据单个水体现状和省域现状对水质进行评价，同时考察水体水生态水平和省域水生态综合状况。

▶ 小 结 ◀

本章梳理了流域生态补偿的内涵、特征和类型，并结合政策实践，概述了中国流域生态补偿的制度背景与政策演进。流域生态补偿是指以保护水环境为目的，通过经济激励和政策调控，对因流域生态保护而产生成本的相关方进行合理补偿的机制。通过内部化流域治理中的外部性，流域生态补偿能有效缓解流域水体污染、平衡上下游的利益分配，是实现流域经济生态可持续发展的关键策略。流域生态系统的跨界性和复杂性使得生态补偿涉及多个利益方的协调与博弈，不同主体需要合作、协调和共谋以实现共同目标。在中国，流域生态补偿以政府为主导开展，中央政府和地方政府是生态环境的治理主体。

从国内的实践来看，流域生态补偿可以根据行政隶属关系分为纵向补偿和横向补偿两大类。前者凸显了中央政府在流域生态保护中的核心地位，后者体现了"地方为主，中央引导，自主协商"的民事性补偿关系。生态流域补偿相关的政策文件最早可以追溯到2005年国务院颁布的《关于落实科学发展观加强环境保护的决定》，随着系列政策方针与法律法规的颁布，国内流域生态补偿的顶层设计与制度框架也日趋规范完善。从试点范围来看，流域生态补偿最早以省内纵向补偿为主，随后过渡到大范围跨省横向流域生态补偿，再到如今稳步开展黄河、长江的全流域生态补偿工作。从考核标准来看，流域生态补偿不仅从单一指标过渡到双指标、多指标，还将水量目标纳入补偿因素，同时发展出年度叠加月度的"双考核"制度，形成了能有效反映流域生态功能的科学考核体系。未来，随着政府在流域生态补偿机制方面的不断实践和创新，中国流域生态治理工作有望得到进一步完善和深化。

习题部分

1. 名词解释
（1）流域。
（2）流域生态补偿。
（3）横向生态补偿。

2. 简答题
（1）简述流域生态补偿的补偿方式。
（2）根据《地表水环境质量标准》的规定，请简述按地表水环境功能区划的五个不同类别，并描述水质类别、水质状况及其对应的表征颜色。

3. 思考题
（1）流域生态补偿与生态补偿的概念有何同异？
（2）中央政府与地方政府在流域生态治理中各自扮演了怎样的角色？

第 3 章

流域生态补偿的发展现状与现实困境

🔍 **学习目标**

（1）掌握流域纵向与横向生态补偿在实践中的不同进展。

（2）梳理并详细把握流域生态补偿的关键政策。

（3）理解流域生态补偿面临的现实困境。

根据生态补偿不同的行政隶属关系，生态补偿可分为纵向生态补偿和横向生态补偿（张捷和傅京燕，2016；刘桂环等，2019）。以下主要按纵向与横向两个不同方向介绍流域生态补偿的现状与地方实践。

3.1 纵向生态补偿的现状与实践进度

纵向生态补偿主要指以转移支付为补偿手段的政府资金补偿，在实践中主要包括中央政府对地方重点生态功能区的生态补偿、省级行政辖区地方政府对重点生态功能区的生态补偿。

重点生态功能区是指承担重要生态功能，如水源涵养、水土保持、防风固沙和生物多样性维护等，且对全国或较大区域的生态安全具有重要影响的地区。纵向生态补偿最直接的表现是中央政府对重点生态功能区的生态补偿，相关的制度设计和补偿标准在探索中不断完善。

以往关于重点生态功能区转移支付资金分配以"财政收支缺口"标准为分配核心，违背"两个倾斜"[①]的政策目标（李国平和李潇，2014）。2016 年以来，财政部相继印发了五次《中央对地方重点生态功能区转移支付办法》通知[②]。相比 2016 年的支持范围，2017年增加了"国家生态文明试验区、国家公园体制试点地区等试点示范和重大生态工程建设地区（引导性补助）"和"选聘建档立卡人员为生态护林员的地区（生态护林补助）"。因此，如图 3-1 所示，2017 年应补助额的计算公式新增加"生态护林员的补助"和"奖惩资金"两个项目。随后，2018 年转移支付的支持范围又增加长江经济带沿线省市和"三区三州"等重度贫困地区（重点补助），虽然应补助额的计算公式未发生变化，但是重点补助的范围却有所扩大。2019 年的应补助额将"奖惩资金"改为"绩效考核奖惩资金"，并无实质性变化。2022 年将长江经济带纳入转移支付的支持范围，同时在应补助额中去掉了生态护林员补助，并将"绩效考核奖惩资金"改为"考核评价奖惩资金"。

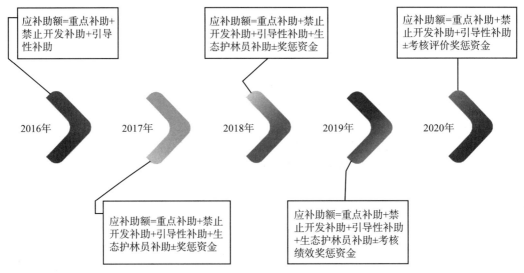

图 3-1 地方转移支付应补助额的计算公式变化

资料来源：财政部中央对地方转移支付管理平台与北大法宝。

综合来看，应补助额公式的变迁反映出纵向转移支付逐步开始重视和完善考核绩效的奖惩机制，不仅弥补了地方保护生态环境的财政收入缺口，而且通过引入激励手段，不断提高辖区内生态公共产品的供给激励。

在资金规模方面，中央对地方重点生态功能区的转移支付持续增长。图 3-2 汇报了

[①]　"两个倾斜"是指"加强生态环境保护力度，提高国家重点生态功能区所在地政府基本公共服务保障能力"的目标。

[②]　五次通知的文件名均为《关于印发〈中央对地方重点生态功能区转移支付办法〉的通知》，分别于 2016年、2017 年、2018 年、2019 年和 2022 年发布。其中，前四次《中央对地方重点生态功能区转移支付办法》的通知已失效，目前仅 2022 年的通知现行有效。其中，2016 年《中央对地方重点生态功能区转移支付办法》的通知中，关于转移支付支持范围包括：限制开发的国家重点生态功能区；京津冀协同发展、两屏三带、海南国际旅游岛等生态功能重要区域所属县；禁止开发区域；其他生态功能重要区域和在生态环境保护建设方面开展相关工作的地区。

2016~2023 年中央政府向地方政府下达的重点生态功能区财政转移支付资金,除 2020 年略有下降,中央对地方重点生态功能区的转移支付资金规模整体上呈上升趋势。2020 年转移支付资金的下降主要受新冠疫情的影响,财政转移支付资金侧重于疫情防控、复工复产和基层"三保"。总体而言,中央对地方重点生态功能区转移支付的逐年递增反映出中国对生态文明建设的高度重视。地方政府对于该项补助,按照政府收支分类科目列入"重点生态功能区转移支付收入(1100226)"。

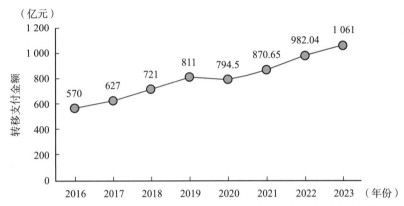

图 3 - 2　2016~2023 年中央对地方重点生态功能区转移支付资金规模

资料来源:财政部中央对地方转移支付管理平台。

中央对重点生态功能区转移支付在不同地域也存在一定的差异,表 3 - 1 展示了 2016~2023 年中央政府对各个地区(省、自治区以及直辖市)的资金分配的变动情况。尽管整体上各个地区的转移支付资金逐年递增,但区域差异也较为明显。相比而言,中西部地区和东北地区的转移支付资金普遍高于东部地区,同时西部地区的增长速度高于其他地区。这可能是由于国家加强了对"三区三州"等深度贫困地区和长江经济带的重点补助。然而,江苏省、上海市、天津市、北京市等东部地区的转移支付相对较少,年平均转移支付额低于 3 亿元。

表 3 -1　　　　　　2016~2023 年各地区重点生态功能区转移支付的资金分配情况　　　　　单位:亿元

地区	2016 年	2017 年	2018 年	2019 年	2020 年	2021 年	2022 年	2023 年
北京	2.04	2.29	2.29	2.45	2.04	2.21	2.39	2.51
天津	0.65	0.65	0.65	0.88	0.79	0.71	0.77	0.81
河北	28.35	30.16	30.77	40.05	39.64	41.63	44.39	46.81
山西	8.24	8.29	9.29	10.53	10.14	11.10	12.75	13.44
内蒙古	30.68	32.63	32.76	34.82	33.63	37.24	39.06	41.44
辽宁(不含大连)	4.26	4.65	4.75	5.68	5.90	5.99	6.23	6.33
大连	0.18	0.18	0.18	0.18	0.18	0.18	0.20	0.19

地区	2016 年	2017 年	2018 年	2019 年	2020 年	2021 年	2022 年	2023 年
吉林	10.46	10.53	10.79	11.16	10.26	11.51	12.92	13.70
黑龙江	27.07	27.44	27.06	28.01	28.39	30.91	34.58	38.23
上海	0.22	0.22	0.68	0.68	0.68	0.74	0.76	0.81
江苏	0.68	0.68	2.03	2.03	2.03	2.19	7.74	7.93
浙江（不含宁波）	1.84	3.20	4.86	4.86	4.61	4.98	5.38	5.87
安徽	15.76	17.14	20.54	23.94	23.30	24.49	26.16	27.06
福建（不含厦门）	13.13	17.88	19.29	19.10	12.95	13.65	14.36	14.95
江西	16.08	18.47	25.68	26.36	21.28	23.51	25.45	27.69
山东（不含青岛）	7.37	8.12	8.28	8.95	8.92	9.70	16.37	16.94
河南	15.10	19.61	23.09	25.79	22.88	24.97	29.58	33.21
湖北	28.62	30.52	33.30	37.52	36.06	40.36	58.86	64.36
湖南	39.10	40.95	44.49	48.63	45.34	50.30	56.62	62.32
广东（不含深圳）	11.31	12.02	12.56	12.56	12.56	13.55	14.37	15.08
广西	20.43	22.12	22.82	31.84	29.22	31.46	36.01	38.64
海南	19.07	19.07	19.12	20.46	19.09	21.58	23.44	26.27
重庆	20.53	21.00	24.23	25.71	25.18	26.69	28.21	29.70
四川	27.77	29.16	42.73	44.76	48.58	55.78	60.15	64.65
贵州	42.22	46.40	52.81	64.55	58.24	62.22	70.50	76.37
云南	28.54	32.20	44.23	63.26	59.75	64.45	65.51	70.08
西藏	12.73	13.38	18.46	18.78	25.93	31.39	36.90	39.77
陕西	26.75	28.72	28.57	33.84	37.22	40.01	46.70	51.83
甘肃	42.56	51.70	57.47	64.62	66.81	73.32	79.71	86.61
青海	23.03	29.04	34.34	32.57	39.15	46.18	50.42	56.23
宁夏	14.51	15.51	15.76	17.59	18.56	19.19	20.82	22.18
新疆	30.72	33.07	47.12	48.84	45.19	48.46	53.34	57.44

3.1.1　省级政府对重点生态功能区的转移支付

目前，中国主要以省级财政为主导开展纵向转移支付。自 2005 年浙江省逐步推行生态补偿试点以来，江苏、安徽等多个省份在省内逐步探索生态补偿机制。中央政府也有意引导市（县）政府进一步加强生态环境保护，完善省内纵向转移支付。表 3－2 汇总了 2008～2024 年省级生态纵向转移支付的相关文件，其中包含流域生态转移支付补助资金的构成情况。根据表 3－2 各省出台的文件可知，省级流域生态补偿转移支付的关注范围从

"生态环保财力转移支付""生态补偿转移支付"转移到"重点生态功能区转移支付"。转移支付的补偿资金构成由早期的补助资金和奖罚资金，逐步转向以国家主体功能区为标准，突出以重点生态功能区为主体，而实施的分区补偿与激励补偿。在资金的分配方面，早期补助标准主要根据因素法或比重进行分配，奖励按照不同标准设置分档权重，有的地区不达标还会采取惩罚措施。此外，后期补助资金除在国家主体功能区的基础上，还通过设置引导型补助鼓励重大生态工程建设地区。

表 3 - 2　　　　　　　　省级流域生态转移支付的相关文件

发布年份	文件名称	发布部门	流域生态转移支付补助资金构成部分
2008 年	《浙江省生态环保财力转移支付试行办法的通知》	浙江省人民政府	补助资金按照各市、县系数与其多年平均地表水径流量的乘积占全省的比例进行分配。奖罚资金按不同标准分档，并设置奖罚系数
2013 年	《福建省财政厅关于印发福建省生态保护财力转移支付办法》	福建省财政厅	补助资金分为生态保护补助资金和生态保护激励资金，各占50%权重。生态保护补助资金采用因素法（比如人口和面积）分配，生态保护激励资金根据交接断面水环境功能达标率和主要污染物总量排放等因素给予奖励
2013 年	《江苏省生态补偿转移支付暂行办法》	江苏省人民政府	生态补偿转移支付分为补助资金和奖励资金两部分，以补助资金为主体，奖励资金为激励性部分
2013 年	《青海省重点生态功能区转移支付试行办法》	青海省人民政府	重点生态功能区转移支=三江源生态补偿资金+生态保护引导性补助±绩效奖惩资金
2014 年	《湖南省2014年国家重点生态功能区转移支付办法》	湖南省财政厅	某地生态功能区转移支付实际补助=生态功能区县市补助+禁止开发区域补助+奖惩资金
2015 年	《海南省非国家重点生态功能区转移支付市县生态转移支付办法》	海南省人民政府	补助资金分为生态保护基础性补偿资金与激励性补偿资金两部分，权重各占50%。生态基础性补偿资金采用因素法分配，而生态保护激励性补偿资金根据相关指标考核结果计算
2017 年	《安徽省重点生态功能区转移支付办法》	安徽省财政厅	某地重点生态功能区转移支付实际补助额=重点生态功能区转移支付应补助额±奖惩资金
2018 年	《广西壮族自治区重点生态功能区转移支付办法》	广西壮族自治区财政厅	某地重点生态功能区转移支付应补助额=重点补助+引导性补助+禁止开发补助+生态扶贫补助±生态监管绩效奖惩资金
2019 年	《省对市县重点生态功能区转移支付办法》	吉林省财政厅	某地重点生态功能区转移支付应补助额=重点补助+禁止开发补助+引导性补助+生态护林员补助±绩效考核奖惩资金
2019 年	《广东省生态保护区财政补偿转移支付办法》	广东省财政厅	某地转移支付补助额=生态发展区补助+生态保护红线区补助+禁止开发区+海洋特别保护区补助

发布年份	文件名称	发布部门	流域生态转移支付补助资金构成部分
2021 年	《省对市县重点生态功能区转移支付办法》	黑龙江省财政厅	某市县重点生态功能区转移支付应补助额 = 重点补助 + 引导性补助 + 禁止开发补助 + 生态扶贫补助 ± 生态监管绩效奖惩资金
2021 年	《江西省重点生态功能区转移支付办法》	江西省财政厅	某地转移支付应补助额 = 重点生态县域补助 + 长江经济带补助 + 鄱阳湖湿地洪水调蓄重要区补助 + 禁止开发区补助 + 生态文明示范工程试点等补助 ± 绩效考核奖惩资金
2023 年	《辽宁省重点生态功能区转移支付办法》	辽宁省财政厅与自然资源厅	某市重点生态功能区转移支付补助总额 = 重点生态功能区补助 + 禁止开发区域补助 + 跨市水源保护区补助 + 其他引导性补助 ± 奖惩资金
2024 年	《云南省生态功能区转移支付办法》	云南省财政厅	某地转移支付应补助额 = 生态功能价值的补偿性补助 + 污染防治和生态文明建设投入的奖励性补助 + 政策性补助 + 重点补助 ± 生态环境质量监测与评价奖惩资金

通过上述内容可知，省级政府一方面积极响应和贯彻中央政府下达有关重点生态功能区支付的政策要求，并在其指导下，随中央政府提出的政策而不断落实、细化以及再生产。另一方面，政策文件的发布主体由东部地区逐步推广到其他地区，地区再结合自身特征属性与现实需求，设置不同的补助资金，比如青海省的三江源生态补偿资金、广东省的海洋特别保护区补助以及黑龙江省的生态扶贫补助。此外，部分地区的相关文件还在不断更新，比如福建、广西、湖南、吉林等地区。

3.1.2　纵向生态补偿的典型案例

案例 3-1

中央政府主导的流域生态补偿：青海三江源的生态保护与补偿机制

青海三江源地区，位于中国西部青藏高原核心地带，是长江、黄河和澜沧江的发源地，素有"中华水塔"之称。该地区汇聚了长江 25%、黄河 49% 和澜沧江 15% 的总水量。三江源自然保护区覆盖面积 15.23 万平方公里，既是中国最大，也是全球高海拔地区生物多样性最为丰富的保护区。保护三江源的生态功能对保障三江中下游的生态安全和水源供应至关重要。

由于气候变化和人口增长等多重因素的作用，三江源地区的生态环境自 20 世纪后半叶起逐渐恶化。一方面，水土流失日趋严重，大量土壤出现风蚀、水蚀和冻融情况，数据显示，三江源地区有 9.62 万平方公里的土地遭受中度以上水土流失，占总面积的 26.5%；另一方面，地表水径流量逐年下降，黄河上游连续多年出现枯水期，源头断流时有发生，水源地附近出现居民饮用水短缺的现象。

国家高度重视三江源的生态保护工作。2000 年，青海省政府将三江源确定为省级自然保护区，并采取了停止天然林采伐、禁止开采金沙等保护措施。2003 年，党中央和国务院将三江源升级为国家级自然保护区。2008 年，国务院出台《关于支持青海等省藏区经济社会发展的若干意见》，明确要求加快生态补偿机制的建设，并在青海建立三江源国家生态保护综合试验区。基于这一背景，2010 年青海省提出了《三江源国家生态保护综合试验区试验总体方案》，2011 年国务院对该方案予以批准。三江源地区实施的系列生态保护措施，极大地促进了当地生态环境的修复和改善。

生态保护和建设的成本需要通过生态补偿来弥补。根据《三江源生态补偿机制试行办法》，三江源的生态补偿机制主要由政府主导，属于中央政府主导的纵向生态补偿模式。该补偿机制重点依靠财政转移支付，同时也涉及一定的社会资金支持。具体的资金来源包括中央财政拨款的国家重点生态功能区转移支付、天然林保护工程资金、草原生态保护奖励补助资金、省级预算安排以及专项资金等，旨在支持生态保护与可持续发展。同时，三江源生态补偿要兼顾流域生态补偿和自然保护区生态补偿两个方面。

财政部通过调整部分县区的补助系数等手段，推动三江源等地区的转移支付。从 2005 年到 2019 年，中央政府已累计投入超过 180 亿元，用于三江源生态保护的第一期和第二期工程建设。其中，一期工程已经于 2012 年到期，二期工程于 2014 年全面启动，规划总投资总计达 230 亿元，主要实施黑土滩治理、封山育林、沙漠化防治、湿地保护、生态移民等。值得注意的是，三江源生态补偿采取了结合生态扶贫的创新机制，通过设立生态管护公益岗位，对当地农牧民进行直接补偿。截至 2021 年 3 月，三江源国家公园已为 1.7 万户家庭落实了生态管护公益岗位，带动每户年均增加收入 21 600 元。通过设立这些岗位，不仅提升了农牧民参与生态保护的积极性，也有效推动了地区精准脱贫工作。

资料来源：

［1］《关于探索建立三江源生态补偿机制的若干意见》，青海省人民政府，2014 年 10 月 24 日，http：//www. qinghai. gov. cn/ztzl/system/2014/10/24/010138566. shtml。

［2］《青海省人民政府关于三江源国家生态保护综合试验区生态管护员公益岗位设置及管理意见》，青海省人民政府，2017 年 12 月 31 日，http：//www. qinghai. gov. cn/xxgk/xxgk/fd/zfwj/201712/t20171222_18180. html。

［3］《三江源：20 年艰辛保护　筑牢"中华水塔"》，中国政府网，2023 年 2 月 8 日，https：//www. gov. cn/xinwen/2023 - 02/08/content_5740645. htm。

案例 3-2

省政府主导的流域生态补偿：东江流域的生态补偿探索

东江是珠江水系三大河流之一，流域面积达 35 340 平方公里，其中广东省境内占 90.1%。东江是广东省的重要饮用水源和水质保护区，不仅担负着广州、深圳、惠州、东莞等地的供水，还关乎下游的灌溉、压咸与航运，是珠三角地区繁荣稳定的"生命之水"。

河源市位于广东东北部，是东江进入广东省的门户，东江流域约90%的水资源量发源于河源市。城市水资源总量达153.93亿立方米，人均水资源拥有量为4500立方米，约为全国均值的2倍。境内有各类大中型水库70多座，为下游城市提供优质饮用水。其中新丰江水库、枫树坝水库为广东省第一、第二大水库，是广东省重要水源地，两大水库蓄水总库容达159.2亿方。

如此重要的生态价值凸显了河源水资源保护工作的重要性。2007年，广东省水利厅印发《广东省水功能区规划》，河源市在此基础上进行二次细分，共划定了市区和县城饮用水源保护区13个，乡镇集中式饮用水源保护区98个。2013年市政府出台了《河源市最严格水资源管理制度实施方案》和《河源市实行最严格水资源管理制度考核细则》，制定了以"用水总量控制、用水效率控制、水功能区限制纳污"为主要内容的水资源严格管理制度，同时成立水资源管理考核工作领导小组，每年对全市的水资源管理工作进行一次全面考核。

然而，严格的水资源保护与水质监管职责也使得河源市工业和旅游业发展备受限制。为落实广东省的要求，河源市拒绝超过400个工业项目，并关闭了对库区造成污染的宾馆、酒店及旅游景点，造成产值损失650亿元。同时，环保投入在财政预算中的占比居高不下，2007~2009年河源市环保投入从8.55亿元上涨至12.81亿元，达到了同期地方财政一般预算收入63.48%。水资源保护投入和收益乃至水资源利用权上的不对等，不仅让部分生态保护项目陷入资金短缺、难以运营，也使得河源市经济发展长期滞后于珠三角地区，因此广东省一直积极探索补偿机制。

考虑到同级之间转移支付实施难度大，早期东江流域的生态补偿由省政府主导。自1992年起，广东省每年拨款超过4000万元用于东江水系的水质保护；1995年以后，河源市的经济建设专项资金每年达到2000万元，并从2002年起增加至每年3000万元。1999~2004年，省财政对河源市的转移支付总额超过40亿元，其中仅2004年就达到10亿元。随后，经多方协调，东江流域形成了以省政府为轴心的纵向补偿机制，即东江下游的惠州、东莞、深圳和广州四市，以及粤海集团，依据取水量按0.26元/立方米的标准向省财政支付水资源生态补偿费，这部分资金专门用于弥补河源市为保障东深供水水源水质所承担的外部性成本，并存入省级东江流域保护专项资金账户。根据广东省生态环境厅下达的2022~2023年东江流域生态环境保护省级财政激励资金任务清单的通知，河源市2023年的生态补偿资金已经到达8000万元，为当地的流域生态治理提供了重要支撑。

资料来源：

[1]《河源市最严格水资源管理制度实施方案》河源市人民政府，2016年4月，http://www.heyuan.gov.cn/zwgk/zfgb/2016/04/szfbgswj/content/post_191458.html。

[2]《广东省东江流域省内生态保护补偿试点实施方案》，国家发展和改革委员会，2021年12月29日，https://www.ndrc.gov.cn/fggz/dqzx/stthdqzl/202112/t20211229_1310817.html。

[3]《省生态环境厅会同生态环境部华南督查局调研东江流域水生态环境保护工作》，广东省生态环境厅，2020年11月2日，https://gdee.gd.gov.cn/shbdt/content/post_3118572.html。

横向生态补偿的现状与实践进度

　　横向生态补偿是相同行政级别主体之间的生态补偿。尽管地方生态补偿实践已经取得阶段性成效，但是目前还未建立横向生态补偿的长效机制。按照行政区域的划分，以省级（含自治区和直辖市）行政区域为单位，横向生态补偿的类型可以分为省际间的横向生态补偿、省内的横向生态补偿以及重点全流域的生态补偿。

3.2.1　跨省横向流域生态保护补偿

　　单向补偿模式未明确界定上下游双方的权责，补偿资金流动方向单一，忽视了责任的互惠性，可能导致上游与下游之间的权利与责任不匹配，从而影响生态补偿机制的公平性和可持续性。2011 年，《新安江流域水环境补偿试点实施方案》的印发标志着中国跨省流域补偿制度建设正式落地，新安江是全国首个开展跨省流域生态保护补偿试点的地区，筑起皖南—浙西生态屏障。同年，陕西与甘肃签订《渭河流域环境保护城市联盟框架协议》，在全国起到一定的示范作用。2014 年 8 月，粤桂两省（区）政府针对九洲江的生态补偿签署了《粤桂九洲江流域跨界水环境保护合作协议》，其补偿模式属于单向补偿模式。在九洲江流域的案例中，九洲江流域的上游是广西壮族自治区，下游是广东省。由于鹤地水库（位于九洲江中下游）的水质下降影响了广东省湛江市饮用水源的水质安全，广东省对广西提供了资金和技术支持，以改善九洲江的水环境。这体现了单向补偿模式的特点，其中补偿资金从下游（广东省）流向上游（广西壮族自治区），未充分考虑上下游双方的共同责任和互惠机制。

　　双向补偿模式区别于传统的纵向补偿和单向补偿，其在纵向补偿的基础上，将横向补偿中的单向补偿机制转化为双向补偿机制，使上游和下游各方不仅承担一定的生态保护责任，还能根据其贡献和受益情况，获得相应的补偿或承担补偿责任，从而实现更为公平和有效的资源配置和生态保护合作。2016 年 3 月，粤闽两省（区）签订了《关于汀江—韩江流域上下游横向生态补偿的协议》，规定双方遵循"双向生态补偿"原则（张捷和傅京燕，2016），上下游双方的权责进一步得到完善。截至 2024 年 8 月，中国已经开展多个跨省流域横向生态保护补偿试点，省级行政区之间签署的协议根据实施进度，分别有一轮、两轮和三轮等不同进程的流域生态补偿协议，详细情况如表 3 - 3 所示。

表 3 - 3　　　　　　　　中国跨省流域横向生态补偿协议的开展情况

流域	轮数	目标年份	省份	资金分配情况
新安江	I	2012 ~ 2014 年	安徽⇌浙江	两省每年各 1 亿元，中央每年出资 3 亿元
新安江	II	2015 ~ 2017 年	安徽⇌浙江	两省每年各 2 亿元，中央每年按 4/3/2 亿元出资

流域	轮数	目标年份	省份	资金分配情况
新安江	Ⅲ	2018～2020年	安徽⇌浙江	两省每年各出资2亿元，中央资金退出
渭河流域	Ⅰ	2011年	甘肃⇌陕西	陕西给天水和定西市600万元补偿金
九州江	Ⅰ	2015～2017年	广西⇌广东	两省每年各出资3亿元，中央设立6亿元配套补偿资金
九州江	Ⅱ	2018～2020年	广西⇌广东	两省每年各出资1亿元，中央财政依据考核目标完成情况确定奖励资金
汀江—韩江	Ⅰ	2016～2018年	福建⇌广东	两省每年各出资1亿元，中央出资2亿元
汀江—韩江	Ⅱ	2019～2021年	福建⇌广东	两省每年各出资1亿元，中央出资2亿元
引滦入津	Ⅰ	2016～2018年	河北⇌天津	两省（市）每年各出资1亿元，中央财政依据考核目标完成情况确定奖励资金
引滦入津	Ⅱ	2019～2021年	河北⇌天津	两省（市）每年各出资1亿元，中央财政每年补助资金2亿元
引滦入津	Ⅲ	2022～2025年	河北⇌天津	两省（市）每年各出资1亿元，中央财政每年补助资金2亿元
东江	Ⅰ	2016～2018年	江西⇌广东	两省每年各出资1亿元，中央财政依据考核目标完成情况确定奖励资金
东江	Ⅱ	2019～2021年	江西⇌广东	两省每年各出资1亿元，中央财政依据考核目标完成情况确定奖励资金
潮白河	Ⅰ	2018～2020年	河北⇌北京	北京市每年出资3亿元，河北省每年出资1亿元，中央财政每年奖励3亿元
滁河	Ⅰ	2018～2022年	安徽⇌江苏	水质达到Ⅱ类及以上时，江苏补偿安徽4 000万元，达到Ⅲ类时，江苏补偿安徽2 000万元；反之，年度监测水质为Ⅳ类时，安徽补偿江苏2 000万元，Ⅴ类或劣Ⅴ类时，安徽补偿江苏3 000万元
滁河	Ⅱ	2023年至今	安徽⇌江苏	1个水质指标达到Ⅱ类时，江苏补偿安徽1 000万元；1个水质指标降至Ⅳ类及以下时，安徽补偿江苏1 000万元
赤水河	Ⅰ	2018～2022年	云南⇌贵州⇌四川	云南、贵州以及四川按1:5:4的比例共同出资2亿元，并按3:4:3的比例进行分配
赤水河	Ⅱ	2023～2025年	云南⇌贵州⇌四川	将资金规模增加至每年3亿元
酉水	Ⅰ	2019～2021年	重庆⇌湖南	重庆出境水质达标，下游的湖南补偿重庆；若不达标，重庆补偿湖南
渌水	Ⅰ	2019～2022年	江西⇌湖南	补偿资金实行"月核算、年清缴"。若水质达到或优于Ⅲ类，湖南省需补偿江西省；若水质劣于Ⅲ类，江西省需补偿湖南省补偿，标准为100万元/月

续表

流域	轮数	目标年份	省份	资金分配情况
黄河—豫鲁段	Ⅰ	2021～2022 年	河南⇌山东	在Ⅲ类基础上，水质每改善一个类别，山东给予河南 6 000 万元补偿资金；水质每恶化一个类别，河南给予山东 6 000 万元补偿资金
黄河—宁蒙段	Ⅰ	2023 年至今	宁夏⇌内蒙古	两省每年按照 1∶1 的比例共出资 1 亿元
黄河—甘宁段	Ⅰ	2023～2025 年	甘肃⇌宁夏	两省每年按照 1∶1 的比例共出资 1 亿元
黄河—青甘段	Ⅰ	2024 年至今	青海⇌甘肃	两省每年按照 1∶1 的比例出资，按年均水质类别计算补偿资金
长江—鄂湘段	Ⅰ	2023～2025 年	湖北⇌湖南	两省每年各出资 1 亿元，根据国家公布的 12 个月水质类别，测算全年补偿资金
长江—鄂赣段	Ⅰ	2023～2025 年	湖北⇌江西	两省每年各出资 1 亿元，根据国家公布的 12 个月水质类别，测算全年补偿资金

资料来源：由作者手工整理，信息来源于各地区政府的网页（如地方人民政府和生态环境部门）以及相关报道。

由表 3－3 可知，目前开展跨界横向生态补偿的地区主要集中在黄河、长江和珠江流域片。其中，赤水河是由跨越两省扩展到跨越多个省份（3 个）的典型案例。协议大部分是 3 年为一轮，每一轮的资金出资分配也会有一定的变化。出资主体不仅包含中央政府的财政补助，还包含两方（多方）政府的共同出资，例如，新安江第三轮试点中央政府的资金逐步退出，而两方的出资略有增长。从补助资金的来源和分配来看，补偿资金由共同出资的单项补偿逐步转变到双向生态补偿，由定额分配到按比例分配（比如赤水河）。与此同时，中央的出资情况更具有灵活性，由每年的具体出资金额转变为依据考核目标完成情况确定奖励资金。

3.2.2　省内流域横向生态保护补偿

2009 年，陕西省颁布《陕西省渭河流域水污染补偿实施方案（试行）》，该方案适用于陕西省省内西安市、宝鸡市、咸阳市以及渭南市地表水的生态环境污染补偿，属于省行政区域内的生态补偿。2016 年，财政部联合其他部门发布《关于加快建立流域上下游横向生态保护补偿机制的指导意见》①，设定的工作目标为"到 2020 年各省（区、市）行政区域内流域上下游横向生态保护补偿机制基本建立"。随着跨界横向生态补偿试点的持续推进，浙江、湖北、湖南、山西、广西、广东、内蒙古、四川、山东、重庆以及江苏等多个地区已经在省内逐步开展市、县之间的横向生态补偿。其中，2018 年重庆已实现市内重点河流横向生态保护补偿机制全覆盖；2020 年，湖北省内长江流域 60% 以上的市县建立

---

① 2018 年 3 月撤销了环境保护部，同月重新组建了中华人民共和国生态环境部。

横向生态补偿机制[①]；2020 年底，江西 80% 以上的县（区、市）建立了流域横向生态保护补偿机制[②]。省内流域横向生态补偿的逐步推广，不仅探索实施自主协商、协同治理以及联防共治的理念，而且还为跨界流域横向生态补偿加深合作提供契机。

3.2.3 重点全流域横向生态保护补偿

与此同时，中国重点全流域的横向生态补偿也逐步得到重视与推广，其中较有影响力的是黄河与长江全流域建立横向生态补偿。例如，2020 年财政部、生态环境部、水利部以及国家林草局联合印发的《支持引导黄河全流域建立横向生态补偿机制试点实施方案》，探索建立黄河全流域生态补偿机制；2021 年，相继又发布了《支持长江全流域建立横向生态保护补偿机制的实施方案》的通知，深入推进长江全流域建立横向生态保护补偿机制。重点全流域的横向生态补偿由指导方案向实施方案的快速转变，表明横向生态保护补偿得到有效推进。当前，在中央支持引导下，地方政府正在积极推动黄河、长江主要一级支流的生态补偿机制建设，逐步建立全流域横向生态保护补偿机制。

综上所述，流域横向生态补偿开展目前主要是以跨界（省）试点为主要政策实施对象，省内横向生态补偿也在逐渐覆盖更多流域，重点全流域横向生态补偿需要跨多处行政区的协同合作，是未来流域生态治理的发展方向。

3.3　流域生态补偿的现实困境

3.3.1 中央与地方支出的责任划分

中央政府和地方政府是生态环境的治理主体（潘鹤思等，2019）。流域生态治理存在较强的空间外溢性，下游地区有"搭便车"的可能，会抑制地方政府提供公共品的积极性，造成地方环境公共品供应相对不足，因此需要中央政府集中管理（后小仙等，2018）。长期以来，中国的流域生态保护采取的是中央和地方双重治理的模式，明确划分各级政府的支出责任是完善转移支付制度的前提（刘尚希和李敏，2006）。

早期的流域生态补偿试点中，中央政府的政策引导和资金支持扮演着重要角色，但随着流域生态补偿全面推开，在一些试点相对成熟的流域，中央补偿资金开始逐渐退坡。例如，新安江流域生态补偿的三期工程中，中央财政不再给予资金补偿，由安徽、浙江两省

---

① 《湖北省构建省内流域横向生态补偿机制》，中国政府网，2018 年 8 月 17 日，http://www.gov.cn/xinwen/2018 – 08/17/content_5314523.htm。
② 《江西八成以上县（市、区）实施横向流域生态补偿》，生态环境部，2021 年 3 月 22 日，http://www.mee.gov.cn/ywdt/dfnews/202103/t20210322_825363.shtml。

每年各出资2亿元。然而，这却加剧了地方生态治理与生态补偿的矛盾，使得后续的机制建设动力不足。一方面，部分地方政府在生态保护方面的资金不足，难以满足生态保护的实际需求，且资金缺口持续存在，补偿资金依然离不开中央财政转移支付；另一方面，各省出于对各自发展和利益保护，流域生态补偿中的诉求并不一致。这种情况下，国家层面的领导和协调显得至关重要。

相关问题在发展相对滞后的上游地区尤为突出，上游地区生态保护工作的投入大、周期长，获得的生态补偿资金未充分体现其机会成本和生态价值。为解决这一问题，政府应增强财政资金的引导作用，优化生态补偿政策与实际需求之间的匹配，同时增加中央财政的转移支付，以确保补偿措施的有效落实。鉴于国家同样是生态保护的受益方，根据"受益者补偿"原则，国家需要在生态补偿体系的建设和运行中扮演着更重要的角色。

3.3.2　全流域上下游间的谈判协作

流域的分布具有类似网络结构的特点，其中河流沿岸的行政主体代表节点，河流的长度则是连接不同节点的边。节点之间的相互连接受到水流流向顺序的影响，因此可以分为上游和下游。上游与下游是相对的概念，除干流、支流的河源（起始点）和河口（终结点）外，其他节点既是上游节点的下游，又是下游节点的上游。当不同节点的自然分区大于行政分区时，往往会出现权责不清、相互推诿和"搭便车"等问题，这些问题会导致跨界流域污染的发生（李静等，2015；唐为，2019）。在这种情况下，流域上下游地区通过谈判协商并开展横向生态补偿，可以有效地将外部性内部化，从而实现系统性的流域治理。目前，中国的横向流域生态补偿机制主要依赖于相邻省份之间的一对一谈判。然而，在多个节点的全流域治理中，是否能够通过这种方式实现跨省份的有效衔接，满足全流域生态保护和补偿的需求，仍然存在不确定性。

一方面，流域源头地区的生态环境保护可能受到负面影响。从全流域的视角来看，多数省份既是上游，又是下游。在每一轮生态补偿谈判中，所有下游地区都倾向于要求上游地区提升水质标准并减少补偿金额，每一轮谈判的结果又会成为上游省份与邻近省份谈判时的基准和参考。最终，这种策略使得生态补偿谈判在流域内形成连锁反应，导致越上游的地区水质要求越高而补偿越少，形成所谓的"补偿标准递减悖论"。这一现象不利于作为关键生态屏障的流域源头地区获得足够的生态保护资金和发展权补偿。为实现生态补偿与生态重要性的协调，还需要在全流域层面建立生态补偿基金，并加强中央政府在纵向生态补偿中的调控作用。另一方面，由于发展模式和地理特征的差异，同一流域内不同省份对水质水量的要求存在明显的异质性，若各省份对补偿标准和金额存在争议则会大幅提高协商成本。例如，在新安江流域的横向生态补偿实践中，浙江和安徽两省对于采用何种水质标准（地表水或水库水）展开了长时间的博弈，最终在中央政府的协调下达成共识。

3.3.3　纵横层级结构下治理的条块分割

中国水环境治理体制实行流域管理与行政区域管理相结合的管理体制。水资源的所有权为国家所有，县级以上地方政府负责本辖区内水资源的管理和监督工作。从权力分配的结构来看，可以分为纵向权力分配和横向权力分配，而治理归属一般按照行政区划来划分。行政区划管理具有明显的边界属性，例如中国省界的划分遵循"山川形便"和"犬牙交错"的原则，以自然地理为基础，兼顾人文、历史与政治。因此，纵横层级结构下水环境治理的条块矛盾主要表现在以下两方面。

第一，"条条"和"块块"的治理目标存在不一致性。从"条条"来看，采用流域管理与行政区域管理相结合的管理体制，通过自上而下的垂直管理，有助于进行集中管理，寻求整体流域利益的最大化。从"块块"来看，辖区内水环境治理具有清晰、明显的边界归属，"块块"的自利性会驱使不同行政辖区或辖区内不同部门之间寻求个体利益的最大化。

第二，"条条"和"块块"之间存在分割问题。分割问题主要体现在两个方面：条块形成的空隙和条块之间的隔阂。一是"条条"和"块块"之间容易形成空隙，空隙地区水环境治理无人问责或权责不清，尤其是行政边界水污染问题；二是"条条"和"块块"之间容易出现九龙治水的困境，造成区域或部门之间的分割情形，从而导致协调成本较高。尤其是跨界治理会出现行政主体间边界模糊，互相推诿等现象，以致流域水污染治理难以打破区域之间的隔阂。

因此，在流域生态补偿政策实施过程中，可能会面临水环境治理下的条块分割困境。不仅要重视"条条"中横向多元化职能部门之间的配合，还有待加强"条条"中跨层级主体之间的协同与合作。通过"条块结合"，适当打破行政边界的束缚，释放政策效应，激励地方政府积极治理。

3.3.4 政策激励强度与实践进度不对称

纵向转移支付对重点生态功能区的资金倾斜以及层级制传递弱效率的影响，会导致激励强度与治理效果不相适应。目前，在生态保护与环境治理方面，中国财政转移支付的激励强度主要体现在两个方面：一是从转移支付的政策倾斜出发，政策倾向于重点生态功能区；二是从财政转移支付补偿方式的方向出发，以纵向转移支付为主。

首先，从财政转移支付政策倾斜的角度分析，重点生态功能区支付的激励成本与收益不相适应。2008年，中国从国家层面设立针对重要生态功能区的转移支付，中央政府加大对重点生态功能区的转移支付力度，并将其设置在一般性转移支付项目下（曹鸿杰等，2020）。尽管重点生态功能区转移支付在一定程度上达到促进地区协调发展的目标，对生态环境保护和公共服务供给存在激励效应。但是，重点生态功能区转移支付的关键是在于引导地方政府加强生态激励，提高地方政府的积极性，而并非单纯作为资金补偿（缪小林和赵一心，2019）。各省区对县市生态功能区转移支付资金分配存在不同，这会导致中央对地方生态功能区转移支付的初衷与最终目标之间存在一定的偏差，使财政转移支付资金配置与其生态价值贡献脱节（伏润民和缪小林，2015）。重点生态功能区的部分水源区，尤其是地处水源补给、涵养以及水土保持功能区的上游地区，往往是财政收支缺口较高的地区，即使中央政府加大财政转移支付的力度，也无法覆盖生态环境治理的成本（李群等，2021）。因此，导致纵向财政转移支付的激励强度与生态环境保护治理的成本的不相适应。

其次，从财政转移支付方向的角度分析，目前中国以纵向转移支付为主，横向转移支付仅限于局部跨界流域，体现为"纵多横少"的激励强度不对称。生态转移支付体系目前还不健全，主要以单一的纵向调节机制为主，呈现出"纵多横少"的生态转移支付格局，横向转移支付在整个转移支付体系中处于从属和补充地位（石绍宾和樊丽明，2020）。在地方实践中，跨界横向生态补偿通常采用的方式是流域上下游政府共同出资设立生态补偿资金，根据考核结果分配资金比例。然而，目前地方政府间的横向转移支付并未普及，生态补偿无法通过纵向转移支付实现完全覆盖。因此，有必要在实行全覆盖的纵向转移支付的基础上，分阶段、分层次实行横向转移支付的广覆盖。

3.3.5　市场主体发育不足

长效的流域生态补偿机制需要由政府主导逐步向政府与市场协同治理转变。在政策初期，政府转移支付的模式因其政治和经济上的可行性占据主导地位，随着试点范围扩大，这一模式高监管成本、低运营效率的问题会愈加凸显。培育相应的市场机制在初期需要较高投入，但随着市场将污染成本内化为企业的生产成本，企业将形成减少污染的内在激励，市场机制展现出低成本、高效率的优势。因此，构建多元化、市场化的生态补偿机制是实现流域可持续发展的关键。

在中国现阶段的流域生态补偿中，财政补助仍是补偿资金的主要来源，企业和社会参与度相对较低是当前生态补偿体系的突出短板。以新安江流域为例，尽管流域上下游政府在建立合作园区、推动产业转移、对口协作和人才交流等方面达成了共识，但缺乏企业与社会组织来落地实践使得这些措施停留在协议层面。近年来，生态补偿的实践并未显著改善这一状况，补偿资金依然主要依赖中央财政的转移支付。许多地方政府在生态保护上的财政投入相对有限，导致资金与实际生态保护需求之间存在较大的缺口。依赖中央和地方财政的单一补偿模式，将难以确保生态补偿机制的可持续性。

尽管国家发改委、财政部等九部门于 2018 年发布了《建立市场化、多元化生态保护补偿机制行动计划》，明确提出要围绕资源开发、排污权、水权、碳排放权、生态产业、绿色标识、绿色采购、绿色金融、绿色利益分享等领域建立市场化补偿机制，为市场化生态保护补偿提供了政策参考。但缺乏有效的市场主体使得政策未能取得预期效应，这在很大程度上是因为自然生态产品投资大、经济回报低，对企业和公众的吸引力不足，这一情况在短期内难有改观。因此，培育市场主体、构建市场化的补偿机制是中国流域生态补偿机制建设的长期重点任务。

▷ 小　结 ◁

本章梳理了流域纵向生态补偿与横向生态补偿的发展现状与政策实践，并在此基础上，归纳流域生态补偿现实发展中面临的矛盾与困境。近年来，中央政府高度重视流域纵向补偿的绩效考核，逐步丰富了奖惩机制和激励手段，同时持续加大对地方重点生态功能区的转移支付，尤其是西部和东北部地区；地方政府也强化了辖区内重点生态功能区的转移支付，结合自身特征属性与现实需求，设置不同的补助资金。横向补偿方面，中国已经开展多个跨省流域横向生态保护补偿试点，实施进度从一轮到三轮不等；省内横向生态补偿紧随其后，在多个省市得到推广；同时，在中央支持引导下，地方政府正在积极推动黄河、长江的生态补偿机制建设，逐步建立全流域横向生态保护补偿机制。

尽管流域生态补偿实践已经取得阶段性成效，但仍面临诸多挑战和问题，需要持续完善。首先，要进一步明确中央与地方支出的责任划分，当前随着部分试点项目的中央补偿资金退坡，地方后续的补偿机制建设出现了资金缺口和动力不足的情况。其次，要强化全流域上下游间的谈判协作，以一对一谈判为主的横向生态补偿在多节点的全流域治理中容易导致"补偿标准递减悖论"，不利于上游地区的发展权补偿，同时会增加谈判协商的成本。再次，流域生态治理的条块分割会诱发治理主体间互相推诿，以致流域水污染治理难以打破区域之间的隔阂，而政策激励强度与实践进度不对称会导致财政转移支付资金配置与其生态价值贡献脱节。最后，市场主体发育不足阻碍了流域生态补偿由政府主导向政府与市场协同治理的转变，既加剧了财政负担，又不利于探索低成本、高效率的市场化治理体系。因此，培育市场主体、构建市场化的补偿机制仍然是中国流域生态补偿建设的长期任务。

 习题部分

1. 名词解释
（1）重点生态功能区。
（2）纵向生态补偿。
（3）横向生态补偿。
（4）单向补偿模式。
（5）双向补偿模式。

2. 简答题
（1）简要说明地方转移支付应补助额计算公式的演变过程。
（2）简要概述横向生态补偿的分类及其补偿原则。

3. 思考题
（1）纵向与横向流域生态补偿在资金来源、补偿对象和补偿方式上的主要区别是什么？
（2）为什么认为政府与市场协同治理是实现流域生态补偿长效机制的关键？

第 4 章

流域生态补偿政策的实践案例与经验分析

（1）了解各类流域生态补偿的经典案例。

（2）掌握和总结中国流域生态补偿实践的经验与启示。

4.1 不同补偿方式下流域生态补偿的政策实践

4.1.1 单向补偿模式

案例 4-1

打好流域治理"组合拳"，还沱江一江碧水

沱江是长江上游的重要支流之一，发源于四川省德阳市海拔 4 984 米的九顶山，流域城镇人口分布密集，经济发展强劲，在长江上游有着无可替代的重要作用。但在工业化和城市化的推动下，自 20 世纪 90 年代起，沱江变成了四川地区污染最严重的河流之一。沱江严峻的生态问题引起了四川省政府的高度关注，相关部门开始探索利用生态补偿机制解决沱江的水环境污染，以期还沱江一江碧水。

沱江流域的治理进程可分为孕育、确立、深化三个阶段。

（1）孕育阶段。

2002 年《中华人民共和国水法》颁布后，四川省于 2005 年制定了《四川生态省建设规划纲要》，在全省范围内进行了"生态税"（水污染税、垃圾污染税、生态补偿税等）的前期调研工作。流域生态补偿政策于 2007 年在《关于进一步加强生态保护工作的意见》中首次提出，得到四川省的积极响应，省政府为弥补水电站建设带来的生态破坏，开始对水电公司征收补偿费用。在这一阶段，四川省政府及相关部门率先开展了征收"生态税""补偿费"的尝试。

（2）确立阶段。

2011 年 9 月，四川省政府发布了《关于在岷江沱江流域试行跨界断面水质超标资金扣缴制度的通知》，正式启动了沱江流域的横向生态补偿机制。该制度涵盖了成都市、隆昌县等 15 个流域内的考核市和县，涉及 17 条主要河流、6 个一级考核断面（沱江干流交界断面）及 11 个二级考核断面（沱江重要支流交界断面）。该通知提出以河流流量、水环境敏感程度和水质管理为目标对超标区域执行资金扣缴，其中，一级断面和二级断面扣缴基数分别为 50 万元和 30 万元。环境保护厅于年终将考核结果汇总报省政府审批，再由财政厅通过年终结算对超标区域进行扣缴，扣缴资金主要用于补偿下游的污染治理、奖励流域质量高于断面水质考核目标的地区、水质检测补助等，这是以水质达标为基础的单向扣缴模式的典范。该通知实施后改善了沱江的流域水质，高锰酸钾指数和氨氮含量小幅下降。截至 2014 年，沱江流域水质较 2011 年上升 8.9%，但全流域总磷浓度较高，整体水质情况为轻度污染，改善效果并不显著。

（3）深化阶段。

四川省相关部门于 2018 年 9 月组织沱江流经的成都、自贡、泸州、德阳、内江、眉山及资阳等 10 市签订《沱江流域横向生态保护补偿协议》，该协议以"保护者得偿、受益者补偿、损害者赔偿"为原则、以水环境功能类别达标与否为资金清算根据，开展流域生态补偿。该协议协定由沱江流域 10 个市每年共同出资 5 亿元作为横向生态补偿资金，按各市对沱江的环境压力、水资源开发程度、流域生产总值占比等指标确立具体出资金额；资金分配主要以 10 个市的环境工作绩效为基准，再根据各市跨市断面水环境功能、水质达标和改善情况进行清算。该协议的实施在奖惩并举的同时极大地提高了沱江流域的水环境质量，到 2020 年，沱江多个断面达到Ⅲ类水质，断面水质优良率占比达到 100%，取得了十分显著的效果。

在一系列"组合拳"的作用下，沱江一举跃升为四川省水质改善的代表流域。走在沱江大桥上，看着碧波荡漾的江面上，鸟儿翻飞，放眼望去，江岸上盛开着金黄色的油菜花，岸边的人们一个个笑脸盈盈，曾经的污染早已不复存在。

资料来源：

[1] 四川省人民政府，2011 年 9 月 8 日，https：//www.sc.gov.cn/10462/10883/11066/2011/9/13/10180449.shtml。

[2] 四川省人民政府，2018 年 10 月 9 日，https：//www.sc.gov.cn/10462/12771/

2018/10/9/10460322. shtml。

［3］李倩娜，唐洪松，胡艳．沱江流域生态补偿模式演变、实践困境及优化对策［J］．环境保护，2022，50（19）：24－27.

［4］夏溶矫，包星月，刘新民．四川省流域生态补偿探索与实践［J］．环境生态学，2020，2（9）：12－18.

　　☆经验总结

　　（1）沱江流域的生态补偿工作逐步推进，层层落实，充分的前期调研和逐步试点确保了政策的可行性和有效性；

　　（2）四川省实行了跨界水质超标资金扣缴制度，通过扣缴资金用于污染治理和奖励，奖惩并举，激励了流域内各市在环保方面的积极性；

　　（3）《沱江流域横向生态保护补偿协议》根据"保护者得偿、受益者补偿、损害者赔偿"的原则划分治理权责，有效地推动了流域协作，促进了资源共享与责任共担。

4.1.2　双向补偿模式

案例 4－2

千亿"治太"，还太湖水清岸绿

　　江苏太湖流域面积为 36 900 平方千米，位于长江三角经济圈的核心区域，对长三角乃至全国的经济发展起着重要作用。在长三角地区高速发展的同时，太湖流域的水环境问题日益严峻。2007 年，太湖大面积暴发蓝藻污染，导致无锡市饮水水源遭到破坏，水质出现异味，饮用水和生活用水的供应变得非常紧张，市面上的桶装水被一抢而空，引发了一场严重的水环境安全危机。

　　近 20 年来，国家高度关注太湖流域的污染问题，并投入了大量的人力物力，制定了一系列的政策法规。国家和江苏省先后颁布了《江苏省太湖水污染防治条例》《无锡市环境资源区域补偿办法》《江苏省太湖流域环境资源区域补偿试点方案》，其中 2011 年颁布的《太湖流域管理条例》规定若上游地区没有完成水污染物减排和控制标准、行政区域边界断面水质没有实现阶段性水质指标，需要向下游地区给予相应补偿；反之，则由下游地区对上游地区予以补偿。太湖流域上下游补偿的确定主要以交界断面水质、入湖河流水质是否达标为依据，补偿将通过财政转移支付或地区政府商定的其他方式支付。至此，太湖流域上下游开始实施双向生态补偿机制。

　　2007～2019 年，太湖流域关停了超过 5 300 家化工企业、1 000 家重污染和排放不达标的企业，湖体水质从 Ⅴ 类提升为 Ⅳ 类，水环境改善取得了阶段性进展。"太湖之美，美就美在太湖水"，2022 年，国家发展改革委、生态环境部和水利部联合发布的《关于推动建立太湖流域生态保护补偿机制的指导意见》指出，在太湖流域内选取上下游污染责任明确，流向较为稳定的流域设立补偿断面，通过两省一市（江苏省、浙江省和上海市）联合研究确立补偿断面的考核因子、水质目标、监测方式和补偿标准，推动构建流域生态共治、责任共担、成果共享的双向生态补偿体系。治理过程中的生态补偿资金用于对地方政府、企业和个人在执行生态保护时所产生的费用进行补偿。

江苏省太湖办主任朱铁军说："长期向大自然欠下的账，必须要还。舍得'金山银山'，才能'赎回'绿水青山。"数据显示，江苏各级财政为治理太湖污染已累计投入超出1000亿元。现阶段，太湖整流域治理的目标是，到2030年全面建成完善的生态补偿机制，水体质量持续向好，山水秀丽的自然景观得以重现，成为国内水环境治理的典范。

资料来源：

[1]《太湖流域管理条例》，中国政府网，2011年9月15日，https：//www. gov. cn/zwgk/2011－09/15/content_1948417. htm。

[2] 中华人民共和国国家发展和改革委员会：《关于推动建立太湖流域生态保护补偿机制的指导意见》，2022年1月21日，https：//www. ndrc. gov. cn/xxgk/zcfb/tz/202201/t20220121_1312668. html。

☆经验总结

（1）太湖流域的成功治理离不开上下游的协同合作，尤其是江苏省、浙江省、上海市三省份联合的跨行政区域协调，有效避免"各自为政"的局面。

（2）太湖流域的治理过程中，江苏省各级财政累计投入超千亿元，政府持续的资金投入是推进生态环境治理的关键，体现了长远规划的必要性。

4.2 流域生态补偿政策在特定行业或领域的应用

4.2.1 农业领域

案例4－3

九龙江流域

九龙江又名漳州河，发源于王母山西南麓孟头村，是福建省的第二大河流，也是中国水电站建设最密集的河流之一，工业、垃圾污染严重影响了当地的水环境生态。因此，自2001年起，福建省开始对九龙江进行生态治理，出台《福建省九龙江流域水污染防治与生态保护办法》对流域的农业产业作出指示，鼓励九龙江全流域发展生态农业，开展生态农业示范区建设。2003 年，福建省将九龙江流域作为首个生态补偿的试点区域，2007 年公布的《九龙江流域综合整治专项资金管理办法》及 2008 年印发的《关于九龙江水环境保护专项资金的申报指南》中，对生态补偿资金的使用和管理机制作出了明确规定，强调将资金用于支持农村生态文明建设、整治畜禽养殖污染、城乡污水处理以及污染减排奖励等项目。

福建省对九龙江全流域农村生态文明建设的重视与资金支持推动农村地区从农业领域向非农领域的转变，带动农村地区基础设施建设并促进新型服务业、第二产业的发展，绘画出了一幅宜居宜业的美丽乡村生态画卷。顺着福道柏油路漫步于芦芝镇圆潭村，映入眼帘的是绿水青山的生态美景，在村道与产业园种植的玉兰、樱花已竞相盛开。每到周末和节假日，随处可见游客在此徜徉，他们或与同伴而行的亲朋好友嬉戏，或举起手机拍照留念，或驻足在极富特色的游亭里休息，体验乡村生态旅游之美。这些农村生态旅游项目给当地农户提供了如指引员、绿化师、保洁员、建筑工、保安、餐饮及文创商户、精品民宿等丰富的就业、创业机会，很大程度改善了当地农户的收入。

同样的变化也发生在高塘镇常口村，通过发展生态漂流、农业观光等生态产业，常口村实现了村集体和农户营收的稳步提升，村委会副主任杨礼义说："现在村民在家门口就有事干、有钱赚"。到 2022 年，常口村已实现集体收入 185 万元，农户人均可支配收入突破 3 万元。

资料来源：

［1］厦门市生态环境局：《福建省九龙江流域水污染防治和生态保护办法》，2001 年 6 月 18 日，https：//sthjj. xm. gov. cn/zwgk/zfxxgk/fdzdgknr/zcfg/gzzd/201501/t20150108_2488809. htm。

［2］福建省生态环境厅：《2008 年度福建省闽江、九龙江流域水环境保护专项资金申报指南》，2008 年 4 月 1 日，https：//sthjt. fujian. gov. cn/zwgk/ghjh/zxgh/201904/t20190417_4851982. htm。

［3］2023 年 6 月 16 日，中国政府网，https：//www. gov. cn/lianbo/difang/202306/content_6887097. htm。

☆经验总结

（1）在九龙江流域的治理过程中，生态补偿不仅仅停留在传统的污染减排补偿层面，而是与农村生态文明建设紧密结合，从根本上提升了农村地区的可持续发展能力；

（2）九龙江流域的生态旅游发展不仅注重景区建设，更加注重结合地方特色，促进当地农民参与和创业，为长期的流域生态治理提供了经济激励。

4.2.2　工业领域

案例 4-4

大汶河流域

大汶河位于山东中部，发源于山东旋崮山北麓沂源县，全长 239 公里，水系复杂、支流较多，经流泰安、莱芜和钢城等地。两岸大量矿厂向河流排放污染物使得大汶河遭受严重污染，由于这些矿厂在当地财政中占据重要地位，污染治理工作面临较大的困难和阻力。

为激励上下游积极参与水环境保护，山东省财政厅和环保局颁布了《大汶河流域上下游协议生态补偿试点办法》，提出要加强对工业污染的防治，增强全流域工业企业的污染治理，要求重点污染单位安装污水废水处理装置、污染源自动监控系统，严格控制重点水污染物排放量，优化产业结构。该办法还决定由省级财政筹集 1 200 万元，泰安和莱芜两市筹集 800 万元作为生态补偿资金。试点办法要求根据大汶河流域的水质情况，在泰安市、莱芜市和省级财政间建立双向生态补偿机制，并规定两市所筹集的生态补偿资金应用于治理大汶河的水污染和奖励在治理过程中有杰出贡献的单位或个体。

自 2008 年试点办法实施以来，泰安市单位 GDP 工业废水排放量的降幅逐步超过了山东省的平均水平，显示出流域生态补偿政策在该市取得了明显的生态效益。然而，2010 年后，随着山东省整体工业废水排放量持续下降，泰安市的改善情况就不再突出，莱芜市的工业废水改善也只在 2011 年与 2014 年表现出优于山东省平均水平，说明大汶河流域生态补偿的效益未能长期延续。

资料来源：

[1] 中华人民共和国财政部，2009 年 12 月 17 日，https：//www. mof. gov. cn/zheng-wuxinxi/xinwenlianbo/shandongcaizhengxinxilianbo/200912/t20091217_247803. htm。

[2] 中国石油大学新闻网，https：//news. upc. edu. cn/__local/A/EC/52/CB94F5BAFE
CA37C6A8000BE1F17_CDBE6235_965B8. pdf？ e =. pdf。

☆ **经验总结**

（1）大汶河的经验表明，生态补偿机制在设计时需要结合地方经济的实际情况，避免过度依赖传统工业或污染重的产业。

（2）政策不仅要激励上下游企业进行污染治理，还应推动产业结构调整，鼓励绿色产业发展。

（3）生态补偿机制虽然能够激励上下游企业参与环境治理，但在实践中，补偿资金应随着地方经济和环境变化适时调整，避免补偿资金的效果逐渐减弱。

4.2.3　城市发展

案例 4 - 5

湘 江 流 域

湘江地处湖南省经济发展的核心地区，流域人口占全省 60%，经济总量占 80%，是湖南省的母亲河，也是长江的主要支流之一。湘江流域上游的矿产资源丰富、旅游业较为发达，下游主要为长株潭城市群，发展了大量传统工业和新兴产业。工业化和城市化进程下，湘江流域的水环境开始面临严峻挑战，工业污水排放、植被过度砍伐、水利工程建设、重金属污染等问题严重破坏了流域内的生物多样性。为实现流域生态可持续发展，湖南省开始探索湘江流域的生态补偿机制。

2013 年，湖南省出台了《湖南省湘江保护条例》，提出将对保护生态的单位和个人进行补偿；2014 年颁布《湖南省湘江流域生态补偿（水质水量奖罚）暂行办法》，按照污染对应处罚、保护对应奖励的原则，实施流域横向生态补偿机制，并对湘江流域跨市、县断面的水质水量进行考核。湖南省各市一方面严格落实环保"三同时"制度，对项目建设的环评、审批、验收进行严格把关，禁止重污染项目、低水平重复项目、轻污染但难治理项目，从源头进行治理。另一方面逐步重视环保设施的建设工作，郴州市的污水处理厂每日能处理 80 000 吨生活污水，获得国家环保设施运营甲级资质；株洲市融资 4.95 亿元建设"湘江株洲段生态治理和防洪工程"，全长 16.3 公里；永州市扩建、新建了 34 个重点环保项目，包括对道县氧肥厂的废水治理、全市医疗废弃物处理等 10 个水污染治理项目。

湖南省还逐步推动了生态经济建设。冷水滩区仁山湖打造田园综合体验项目，开展了花海观光、大棚果蔬采摘种植等活动，举办了油菜花节、西瓜节、乡村旅游节等节庆项目，吸引了众多游客。州零陵锰矿区、冷水江锑煤矿区等五大重点矿区充分结合矿山实际与地方发展规划，探索与"生态产业园区""文化小镇""美丽乡村"深度结合的创新发展模式，在改善矿区民众生活条件的同时，基本实现"清水入湖、清流出湘"的目标。

资料来源：

［1］湖南省人民政府，湖南省湘江流域生态补偿（水质水量奖罚）暂行办法，2014 年 12 月 29 日，https://www.hunan.gov.cn/hnszf/xxgk/wjk/szbm/szfzcbm_19689/sczt/gfxwj_19835/201901/t20190114_5258060.html。

［2］永州市冷水滩区人民政府，2020 年 10 月 28 日，http://www.lst.gov.cn/lst/bm-dt/202010/af7e69d48ab84aeab99439add306d8da.shtml。

☆经验总结

（1）湘江流域的生态补偿注重结合地方经济特色，这种"生态 + 产业"的模式，激活了地方经济，为当地居民创造了新的经济增长点。

（2）政策关注了矿区生态修复的特殊需求，通过发展特色小镇来改善矿区环境和矿区居民的生活条件。

4.2.4　脱贫攻坚

案例 4-6

新安江流域

新安江流经安徽、浙江两大省，流域面积达 11 452.5 平方千米，是首个实施跨省流域生态补偿的流域，目前已经开展三轮试点。2015 年，习近平总书记在中央扶贫开发工作会议上提出"生态补偿脱贫一批"的思路，强调要加强对贫困地区的生态建设，加大对重点生态功能区的财政投入，让具备劳动能力的贫困人口就地转变成生态保护人员。

新安江流域地方政府抓住生态补偿脱贫的机遇，积极开展"生态补偿就业增收脱贫行动计划"，一是推进皖浙两地通过对口援助、横向重点帮扶等方式落实生态补偿，吸引黄山地区的贫困人口前往就业机会更多的浙江省务工；二是通过对农村贫困人口进行技能培训的智力帮扶，提高受偿区贫困人口的劳动技能；三是将流域生态环境治理与增收减贫相结合，在废水、垃圾处理及河道整治等生态补偿中让农村贫困人口优先参与。新安江流域的生态补偿脱贫计划成功解决了上游黄山地区 3 000 余名农村贫困人口的就业问题，对减贫起到正面作用。

新安江流域生态补偿过程中对产业结构的优化也是提升农民收入和减少贫困的有效途径。实施生态补偿以来，当地政府"关、停、并、转"了一批耗能高、污染重的企业，在闲置的土地上，大力发展绿色产业园和新型服务业，推动了产业结构的转型。浙江省淳安县鸠坑乡与安徽省歙县璜田乡签署了《流域共治合作协议》，通过协同培育"茶大师"，建设现代生态茶园基地、开展跨区旅游协作，拓宽农户的收入来源。此外，露营基地、观光农业、精品民宿的兴起形成了鸠坑乡的特色优势，为受偿区的减贫工作提供支撑。

资料来源：

[1] 央广网，2015 年 11 月 29 日，https：//news. cnr. cn/native/gd/20151129/t20151129_520628937. shtml。

[2] 中国政府网，2023 年 8 月 30 日，https：//www. gov. cn/lianbo/difang/202308/content_6900855. htm。

☆经验总结

（1）新安江流域的生态补偿通过对口援助、横向帮扶的方式，促进贫困地区与经济发达地区之间的资源流动和人员交流，有效缓解了贫困地区的就业问题；

（2）政策不仅关注资金投入，还将劳动力培训作为关键内容，帮助贫困地区居民提高了可持续的生计能力，实现了长期的脱贫效果；

（3）地方政府积极推动产业结构优化，通过关停高污染企业、发展绿色产业和新型服务业，促进了生态与经济的双赢。

4.3　流域生态补偿的跨界合作

4.3.1　两省跨界合作

案例 4-7

两省跨界合作：汀江—韩江协同治理，一江清水送入广东

　　发源于武夷山南麓赖家山的汀江，流域面积为 9 022 平方千米，是福建省流入广东省最大的河流，也是韩江上游的重要支流；韩江是粤东地区最大的河流，承担着超过 1 000 万人的生活用水。因此，汀江的水质水量对下游韩江的水安全有重要意义。

　　2016 年，福建与广东两省签署了《汀江—韩江跨省上下游横向流域生态补偿协议》，两省商议按照双向补偿的原则，由两省每年各出资 1 亿元作为生态补偿资金，将双方共同确定的水质达标率、污染物浓度作为考核依据。若上游水质达到或优于考核标准，则由下游拨款对上游进行补偿；若上游水质不达标，则由上游拨款对下游进行赔偿。这一补偿机制对上游水环境的改善起到了一定的激励作用。除此之外，中央财政也给予充分支持，将额外给上游地区拨付水环境治理的奖励资金。

　　协议签订后，龙岩市制定实施《汀江（韩江）流域水污染防治规划（2016～2020 年）》，在象洞溪开展"百日会战"治理养殖业、乡镇污水、石材等污染，计划实施超 400 个流域整治的重点项目，并将汀江源头长汀县庵杰乡的水环境治理工作列入重点工作范围。长汀县生态环境局副局长曹秋林表示，将以更高的标准治理庵杰乡的养殖业污染，庵杰乡禁养区内规模在 10 头以上的猪场已经被全部拆除，养殖业污染治理取得成效。同时，得益于生态项目建设，庵杰乡至新桥镇的"十里生态画廊"吸引了大批游客。除此之外，涵前村的水环境综合治理项目也已完成，总投资超 1 900 万元，新建的污废水处理站使污染得到有效控制。这些生态项目改善了汀江源地区的水生态环境，使其水质常年保持在 II 类以上。

　　除了防污治理工作以外，龙岩市还注重生态效益与经济效益的结合，以水环境治理为抓手，依托生态优势，推进绿色转型和生态致富。在建设绿色家园的同时鼓励当地民众发展生态养鸽、蜜蜂、象洞鸡等养殖业，发展铁皮石斛、百香果等种植业。目前，当地民众生产转型已达到 95%，良好的生态环境已成为新的增长点，实现生态与经济效益的双赢。

　　2022 年，闽粤两省签订了新一轮的生态补偿协议，将持续实施汀江—韩江流域的横向生态补偿机制，并鼓励流域上下游在加强信息沟通、技术交流的同时，深化在产业链、经

济贸易、文化旅游等方面的合作。

资料来源：

[1] 中华人民共和国国家发展和改革委员会，2021 年 3 月 22 日，https：//www. ndrc. gov. cn/fggz/dqzx/stthdqzl/202103/t20210322_1270051. html。

[2] 福建省财政厅，2023 年 4 月 6 日，https：//czt. fujian. gov. cn/ztzl/sdgjz/202304/ t20230406_6145063. htm。

☆经验总结

（1）汀江—韩江流域生态补偿采取了双向补偿的方式，根据上游水质水量的达标情况决定补偿或赔偿，使得上游水质管理有了明确的经济激励；

（2）该案例注重将水环境治理与地方经济发展相结合，尤其是通过生态优势推动绿色产业的发展；

（3）除了地方政府的合作，生态补偿还得到了中央财政的支持，形成了多方共同推动的局面，确保了生态治理的持续性和有效性。

4.3.2　三省跨界流域的案例

案例 4 −8

云贵川三省跨界合作：携手治"赤"，共享碧水

赤水河发源于云南省镇雄县银厂村，干流全长 436.5 千米，贯穿云贵川三省，是长江上游生态安全的重要屏障，也是自然资源最丰富、革命历史最悠久的河流之一。2010 年以前，赤水河沿岸遭受了大量滥砍滥伐、乱采乱挖、污水直排、废渣占用河床等问题，导致该流域水质持续下降、生态灾害频发，突出的水环境问题逐渐引起当地政府的重视。

2011 年，贵州省颁布了《贵州省赤水河环境保护条例》，随后在 2014 年将赤水河流域作为贵州首个生态文明改革实践的示范点，实施《贵州赤水河流域水污染生态补偿暂行办法》，初步建立起流域上下游"联防联控，共保共治，权责明确，政企联动"的生态补偿机制。与此同时，自 2014 年起，贵州省仁怀市的茅台集团每年向赤水河（贵州段）的生态保护工作注资 5 000 万元。但由于赤水河是云贵川三省的界河，流域管辖错综复杂，各区域在污水排放监管、环境执法尺度、水环境保护资金投入力度等方面的不一致，严重影响了对该流域生态保护的实施效果。因此，贵州省开始总结省内生态补偿的成功经验，起草《云贵川赤水河流域横向生态补偿方案》，提议由三省共同协作治理赤水河的水环境问题。

2018 年 2 月，云贵川三省达成共识，签订了《赤水河流域横向生态保护补偿协议》，赤水河由此成为全国第一个跨多省流域横向生态保护机制的试点。云贵川三省按 1:5:4 的比例共同出资 2 亿元设立赤水河流域生态补偿资金，以赤水河干、支流的水质状况界定

三省责任，并按3：4：3的比例进行资金分配，生态补偿金的落实有效缓解了三省的治水压力。同年12月，《赤水河流域横向生态补偿实施方案》由三省生态环境部门和财政部门联合印发，生态补偿机制的建立促使云贵川三省加大对赤水河流域的生态保护力度，实现生态环境的可持续发展。协作治理以来，昭通市开始实施农村两污治理、水体与土壤污染防治和能力建设等4大类11个项目建设，赤水河（昭通段）地表水出境断面岔河渡口和考核断面清水铺水质在2018~2021年均达到了Ⅱ类水质，全流域鱼类达到149种。赤水河发源地赤水源镇关停化肥厂1家、水晶加工厂超40家及小型煤矿10余家，除此之外，镇里还重点发展了25 000亩方竹产业，大力开展河道治理、退耕还林等生态项目。2019年，为解决上下游生态治理投入与收益不对等的问题，四川省和贵州省分别出资2 000万元补偿上游云南省，保障生态补偿的持续推进。

除了生态效益外，生态修复还推动了赤水河流域经济的高质量发展。赤水河生态环境的改善促使习水镇依托红色文化和酒文化，打造了独具特色的旅游产业，吸引了大量游客前来体验。同时，贵州省赤水市兴起的竹笋、石斛、晒醋等生态产业也成为其独具特色的吸引点。云南省昭通市的堰塘村已完成1 200亩高标准示范果园的建设，柑橘等果品年产量超1 800吨，还通过与特色水果产业的结合，发展乡村旅游和观光农业，2023年村域经济收入达到约400万元。

2021年，云贵川三省人大常委会审议并通过了《关于加强赤水河流域共同保护的决定》和每个省各自的赤水河流域保护条例，以"共同决定+条例"的方式推动了赤水河流域保护共同立法。三省在今后的生态保护过程中将统一对赤水河流域的治理标准，加强防治流域内污染物的力度；完善赤水河流域生态环境监测、水文监测、自然灾害监测等监测数据共享机制；强化行政执法与刑事司法的衔接，健全生态环境损害赔偿制度，推进对流域生态保护的公益诉讼；共同推动流域内山水林田湖草沙等生态系统的保护与恢复，建立以国家公园为主的自然生态系统。三省将持续推动对赤水河流域生态环境的治理与改善，为跨多省的流域生态治理提供经验。

资料来源：

[1] 中国政府网，2020年12月15日，https：//www. gov. cn/xinwen/2020 - 12/15/content_5569642. htm。

[2] 中国政府网，2021年6月19日，https：//www. gov. cn/xinwen/2021 - 06/19/content_5619581. htm。

[3] 中华人民共和国国家发展和改革委员会，2021年12月29日，https：//www. ndrc. gov. cn/fggz/dqzx/stthdqzl/202112/t20211229_1310809. html。

[4] 澎湃新闻，2021年2月26日，https：//www. thepaper. cn/newsDetail_forward_11472704。

☆经验总结

（1）赤水河流域的生态补偿得到了法律和政策层面的坚实保障，云贵川三省通过立法形成了"共同决定+条例"的双重推动机制，确保了治理标准的一致性；

（2）三省按比例共同出资设立生态补偿基金，并根据水质状况进行责任划分，采取生态补偿金分配机制，有效解决了区域间生态治理投入与收益不平衡的问题；

（3）赤水河流域的生态保护也与地方经济深度融合，充分利用了生态优势，推动了绿色经济的可持续发展。

4.3.3　全流域：黄河流域

案例 4-9

全流域跨界合作：守护母亲河——黄河流域的生态补偿

黄河流域由西向东横跨四大地貌单元，跨山西、内蒙古、山东、河南、四川、陕西、甘肃、青海、宁夏回族自治区九省。流域上游山地陡峭，河水清澈；中游因大多支流地处黄土高原，水土流失形势严峻；下游水流速度慢，地势低，泥沙堆积，容易发生旱灾、涝灾。流域内缺乏水资源，污染程度也比较严重，生态环境脆弱、环境承载能力低，上下游间的人均水资源量存在较大差距。另外，黄河流域沿线各省经济发展不平衡，东西两端差距较大，上游地区的经济以第一产业、第二产业为主，产业结构低端同质化问题突出。由此可见，构建黄河流域的生态补偿机制，是实现流域协调发展及生态环境长效治理的关键。

2016年，国务院办公厅发布《国务院办公厅关于健全生态保护补偿机制的意见》，黄河流域九省以此为指导，结合实际生态环境情况建立各自省内的流域补偿机制，同年起，中央财政逐年加大对沿黄九省（自治区）的生态补偿投入，现累计转移支付资金超1 800亿元。2020年，财政部、生态环境部、水利厅、林草局联合发布《支持引导黄河全流域建立横向生态补偿机制试点实施方案》，鼓励黄河流域九省建立区域横向生态补偿试点，以建设生态补偿机制为抓手，对流域进行保护与修复，达到改善生态环境质量和节约资源的目的，实现保护与发展的双赢。2021年底，中共中央、国务院颁布《黄河流域生态保护和高质量发展规划纲要》鼓励沿黄九省根据流域的水量和水质，建立并完善政府与市场相结合的横向生态保护补偿机制。从以上政策文件可以看出，党中央对治理黄河流域污染，保护水生态环境的高度重视。

除了中央出台的政策文件，黄河流域九省也相继开展了跨省横向生态补偿的试点工作。2011年，陕甘两省签署了《渭河流域环境保护城市联盟框架协议》，根据跨省界处断面水质情况，由陕西向甘肃两市支付生态补偿金，对上游水环境保护和治理提供支持，但这种由下游补偿上游的"单向补偿"模式存在弊端，无法激励上游持续开展水环境保护。2021年，山东与河南签订了《黄河流域（豫鲁段）横向生态保护补偿协议》，以两省交界断面水质状况为补偿依据，若水质全年均值类别达到标准则互不补偿，若在Ⅲ类以上每提高一个水质类别，山东省补偿6千万元给河南省；反之，则由河南省补偿给山东省。同年甘肃与四川签订《黄河流域（四川—甘肃段）横向生态补偿协议》，建立左右岸横向生态补偿机制，规定若断面水质不达标，一方能举证是另一方污染导致的，则由污染方支付补偿金给举证方。2023 年甘肃和宁夏签订黄河流域（甘肃—宁夏段）横向生态补偿协议，明确两省将按 1∶1 的比例共同出资 1 亿元设立生态补偿资金，用于流域内的水环境防污、保护与治理。

目前，黄河流域正处于高质量发展的重要时期，沿黄九省积极探索跨省生态补偿协作方案，加快推动黄河流域的共同保护和协同治理，这将促进黄河流域生态改善，推动人与自然和谐共生的绿色发展。

资料来源：

［1］中国政府网，2020 年 4 月 20 日，https：//www. gov. cn/zhengce/zhengceku/2020 – 05/09/content_5510182. htm。

［2］中国政府网，2021 年 10 月 8 日，https：//www. gov. cn/zhengce/2021 – 10/08/content_5641438. htm。

［3］中华人民共和国国家发展和改革委员会，2021 年 10 月 28 日，https：//www. ndrc. gov. cn/fggz/dqzx/stthdqzl/202110/t20211028_1301265. html。

［4］人民网，2023 年 7 月 28 日，http：//nx. people. com. cn/n2/2023/0728/c192482 – 40510560. html。

［5］国家能源局，2024 年 1 月 26 日，https：//www. nea. gov. cn/2024 – 01/26/c_1310762221. htm。

☆ **经验总结**

（1）黄河全流域的生态补偿机制不仅涵盖了中央与地方之间的财政转移支付，还鼓励沿黄九省开展跨省横向生态补偿试点，不同省份根据流域的实际水质和水量状况，制定了灵活的补偿方案；

（2）中央政策与地方自主相结合的模式，增强了地方政府在生态保护中的主动性，进而推动了流域的整体生态治理；

（3）黄河流域的生态补偿机制逐渐从"单向补偿"转向"双向补偿"模式，充分调动了上下游的积极性与协调合作，确保流域内水质的持续改善。

4.4　实践经验与启示

中国地域辽阔，承载着长江、黄河等连接各县市、省域的流域生态系统。为了有效推动流域生态补偿工作的开展，实现生态环境的可持续发展和保护，应对生态产品供应和需求关系多样化的实际情况，中国逐步建立并完善了流域生态补偿的制度政策框架，开始注重实现生态效益与经济效益的平衡，并形成了多方参与、协同推进的工作机制。从上述案例中可提炼出以下经验与启示。

（1）推动纵横向生态补偿模式的结合。中国纵向生态补偿模式的特征是上级政府对地方政府进行财政转移支付，通过专项和一般性的转移支付补偿重要的生态区域。2020年，中国的生态补偿资金提高到794.5亿元，有力地缓和了生态环境保护和地区经济发展的矛盾。横向生态补偿模式通过在流域上下游之间建立补偿机制，使得受益方向生态服务提供方支付相应费用，从而将生态服务的外部效应转化为内部效益，促进区域经济的协调发展。2016~2023年，中国对长江、黄河全流域的横向生态补偿机制建设作出了明确的部署，甘肃、四川、贵州、福建等多个省份建立起了行政区内全流域的生态补偿机制，开展了多个跨省流域生态补偿试点。这一机制有助于强化流域保护治理、实现省市间的互利共赢，已经成为调节流域生态环境与经济利益的重要政策工具。

（2）探索多方参与的市场化生态补偿模式。生态补偿机制的健康发展离不开社会各界的共同努力，仅靠财政资金不足以覆盖生态产品的供给成本。市场化生态补偿机制可以有效地调动政府、企业、民众对生态环境保护的积极性与参与度，在促进生态保护工作开展的同时，实现生态环境和经济的双赢。为充分发挥市场机制在水资源配置中的作用，中国从2014年开始探索水权交易与水权制度建设等试点工作，截至2022年，吉林、四川、山东等24个省份在省市级层面推动水权交易建设。2017年，新安江成立了绿色发展基金，专门用于支持生态环境保护与修复、文化旅游以及绿色产业的可持续发展。现阶段其上下游合作建设的旅游示范区、绿色产业园等成果显著。

（3）提升生态服务供给方的自主发展能力。中国生态补偿机制的最新探索是生态综合补偿模式，这一模式旨在增强生态服务供给方的自主发展能力，通过创新措施，推动流域上下游生态补偿机制的完善，培育具有生态优势的特色产业，推动生态保护补偿制度化，进而实现生态与经济的协调发展。在发展生态优势特色产业层面，新安江、湘江的沿线村镇结合自身情况大力发展绿色产业园、新型服务业、乡村旅游项目，将生态环境优势转化为生态经济优势，开辟了一条切实可行的生态效益转化路径。

（4）通过健全法规制度来规范生态补偿机制。完善的法律法规，可以为流域生态治理提供明确的制度保障，确保各利益相关方在治理过程中遵循统一的规范和标准，以系统性思维和法治观念完善生态保护机制。通过立法明确生态补偿的标准与责任主体，也能保障上游地区在承担保护任务的同时获得合理的经济补偿，从而形成保护与发展的良性循环。这一点在赤水河流域的实践中得到了充分体现。赤水河流域于2021年通过"共同决定＋条例"的方式开启国内首个地方流域共同立法，这一举措提高了赤水河流域的保护与治理效果，增强了流域治理的整体性和系统性，凸显了健全的法规制度对流域生态治理的重要性。

▶ 小 结 ◀

随着中国流域生态补偿机制的不断完善，其模式已从初步探索转向系统化、多元化发展，政策导向也日趋明确。因此，本章从不同视角详细回顾了中国流域生态补偿的经典案例，尝试总结一般性的重要经验，为后续政策提供参考。具体地，首先，本章回顾了不同补偿方式下流域生态补偿的政策实践，包括单项补偿模式下的沱江治理、双向补偿模式下的太湖流域治理；其次，总结了流域生态补偿政策在特定行业或领域的应用，包括农业领域的九龙江污染治理、工业领域的大汶河水环境保护、城市发展中湘江流域治理项目、与脱贫攻坚紧密结合的新安江治理工程；最后，回望了流域生态补偿的跨界合作，包括福建与广东在"汀江—韩江"治理中开展的两省合作、云贵川在赤水河保护中开展的三省合作、中央政府指导下黄河流域九省开展的全流域合作。

总结各类流域生态补偿案例的得失经验，为构建科学有效的流域治理体系提供系列经验。首先，需要推动纵横向生态补偿模式的结合，实现上下游区域与跨部门协作的高效联动，进而有效提升治理的系统性与协调性。其次，应探索多方参与的市场化生态补偿模式，通过引入社会资本、市场机制以及创新金融工具，进一步拓宽补偿资金来源，同时提升资金利用效率。再次，要着力提升生态服务供给方的自主发展能力，通过提供技术支持、产业扶持以及培训教育，增强当地社区和企业在生态保护中的内生动力，使其从被动接受补偿转变为主动参与保护。最后，通过健全法规制度来规范生态补偿机制，进一步明确责任分工和补偿标准，为可能出现的争议提供法律依据，确保补偿过程的公开、公平与可持续。

习题部分

思考题

（1）在新安江流域生态补偿的实践过程中，市场力量是如何参与其中的？其作用和效果如何？

（2）哪些具体案例能够体现健全法规制度在生态补偿机制中的关键作用？

第 5 章

流域生态补偿中政策制定主体的合作网络：软件应用与结果分析

学习目标

（1）学习政策及其制定相关知识，全面梳理流域生态补偿政策的发展历程。

（2）掌握 Pajek 软件及其配套工具的安装与操作，能够熟练应用于实际分析。

（3）深入理解社会网络分析方法的核心公式及其含义，能够准确解读相关结果。

（4）学会对社会网络图谱的分析与解读，能够从中提取有价值的信息并进行有效的解释。

5.1 政策制定与政策历程

5.1.1 政策制定简介

政策是由党政机关及其他团体为实现一定的政治、经济、文化、社会和生态目标所采取的政治行动和行为准则，是一系列法律法规、办法、条例、规定、决定以及政府文件等政策形式的总称（苏竣，2014）。政策文本（政策文献）被称为红头文件，是中国政府活动过程中的重要政治现象（黄萃等，2015），是政策存在的物理载体，以公文的形式传递信息（李江等，2015）。例如，《党政机关公文处理工作条例》定义政策文本（公文）是"党政机关实施领导、履行职能、处理公务的具有特定效力和规范体式的文书，是传达贯彻党和国家的方针政策，公布法规和规章，指导、布置和商洽工作，请示和答复问题，报告、通报和交流情况等的重要工具"。

流域生态补偿政策是探索、建立、健全水专项生态补偿机制的重要体现，是一项涉及生态、环保、财政、水利、资源以及农业等多类型的政策安排。既包含生态环境保护、水污染防治以及生物多样性保护等生态属性，也包含财政转移支付、资金管理以及补偿细则等经济属性，还兼具脱贫攻坚、助农惠农、完善水利基础设施等社会属性。

中央政府与地方政府在流域生态补偿推行方面给予全覆盖激励与规制，要探讨政策激励效果，就需要先讨论政策制定过程中参与主体与客体之间的关系，客观把握政策制定中政府主体间的行为互动，从纵横层级结构的视角，分析目前中国流域生态补偿政策中存在的条块分割问题。因此，有必要从政策要素层面概括府际关系与政策激励行为，深入把握政策主体的协作进展，为进一步完善水生态文明的建设助力护航。

政策过程，即一个完整的公共政策周期，一般包含五个部分：政策制定、政策执行、政策评估、政策终结以及政策监督（贺东航和孔繁斌，2019），本章节重点关注政策过程中的政策制定部分，并结合政策文本数据进行演示与可视化教学。

政策制定属于政策过程的重要组成部分（贺东航和孔繁斌，2019），具有一定的严格性。政策制定主要从政府部门的联合行文的角度来探讨政策主体的协作程度，涉及的主体包括牵头方与执行方（即配合方）。合作力度则通过政策协作的程度来衡量。因此，对政策制定主体协作关系的筑构，有助于把握政策主体的互动机制，提高流域生态补偿的政策协同性。

政策主体包括政策制定主体和执行参与主体。此处，将流域生态补偿的政策主体限定为在中国制定及颁布流域生态补偿相关政策的国家部门和地方部门。在后面的应用中，政策制定主体不仅包括中央政府层面的相关部门，如生态环境部门、水利部门等，也包括地方政府层面的相关部门，这些部门在政策制定、执行、监督和评估等环节中都扮演着关键角色。因此，以下的分析将集中讲解政策主体在政策制定过程中的合作网络以及它们之间的互动。

在流域生态补偿政策的制定过程中，联合发文已成为一种普遍且有效的合作方式。随着政策的不断演进，发文主体的协作趋势正逐步加强。中央政府各职能部门之间的合作模式正在向多元化和专业化的方向发展。然而，受到行政管理特性的制约，地方层面的横向协作往往以地方政府为轴心，呈现出一定的固化性，导致职能部门的合作缺乏必要的灵活性。在这一背景下，政策制定过程中的层级化、精细化和专业化要求，可能引发纵向联动和横向协同之间的不平衡。这种不对称性在流域生态补偿政策的联合发文主体结构中表现得尤为突出，主要体现在以横向的"块块"结构为主导。在地方层面，跨区域（横向）和跨层级（纵向）的协作激励机制则受到相对的制约。

因此，基于纵向与横向层级结构，构建一个解释政策主体协作的解释框架。通过这一框架，我们将能够回答并阐释流域生态补偿政策制定过程中的行为模式，揭示政策制定过程中的"条块分割"现象，并为政策激励在制定过程中提供更为有效的激励策略和建议。

5.1.2　流域生态补偿的政策历程

以国家层面的政策为代表，通过政策发布数量以及政策关键词的演进，确定政策执行过程中的政策目标，更好地解释政策制定主体合作网络关系的改变，以及量化政策在纵横层级结构下政策执行过程中的偏好程度。

为了最大限度取得相关政策文本，本书通过设置关键词，挖掘政策文献中的有效信息。通过北大法宝数据库进行的检索结果，搜索条件为全文中"流域"与"生态补偿"两个关键词，两词之间最多间隔2个汉字（使用"流域生态~2补偿"作为检索词）。其中，采用"~N"检索格式的目的是捕捉到中国政府文件中常见的"生态补偿"与"生态保护补偿"等不同表述，确保不遗漏关键的政策术语。

图5-1展示了1996~2023年中央层面关于流域生态补偿政策的数量。横坐标代表了中央政策的发布时间，纵坐标则显示了各时间点对应的政策文件数量。总体而言，流域生态补偿政策的制定数量呈现出一种倒"U"形趋势，即政策数量经历了从缓慢增长到迅速增加，最终趋于稳定并逐渐减少的过程。这一政策数量的变化轨迹间接映射了中央层面政策信号的逐步强化和自上而下激励机制的增强。图5-1的政策样本横跨了"九五"至"十四五"的规划期，在此期间，流域生态补偿的政策目标与国家规划保持了高度一致。据此，流域生态补偿政策的演进可分为三个阶段：首先是政策的启动阶段（1996~2005年），对应"九五"和"十五"规划期；其次是政策的探索阶段（2006~2015年），涵盖了"十一五"和"十二五"规划期；最后是政策的推广阶段（2016~2023年），对应"十三五"和"十四五"规划期。

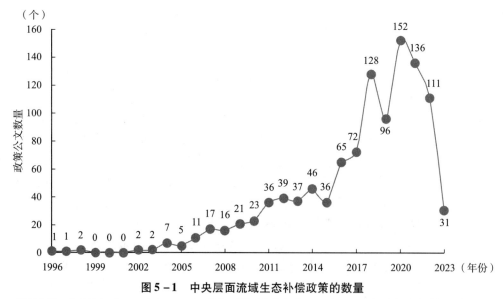

图5-1　中央层面流域生态补偿政策的数量

资料来源：北大法宝（www.pkulaw.com）。数据开始时期界定为1996年，理由是该年发布并提出森林"生态效益补偿费制度"。尽管该政策并未直接针对水环境治理与流域生态保护，而是在避免水土流失的造林计划中逐步将目光投向重点流域。

根据1996~2023年的样本数据，可以将政策历程分为三个阶段，分别是政策启动期、政策探索期和政策推广期。

1. 政策启动期（1996～2005年）

政策启动期包含政策的萌芽和准备阶段，该阶段的政策数量呈缓慢增长趋势，发布政策效力较高，以行政法规、部门规章和党内法规为主。为简化分析，此处重点梳理了5条核心政策文件，详情可参见附录（见表A2）。有关政策重心，体现在"生态效益补偿制度""生态功能保护区"以及"建立生态补偿机制"等关键词上。从最早的政策来看，尽管政策的重心范畴是农业和林业，并未直接针对水环境治理与流域生态保护，而是在避免水土流失的造林计划中逐步将目光投向于重点流域。于是，重点流域生态环境问题逐步引起政策制定者的关注，为流域生态补偿政策的萌芽打开新局面。另外，在科学发展观的指导思想下，中国水污染防治逐步被提上日程，流域生态补偿政策的准备阶段已被开启。尤其是《关于落实科学发展观加强环境保护的决定》明确了地方省级政府为受益者或补偿者，国家作为协调者来协调相关的利益冲突，为后续生态补偿机制的建立拉开帷幕。

2. 政策探索期（2006～2015年）

政策的探索期也被称为政策的试点期。如图5-1所示，相较于政策启动期，探索期的公文数量快速增长，政策效力级别较高，以行政法规和部门规章为主。中央层面的政策主题为"重点流域水污染防治""生态补偿试点""全国主体功能区""生态补偿机制"以及"生态功能区"等关键词，政策探索期有关流域生态补偿的重要政策可详见附录（见表A3）。整体而言，该阶段不仅水污染防治与水资源管理逐步得到了重视与规范，而且生态补偿机制也逐步得到完善。呼吁加强重点生态功能区转移支付，并鼓励以"地方补偿为主，中央财政给予支持"的横向生态补偿试点。同时，健全生态保护补偿机制被纳入生态文明建设的发展框架之中。

3. 政策推广期（2016～2023年）

本阶段的政策发文数量保持相对稳定，政策效力级别主要集中在法律、行政法规和部门规章。同时，推广期覆盖了"十三五"和"十四五"规划期，政策焦点以"多元化补偿机制""生态综合补偿""重点生态功能区转移支付资金""长江经济带发展""全流域横向生态保护补偿机制""黄河流域生态保护和高质量发展""海洋生态保护补偿"等关键词为核心议题。关于政策推广期的重要政策文件，请参考附录中的表A4。总的来看，生态保护补偿机制由政策探索期的"建立"，逐步向"健全"和"深化"转变，体现了生态保护补偿机制在实践中逐步得到补充和完善。同时，流域上下游横向生态补偿得到了重视，尤其是全流域（如长江、黄河）的横向生态补偿机制。另外，相应配套的资金规范也得到了完善，逐步形成了以地方财政补偿为主、中央财政引导和奖励的补偿格局。

综上所述，从参与主体的角度而言，政策对象由政府主导的生态补偿向多元化社会主体的参与转变；从补偿方式的角度而言，政策由财政资金单项补偿方式向综合补偿方式转变；从补偿范围的角度而言，由跨界和省内流域生态补偿向全流域和重点湖区的政策倾斜；从补偿方向的角度而言，由上下层级纵向补偿向流域上下游横向补偿扩展。

5.2 Pajek 的概述与网络数据转换

5.2.1 Pajek 的概述

1. Pajek 简介

Pajek 在斯洛文尼亚语中寓意"蜘蛛"，是一款用于大型复杂网络分析与可视化的先进工具，具备将 Excel 或文本数据转换为 Pajek 格式的能力。该软件是由弗拉迪米尔·巴塔盖尔吉（Vladimir Batagelj）和安德烈·姆尔瓦（Andrej Mrvar）于 1996 年 11 月开发。Pajek 已于 2024 年 6 月更新至版本 5.19。软件提供 Pajek、PajekXXL 和 Pajek3XL 三种版本，尽管它们具有一致的用户界面，但网络处理能力各不相同。例如，Pajek 支持近十亿节点的网络分析，而 PajekXXL 和 Pajek3XL 则扩展至 20 亿至 100 亿节点的网络分析。

Pajek 软件作为一种多学科研究工具，其应用范围广泛，覆盖了众多专业领域。通过中国知网（CNKI）和 Web of Science（WOS）数据库进行搜索，以"Pajek"为关键词的学术论文覆盖情报学、计算机科学、经济学、管理学、交通工程、生物医学以及新闻学等多个领域，充分展示了其跨学科的实用性和学术价值。同时，"Pajek"在政策学领域也展现出显著的应用潜力，尤其是合作网络。例如，刘凤朝和徐茜（2012）研究了政策合作主体的动态网络，宋娇娇等（2021）探讨了政策变迁与演化的过程，以及伍如昕等（2023）关注于政策文本的量化分析，这些都体现了 Pajek 在政策分析领域的深入运用。

值得注意的是，关于网络结构需要掌握几个核心概念。节点（也称为顶点，Vertice）是构成网络的基本单位，每个节点通常代表一个实体，如政策的发布机构或部门。在网络分析中，节点可依据其功能被划分两类：发送节点（即弧的起点，以下简称"来源节点"）和接收节点（即弧的终点，以下简称"目标节点"）。连线（即网络中的连接）可分为两种类型：有向连线（称为"弧"，Arcs）和无向连线（称为"边"，Edge）。此外，环（Loop）是一种特殊的连线，起点和终点均为同一节点，形成闭合回路。除了常见的有向、无向和混合网络，Pajek 还支持多种复杂网络类型，比如多关系网络（包括多个维度或关系的网络）、二模网络（连接两个不相交的节点集的网络）和时间网络（随时间变化的动态网络）。

2. Pajek 的下载和安装

考虑到本章的样本量的数据节点适宜，因此在后续的操作示例中，本章节选择了 Pajek 软件作为分析和演示的工具。目前 Pajek 为免费且开源性质，可通过官方站点（http：//mrvar. fdv. uni – lj. si/pajek/）进行下载。Pajek 的下载和安装程序如下：

（1）从 Pajek 官方网站下载的压缩软件包，用户需首先执行解压操作以打开相关文件；

（2）双击解压得到的 Pajek. exe 应用程序，按照安装向导的步骤完成安装；

（3）安装结束之后，通过软件的安装路径定位到 Pajek 的可执行文件，并双击以启动。同时为方便使用，用户可将该文件拖至桌面创建快捷方式。

3. Pajek 的用户界面

图5 – 2 展示了 Pajek 软件的简洁用户界面，主要由主窗口和绘图窗口组成。主窗口包括菜单栏、工具栏和工作区。工作区中管理六种类型的对象，即网络（Networks）、分区（Partitions）、向量（Vectors）、重排（Permutations）、聚类（Cluster）以及层级（Hierarchy）文件。其中，Networks 用于储存网络结构，默认文件扩展名为 ". net"；Partitions 用于生成子网络，识别每个节点的类型，默认文件扩展名为 ". clu"；Vectors 为节点分配定量特征（如数值属性），默认文件扩展名为 ". vec"；Permutations 用于对节点进行重新排序，默认文件扩展名为 ". per"；Cluster 定义节点的子集，默认文件扩展名为 ". cls"；Hierarchy 表示层次结构中的节点顺序，默认的文件扩展名为 ". hie"。其中，分区、向量和重排文件可用于存储节点在不同尺度下的属性，如有序、分类和数字数据。绘图窗口提供了属性窗口和可视化界面，帮助用户直观地展示和调整网络的结构及特性。

图5 – 2　Pajek 的用户界面

此外，对于软件的操作指南和深入分析，本书推荐参考德诺伊等（de Nooy et al.，

2018）所著的 *Exploratory Social Network Analysis with Pajek*（第三版）或由林枫翻译的《蜘蛛：社会网络分析技术》（第二版）中文版。上述参考资料和操作手册可同时在 Pajek 的官方网站上获得。

4. txt2pajek 简介

除 Pajek 软件本身外，还需详细介绍与之配套使用的 txt2pajek 工具。在处理 Pajek 网络数据时，常见的数据库格式（如 SQL 或 Excel）无法被 Pajek 直接识别。因此，数据需要以纯文本格式导入，并通过文本编辑器进行预处理，再借助 txt2pajek 工具转换为 Pajek 可识别的网络数据格式。

txt2pajek 是一款由尤尔根·普费弗（Jürgen Pfeffer）、安德烈·姆尔瓦（Andrej Mrvar）和弗拉迪米尔·巴塔盖尔吉（Vladimir Batagelj）联合开发的软件，旨在协助研究人员将纯文本数据转换为 Pajek 能够识别的网络文件格式。如前所述，安德烈·姆尔瓦和弗拉迪米尔·巴塔盖尔吉也是 Pajek 的开发人员。用户可通过访问官方网站（http：//www. pfeffer. at/txt2pajek/）获取 txt2pajek 的下载链接及相关学习资源。

5. 文本编辑器 EditPlus

在处理 Pajek 网络数据时，常用的数据库数据无法直接识别，需要将数据以纯文本的形式导入文本编辑器，通过 txt2pajek 转化为 Pajek 能够识别的网络数据。常用的文本编辑器包括 Visual Studio Code、Notepad ++ 、Sublime Text 和 EditPlus。本手册选用 EditPlus 作为文本编辑工具，主要基于以下几点考虑：EditPlus 拥有简洁直观的用户界面，易于新手快速掌握；作为一款轻量级应用程序，其启动和运行速度快捷，非常适合于 Pajek 网络数据的编写与查看。感兴趣的读者可通过以下网址下载 EditPlus（https：//www. editplus. com/）。

5.2.2　流域生态补偿政策的数据来源及其说明

1. 政策数据来源介绍

本书采用的案例样本为 1996～2021 年与流域生态补偿相关的政策文件，共 4 295 份。其中，中央层面政策文件数量共 470 份，地方层面省级政策 1 803 份，市级政策 2 022 份。样本开始时期界定为 1996 年，理由是该年发布并提出森林"生态效益补偿费制度"。尽管该政策并未直接针对水环境治理与流域生态保护，而是在避免水土流失的造林计划中逐步将目光投向重点流域。

数据来源于北大法宝、中国知网、中华人民共和国中央人民政府中的国务院政策文件库以及中华人民共和国生态环境部中的政策文件专栏等。

2. 数据检索说明

为了最大限度地取得相关政策文本，通过设置关键词，挖掘政策文献中的有效信息

（李江等，2015）。关于政策关键词的检索技巧，主要采用高级自动检索与人工复审检索两种形式。以流域生态补偿的政策文件为主要搜索对象，一方面通过确立关键字"流域/水源/水环境/上下游＋生态补偿/生态保护补偿"，并在北大法宝中的法律法规专栏中采用标题与全文内容相结合进行检索。其中，关键词符号"/"代表"或"，符号"＋"代表"和"。关键词的选取原则是根据补偿范围、补偿内容、补偿对象以及补偿方式概括而来。另一方面，以生态财政转移支付的政策为补充，抽取关键字"生态＋转移支付"，进行自动搜索、人工筛选以及填充。

同时，为防止政策梳理的遗漏，不仅通过中国知网、国务院政策文件库以及生态环境部中的政策文件专栏对政策文件进行筛选和去重，而且还参考刘桂环等（2013，2018，2019）对中国生态补偿政策的梳理，并对收集的政策文本进行查漏补缺。

3. 数据特征简介

关于数据特征，根据北大法宝数据库中的分类，按效力级别中央法规包括法律、行政法规、司法解释、部门规章、党内法规以及团体规定；地方法规包括地方性法规、地方政府规章、地方规范性文件、地方司法文件、地方工作文件以及行政许可批复。其中，行业规定、政策解读以及行政批复等文件不纳入本研究的范畴（徐国冲和霍龙霞，2020；贾洪波和谢沁璇，2021）。

按政策时效性来划分，可分为现行有效、失效、已被修改、尚未生效以及部分失效五种情况，本样本已剔除失效的政策文件。同时，在删除可能存在重复性政策文件的基础上，并对已被修改的政策按最新修改年限来计算。此外，政策发布时间以实施日期为准。一是因为大部分发文日期与实施日期间隔较近；二是采用实施日期更能刻画出政策文件的效力。

政策制定主体不仅包含政策的发起部门与牵头部门，还包含执行部门与配合部门，选取标准以政策文件标题涉及的政策主体为主。例如，2004 年标题为《国家环境保护总局、农业部、水利部、交通部、科学技术部关于发布湖库富营养化防治技术政策的通知》，其中，国家环境保护总局为发起部门或牵头部门，农业部、水利部、交通部以及科学技术部属于执行部门或配合部门。又如，标题为《中共中央　国务院关于加快推进生态文明建设的意见》，其中，中国共产党中央委员会和国务院为共同发布部门，根据政策标题中部门的排名顺序，可视中国共产党中央委员会为首要发起部门。鉴于此，本章根据政策标题中覆盖的主体部门的名称与顺序，进行文本提取与拆分，最终得到政策制定主体的文本数据。此外，若遇到政策发布主体采用简称时，则统一将政策制定主体的简称改为全称（贾洪波和谢沁璇，2021）。比如，"省政府"统一使用"省人民政府"。另外，本章已去除网络关系中的重复值，网络中不存在多重弧。

借鉴张涛等（2020）对政策文本信息的分类，此处的政策文本数据结构主要为元信息。元信息是由包含政策标题、效力级别、发布机构、实施时间以及相关的政策来源等要素组成，以 . csv 表格的形式存储。该数据可以通过数据库下载获取。

表 5 - 1 是流域生态补偿政策文本数据的元数据示例。比如标题为《关于加快推进生

态文明建设的意见》的政策文件，效力级别为党内法规，发布机构 1 为中国共产党中央委员会，发布机构 2 为国务院，实施日期为 2015 年，原文链接是政策文本的内容。

表 5 - 1　　　　　　　　　流域生态补偿政策文本数据的元数据示例

标题	效力级别	发布机构 1	发布机构 2	发布机构 3	发布机构 4	实施日期	原文链接
关于加快推进生态文明建设的意见	党内法规	中国共产党中央委员会	国务院	—	—	2015 年	https：//www. pkulaw. com/chl/7ca3e285623035afbdfb. html
关于健全生态保护补偿机制的意见	国务院规范性文件	国务院办公厅	—	—	—	2016 年	https：//www. pkulaw. com/chl/ec81d9fab877c426bdfb. html
支持引导黄河全流域建立横向生态补偿机制试点实施方案	部门规范性文件	财政部	生态环境部	水利部	国家林业和草原局	2020 年	https：//www. pkulaw. com/chl/bf9463110e69faa8bdfb. html
…	…	…	…	…	…	…	…

5.2.3　网络数据格式转换

1. 网络数据格式转换步骤

政策文件往往涉及多个部门的联合发布，例如在章节的数据样本中，能观察到最多有八个部门共同签署同一文件的情况。鉴于这一特征，使得数据集尤为适合构建政策制定主体的合作网络模型。以下是将电子表格或数据库中的数据导出为纯文本格式，并进一步转换成 Pajek 软件能够识别的 . net 数据格式的具体步骤。

（1）数据导出。

从北大法宝数据库或其他相关政策网站将数据导出，提取出相应的元数据，以截面形式展现。在排除了重复记录及未参与联合发文的数据后，对发布机构的节点数量进行统计，即计算各机构参与联合发文的频次。随后，提取政策文件的编号、发布机构以及发文频次等关键要素，并为这些信息添加文本标签，最终以纯文本格式（csv 或 txt）保存。

（2）数据清洗与整理。

打开纯本文文件，删除文件中的无关信息（比如标题、空行和多余的分隔符），确保数据中包含节点或连线的信息，节点包含来源节点和目标节点，连线通常以"节点 1 节点 2 权重"的形式排列。

（3）格式转换。

将生成的纯文本数据导入 txt2pajek 转换工具中，以转换为 Pajek 兼容的数据格式（如

.net、.clu 或 .vec 等）。如果处理的是 2 模式网络或多关系网络，需在转换过程中指定合适的模式和参数。需要特别注意的是，txt2pajek 输入文件的路径不应包含中文字符，以避免转换过程中的错误。同时，输入文件中的分隔符应根据实际数据格式进行选择，并确保编码设置为 UTF－8 Unicode 以保持字符的正确解析。

（4）验证与导入。

将 txt2pajek 输出的数据进行检验，可通过专业的文本编辑器（例如 EditPlus）来打开和检查相关文件，以确保数据的准确性和完整性。同时，将生成的网络数据导入 Pajek 软件，检查是否正确加载网络结构及节点属性。如发现错误，可以返回文本编辑器调整数据并重新转换。另外，对于动态或多关系网络，可能需要拆分不同的关系层，分别导入并在 Pajek 中合并处理。

2. 以流域生态补偿政策数据为例

（1）文本数据示例。

在本操作示例中，所选取的数据集是中央政府层面的政策文本数据，文件命名为 MAIN.txt，其中包含了来源节点、目标节点以及节点间的关系描述。这些关系表征了合作的不同程度，数据字段之间采用英文逗号"，"作为分隔符。表 5－2 是流域生态补偿政策制定主体的合作网络数据纯文本示例，第一列是 From，第二列是 To，第三列是 Relationship，第一列是来源节点，第二列是目标节点，第三列是节点间的关系描述。

表 5－2　　　　　　　流域生态补偿政策制定主体的合作网络数据纯文本示例

From，To，Relationship
财政部，国家发展和改革委员会，2
财政部，国家林业和草原局，5
财政部，环境保护部（已撤销），3
财政部，农业农村部，1
财政部，生态环境部，4
财政部，水利部，5
财政部，应急管理部，1
财政部，自然资源部，1
工业和信息化部，国家发展和改革委员会，1
工业和信息化部，科学技术部，1
……

（2）网络数据转换示例。

结合 txt2pajek 软件，将"MAIN.txt"纯文本数据转换为 Pajek 兼容的".net"数据。由于"txt2pajek"的菜单全部由英文表述，所以导入文件的路径也需要使用英文字符，注意路径中不能包含中文字符。在打开 txt2pajek 界面以后，建议首先需要在"Advanced"中"Other options"中选择"UTF－8 Unicode"。再将 MAIN 文本数据导入"txt2pajek"中，可以避免数据导入中无法识别数据内容的情形。

具体的界面中，Separator 根据 MAIN 文本数据中的具体符号（包括 tabulator、comma、

semi-colon、blank 和 other）作选择，本书根据数据特选择"comma"。在连接部分，两个节点之间有连接，通过"1st column"和"2nd column"两个下拉菜单选择具有这些节点的列，分别表示发出者和接收者。第三个下拉菜单选择链接值，即权重，如果您的网络没有加权，那么选择"1"来为网络中的每个连接的添加值为"1"，否则反之。第四列为网络的类型，包括一模无向（＊Edges）、一模有向（＊Arcs）以及二模无向（＊Edges），此处选择的是一模有向（＊Arcs）。另外，第五列的"Header lines"是确认忽略文本文件顶部的多少行，因为它们可能包含的是列的属性信息而不是网络信息，此处选择 1，代表创建网络时不应该包含第一行。具体界面如图 5 - 3 所示，显示了选项中需要填写的各种参数和呈现的信息。在信息部分，会显示出输出 .net 的数据格式的路径。

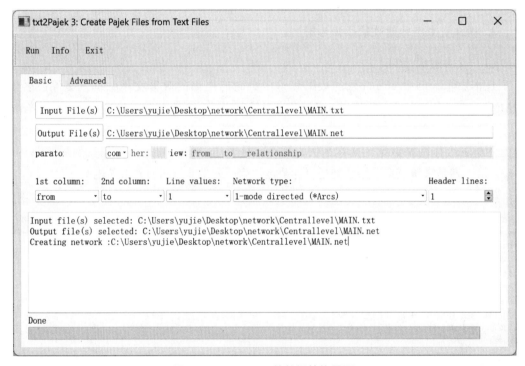

图 5 - 3　txt2Pajek 的数据转换界面

接下来，需要结合文本编辑器 EditPlus 打开 MAIN. net 文件，通过 EditPlus 可以清晰地查看到文件的数据内容和结构，如图 5 - 4 所示，它是由两张图合并而成。数据的结构如下：左边数据的第一行"＊Vertices 36"表示节点的数量总共有 36 个节点，第一列为节点的序号，第二列为节点的文本标签（用英文状态下的双引号表示）；右边数据的第一行"＊Arcs"是弧的列表，第一列和第二列反映出发送节点和接收节点之间的节点序号，其中第一列和第二列的节点不分先后次序，第三列是权重列，代表的是政策制定的引导流动方向，用以区分不同部门在政策制定过程中扮演的是发起者还是配合者的角色。

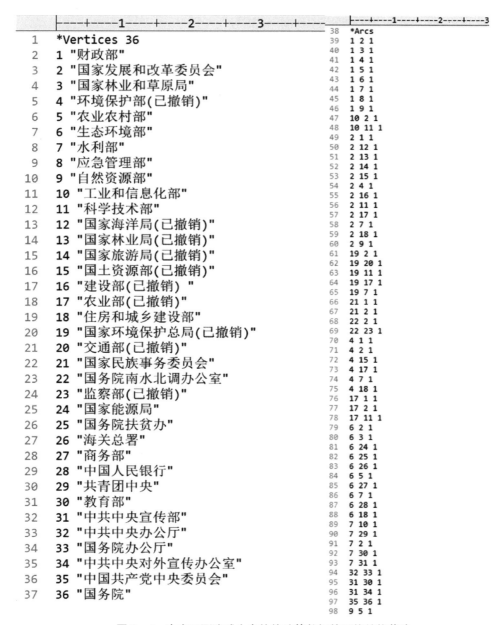

图 5-4　中央层面流域生态补偿政策数据的网络结构截选

最后，将网络数据 MAIN. net 导入 Pajek 数据中进行绘制和网络分析。导入数据后，选择恰当的布局算法来绘制网络结构，并开展网络分析。

另外，在绘图窗口中，可自定义网络节点和边（弧）的样式，以优化视觉效果。同时，通过网络分析，可以计算关键的网络指标。完成后，将分析结果以可视化的形式展示，以便更直观地解读网络特性。

5.3 社会网络分析法

5.3.1 社会网络分析简介

社会网络分析（social network analysis，SNA）能够获取行动者的互动模式与结构等重要信息（Russo and Koesten，2005）。政策主体间存在协作与参照关系（李江等，2015），政策制定主体网络中的主体，皆具有引导与被引导、选择与被选择的数量关系，具备社会网络关系分析方法适用的前提条件。

社会网络分析被认为是一个充满活力的多磁场，其应用领域非常广泛。过去社会网络分析已用于研究亲属关系结构、社会流动性、科学引文等诸多领域。近几年有关社会网络分析法在社会与经济领域的运用，可总结为以下几个方面：（1）贸易网络与全球价值链的关系；（2）参与方协作关系网络以及代际关系网络的研究；（3）网络舆情和信息网络；（4）空间网络分析；（5）政策主体网络分析。

已有研究中，黄先蓉和程梦瑶（2019）从政策法规文本的颁布时间、颁布主体和颁布形式三方面为切入点，运用社会网络分析法分析了颁布主体的相互协作关系网络。阎波等（2020）针对政策执行主体，构建治理主体和具体措施的两模网络图谱。周英男等（2021）绘制了不同阶段绿色增长政策的执行主体协同网络图谱，构建协同"广度—强度"二维矩阵。孙玉涛等（2022）探讨了中央政府部门在政策合作网络中的角色演变。在环境领域，社会网络分析法对政策主体合作网络的应用包括环境政策的府际合作关系、环境规制政策以及农业绿色发展政策的发文机构等。

鉴于上述归纳，本章节的政策应用属于第五类政策网络分析，分别以政策颁布主体网络为切入点，从纵横层级结构下量化了政策制定主体的协作关系网络，为可视化纵横层级结构下的政策制定提供新视角。

5.3.2 网络特征指标

分析网络结构的常用指标有"中心性"与"威望"，"中心性"是一种衡量行动主体潜在影响力与受欢迎程度的网络特征指标，它基于参与者在社交网络中寻求与谁进行互动（Russo and Koesten，2005）；而"威望"被定义为某种特定类型的社会纽带，能够反映行动者间存在的选择关系。以下关于"中心性"，主要从点度中心性、接近中心性以及中介中心性三个层面来考察网络特征。结合政策制定主体的有向图，点度中心性和接近中心性还可分为入度与出度，进一步凸显政策制定主体间的选择关系。

1. 点度中心性

点度中心性（degree centrality）是指一个节点拥有的所有连接数量（De Nooy et al.，2018），点度中心性越高，节点直接连结的数量就越多（Yin et al.，2020）。点度中心性能够衡量政策制定主体或政策主题在网络中的重要性和影响力（贾洪波和谢沁璇，2021）。点度中心性可以分为绝对点度中心性和相对点度中心性（马恩涛和李鑫，2017）。在简单的无向网络中，绝对点度中心性等于其相邻节点的数量，而在有向网络中，绝对点度中心性等于其相邻节点的入节点数量或出节点数量（Knoke and Burt，1983）。然而，需要注意的是有时候节点的入度与出度数量之和不一定等于该节点的相邻节点个数（De Nooy et al.，2018）。因此，结合涅米宁（Nieminen，1974）和弗里曼（Freeman，1978）对点度中心性的定义，入度和出度的具体公式如式（5.1）所示：

$$CD_i^{in} = \sum_{j=1(i \neq j)}^{n} \vec{a}_{ji};$$

$$CD_i^{out} = \sum_{j=1(i \neq j)}^{n} \vec{a}_{ij}. \tag{5.1}$$

在式（5.1）中，CD_i^{in} 和 CD_i^{out} 分别表示有向网络中节点 i 的入度中心性与出度中心性，入度中心性用上标 in 表示，出度中心性用上标 out 表示。其中，入度 $\vec{a}_{ji}$ 表示由节点 j 指向节点 i 的连接，出度 $\vec{a}_{ij}$ 表示由节点 i 指向节点 j 的连接，此处 a 上标箭头符号表示有向网络。若存在有效连接，$\vec{a}_{ji}$ 和 $\vec{a}_{ij}$ 分别取 1，反之则为 0。节点 j 的取值范围为 $j = \{1, 2, 3, \cdots, n\}$。

以下是关于点度中心性在 Pajek 中的操作步骤，如图 5-5 所示。

（1）打开 Pajek 软件，在 Pajek 的工作区中，通过 "Networks" 选项导入网络数据文件（例如 MAIN. net），为后续分析做好准备。

（2）计算点度中心性。

点击工具栏上的 "Network" 选项；在下拉菜单中选择 "Create Vectors"；在弹出的子菜单中，选择 "Centrality" 以访问中心性相关的计算选项，继续子菜单中，选择 "Degree" 来计算节点的度中心性；然后，在 "Degree" 子菜单中，选择 "Input/Output/All" 来指定想要计算的类型。

（3）计算完成后，可以在 Pajek 的 Report 窗口中查看每个节点的度中心性的结果。

---

2. 接近中心性

接近中心性（closeness centrality）是指一个节点和其他节点之间最短路径的总和（Yin et al.，2020），能够衡量行动者到其他节点之间的长度（Freeman，1978；Chen et al.，2012）。借鉴 Sabidussi（1966）、Freeman（1977）以及 Shih（2006）将接近中心性设为最短路径的倒数。因此，信息传递的距离越短，说明节点与其他节点的位置越接近，信息传递的速度就越快，接近中心性则越大。此外，关于有向网络中入接近中心性与出接近中心性两个概念，具体公式如式（5.2）所示：

$$CC_i^{in} = \frac{1}{\sum\limits_{j=1(i\neq j)}^{n} \vec{d}_{ji}};$$

$$CC_i^{out} = \frac{1}{\sum\limits_{j=1(i\neq j)}^{n} \vec{d}_{ij}}. \tag{5.2}$$

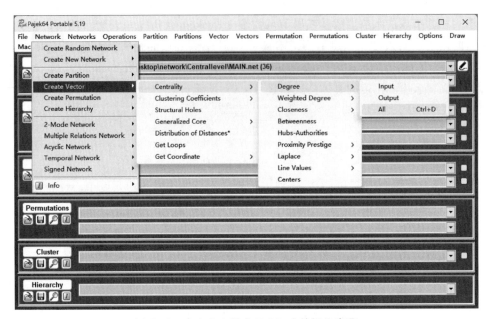

图 5-5　点度中心性在 Pajek 中的操作步骤

CC_i^{in} 和 CC_i^{out} 分别表示有向网络中节点 i 入接近中心性的逆与出接近中心性的逆，入度中心性用上标 in 表示，出度中心性用上标 out 表示。$\vec{d}_{ji}$ 是节点 j 到节点 i 的入接近中心性，$\vec{d}_{ij}$ 表示节点 i 到节点 j 的出接近中心性。

相应地，Pajek 中的操作步骤为（见图 5-6）：

（1）打开 Pajek 软件，在 Pajek 的工作区中，通过 "Networks" 选项导入网络数据文件（例如 MAIN. net）。

（2）计算接近中心性。

点击工具栏上的 "Network" 选项；在下拉菜单中选择 "Create Vectors"；在弹出的子菜单中，选择 "Centrality" 以访问中心性相关的计算选项，继续子菜单中，选择 "Degree" 来计算节点的度中心性；然后，在 "Closeness" 子菜单中，选择 "Input/Output/All" 来指定想要计算的类型。

（3）计算完成后，可以在 Pajek 的 Report 窗口中查看每个节点的接近中心性的结果。

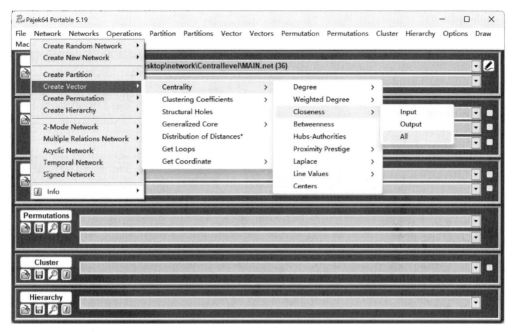

图 5 – 6 接近中心性在 Pajek 中的操作步骤

3. 中介中心性

中介中心性（betweenness centrality）可以定义为节点控制与其他节点对间的测地线概率（Freeman，1977，1978；Abbasi，2011；Chen et al.，2012），节点能够控制信息的传播。此处设节点对为 $\langle j, k \rangle$。由此可知，中介中心性描述的是概率问题，具体公式如式（5.3）。

$$CB_i = \sum_{j=1}^{n} \sum_{k=1(i \neq j \neq k, j<k)}^{n} \frac{g_{jk}(i)}{g_{jk}}$$ (5.3)

其中，CB_i 表示有向网络节点 i 的中介中心性。g_{jk} 表示节点 j 和节点 k 之间最短路径的数量，$g_{jk}(i)$ 表示节点 i 能够控制节点 j 和节点 k 最短路径的数量。

相应的 Pajek 中的操作步骤为（见图 5 – 7）。

（1）打开 Pajek 软件，在 Pajek 的工作区中，通过 "Networks" 选项导入网络数据文件（例如 MAIN. net）。

（2）计算中介中心性。

点击工具栏上的 "Network" 选项；在下拉菜单中选择 "Create Vectors"；在弹出的子菜单中，选择 "Centrality" 以访问中心性相关的计算选项，继续子菜单中，选择 "Degree" 来计算节点的度中心性；然后，在 "Betweenness" 子菜单中，选择 "Input/Output/All" 来指定要计算的类型。

（3）计算完成后，可以在 Pajek 的 Report 窗口中查看每个节点的中介中心性的结果。

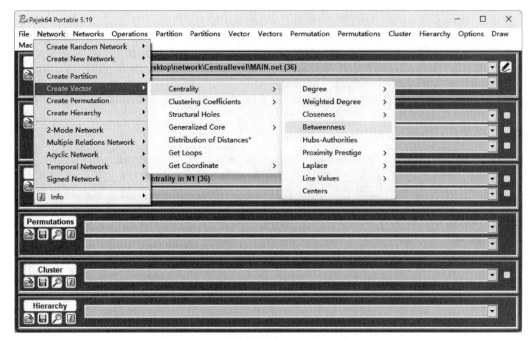

图 5 – 7　中介中心性在 Pajek 中的操作步骤

4. 威望

威望（prestige）是网络中的结构威望，与社会威望属于不同的概念。网络纽带中的近距威望值，不仅考虑节点数量，还考虑影响该节点的距离（曾婧婧等，2018），以此从近邻网络中发现节点的影响力。其中，节点的入度数量越多，距离越短，则相应的近距威望越高。在林（Lin，1976）、沃瑟曼与福斯特（Wasserman and Faust，1994）研究的基础上，入度与出度近距威望值的公式如式（5.4）所示：

$$P_i^{in} = \frac{(I_i/(N-1))}{\sum_{j=1,i\neq j}^{n} \vec{d}_{ji}/I_i};$$

$$P_i^{out} = \frac{(O_i/(N-1))}{\sum_{j=1,i\neq j}^{n} \vec{d}_{ij}/O_i}. \tag{5.4}$$

式（5.4）中，已知 I_i 表示节点 i 的入域规模，O_i 表示节点 i 的出域规模，P_i^{in} 表示节点 i 的近距威望入度值，P_i^{out} 表示节点 i 的近距威望出度值。$N-1$ 表示除 i 以外其他节点的数量，分母 $\sum_{j=1,i\neq j}^{n} \vec{d}_{ji}/I_i$ 是指影响入域内其他节点 j 到节点 i 的平均距离，分母 $\sum_{j=1,i\neq j}^{n} \vec{d}_{ij}/O_i$ 是指影响出域内其他节点 j 到节点 i 的平均距离。

以下是关于威望在 Pajek 中的操作步骤（见图 5 – 8）。

（1）打开 Pajek 软件，在 Pajek 的工作区中，通过"Networks"选项导入网络数据文件（例如 MAIN. net）。

（2）计算威望。

点击工具栏上的"Network"选项；在下拉菜单中选择"Create Vectors"；在弹出的子菜单中，选择"Centrality"以访问中心性相关的计算选项，继续子菜单中，选择"Degree"来计算节点的度中心性；然后，在"Proximity Prestige"子菜单中，选择"Input/Output/All"来指定想要计算的类型。

（3）计算完成后，可以在 Pajek 的 Report 窗口中查看每个节点的威望结果。

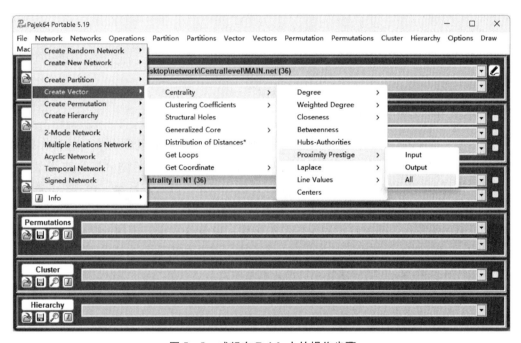

图 5 - 8　威望在 Pajek 中的操作步骤

5.4 政策主体合作网络图谱的结果分析

回顾政策主体是指能够影响问题解决的个体或者组织行动者（阎波等，2020），政策制定主体的数量规模能够在一定程度上决定政策在制定和执行过程中所涉及的部门利益目标分配和协调难度（程翔等，2018）。由于政策主体在某些政策目标上存在合作关系，便可以形成政策主体间的合作网络（李江等，2015）。政策制定可分为独立发文和联合发文两种情况，联合发布主要以跨部门协作为主，有利于刻画主体部门间的协作网络关系。尽管目前政策发布仍以独立发文为主，但是联合发文的政策规模也不容小觑。

本章以流域生态补偿政策为例，基于1996~2021年中央和地方层面的流域生态补偿政策文件作为数据基础，采用社会网络分析方法，结合软件 Pajek、txt2Pajek 和 EditPlus，一是绘制了政策主体间合作关系的网络图谱、展示其动态演变过程，二是分析相关的网络指标。在政策合作网络中，每个"节点"代表着参与制定和颁布流域生态补偿政策的各个政策主体，而"连线"则表示两个或多个政策主体共同参与一项或多项流域生态补偿政策的制定与发布过程（刘凤朝和徐茜，2012）。

此外，通过可视化政策主体的合作网络，一方面可以掌握跨部门、跨层级政策主体的互动关系和局部网络结构特征，另一方面还能把握政策执行过程中政策主体之间的合作模式与协作关系的转变。借鉴王刚和毛杨（2019）的做法，以下分别统计协作主体的合作次数以反映合作主体的引导力，结合 Pajek 绘制多元主体的协作网络图谱，定量分析网络结构特征。

5.4.1 中央层面：协作网络与结构特征分析

1. 政策制定主体的合作网络

关于中央层面的数据，图5-9描述了中央政策制定主体之间联合发文的协作关系。尽管中央层面政策制定主体的样本共有50个部门，但是图中参与联合发文的部门有36个。该数据显示，联合发文在（流域）生态补偿领域是一种普遍现象（黄萃等，2015）。图5-9中，节点是政策联合发布主体，属于有向网络节点，需要注意的是，节点在不同情形下具有两重角色，既是政策制定的牵头机构，也是政策实施机构或配合机构（阎波等，2020）。由于节点与节点间的连线属于有向弧，箭头的出发方为牵头机构与部门，能够反映主体在政策制定中的牵头作用，箭头的指向方为执行机构或配合机构，能够反映主体的协作与配合作用。

此外，节点标签的前缀数值能够反映政策主体的协作频次，数值越大说明主体参与发布的政策数量越多，参与协作的次数就越多。如图5-9所示，政策发布次数最多的部门是国家发展和改革委员会，高达33次，随后依次是中国共产党中央委员会、国务院、财政部、水利部、中共中央办公厅、国务院办公厅、环境保护部以及生态环境部等。图5-9形成了以发展、财政、生态和水利职能部门为核心的合作网络核心节点。

图中通过不同颜色的节点来区分所属机构是否存在机构改革，其中，灰色节点为现有机构与部门，白节点代表已撤销的机构与部门。需要说明的是，由于2008、2018以及2021年国务院机构改革方案的决定，对部分改革已重组、整合、更名或撤销的机构，统一在节点标签中备注"已撤销"。例如，关于生态环境职能机构变革与整合的演变情况：国家环境保护总局（2008年前）→环境保护部（2008~2018年）→生态环境部（2018年后）。较前两者而言，生态环境部的协作主体更加多元化，部门属性的跨度更广，同时协作对象不限于国务院的组成部门，还包含国务院直属机构和国务院部委管理的国家局。

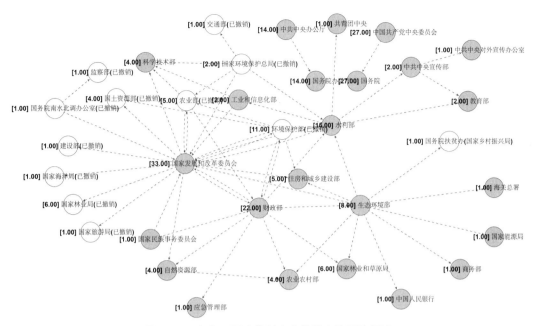

图 5 - 9　中央层面政策制定主体的合作网络图谱

注：节点标签前缀"［ ］"中的数值为部门协作频次，后为具体机构名称。此处需要说明国家环境保护总局、环境保护部、交通部、建设部、农业部、监察部、国土资源部、国家旅游局、国家林业局、国家海洋局、国务院南北水调办公室、国务院扶贫办已被撤销。环境保护部于 2008 年组建，不再保留国家环境保护总局，2018 年成立了生态环境部，不再保留环境保护部。2008 年，新组建了交通运输部，整合了原交通部。同年，组建了住房和城乡建设部，不再保留建设部。2018 年，对农业部的职责进行整合，组建了农业农村部；设立了国家监察委员会，不再保留监察部；国家旅游局的经过职责整合，组建了文化和旅游部；对国土资源部、国家林业局和国家海洋局的职责进行了整合，组建为自然资源部；国务院南北水调工程建设委员会办公室并入中华人民共和国水利部。2021 年 2 月，国家乡村振兴局正式挂牌，为国务院直属机构，前身为国务院扶贫办。

网络图中还包含两对离群点，分别是［中国共产党中央委员会，国务院］和［中共中央办公厅，国务院办公厅］。两对离群节点的协作频率较高且对等，反映出节点间的协作互动关系相对稳定和频繁。除已撤销的部门外，中央层面的部门制定主体可以概括为国务院的组织机构或党中央各部门两大类。

综上所述，政策制定主体尤其是政策牵头机构，更加重视多元化职能部门间的相互配合与协作。从协作程度来看，政策主体间的协作程度逐步加深，政策制定主体网络呈现出以国务院组成部门[1]（比如，国家发展和改革委员会、财政部、生态环境部以及水利部）为中心的牵头机构，并与国务院和党中央的其它机构相互配合、相互协作的网络布局。

2. 政策合作网络的结构特征

基于图 5 - 9 的合作网络图谱，表 5 - 3 是整体合作网络的结构特征，通过计算网络结构特征值，从而对政策制定主体的合作网络进行量化分析。表 5 - 3 中，网络规模也称为网络节点，代表 36 个国家层面的部门或机构；网络连结频次意味着政策制定主体间的互

---

① 根据国务院的职能划分，除国务院办公厅以外，还包含国务院组成部门（比如，财政部和生态环境部等）、国务院直属机构（国务院扶贫办和海关总署）、国务院部委管理的国家局（国家能源局和国家林业和草原局）。

动关系，有效连结频次属于去重、精炼后的有效连结。网络密度是网络完备性的测度，表征着网络关系的数量与复杂程度，密度的大小与网络规模和网络中关系的性质有关。中央层面的网络密度为 0.048，表明网络中的节点之间连接较为稀疏，这可能意味着政策制定主体之间的直接联系较少，或者信息流通的渠道较为有限。网络整体平均点度为 3.3333，表示每一个节点的连接均为 3 个及以上，反映出政策发文主体的协作对象较多，节点间的互动频率也较高。

表 5 - 3   中央层面政策主体合作网络结构特征

网络结构指标	中央层面
网络规模	36
网络连结频次	60
网络密度	0.0476
平均点度	3.3333

注：小数点保留后 4 位，下同。

需要注意的是，网络密度为 0.0476，表明网络连接相对稀疏，而网络整体平均点度为 3.3333，意味着每个节点平均有 3.3333 个连接。这两个指标看似存在一定的矛盾，因为一个较低的密度通常意味着节点之间的连接较少，而较高的平均点度则意味着节点之间有较多的连接。然而，这种看似矛盾的现象可能是由于网络中节点数量的影响。例如，如果网络中的节点数量非常多，即使每个节点只有少数几个连接，整体上也可能形成一个较低的密度。同时，如果网络中存在一些高度连接的节点，它们可能会显著提高整个网络的平均点度，即使大多数节点的连接较少。因此，这两个指标并不一定矛盾，而是从不同的角度揭示了网络的结构特征。

结合表 5 - 3 中的网络结构特征，可以说明中央层面的政策制定主体具有多元化的横向合作关系，合作具有一定的稳定性和固定性。

另外，关于网络结构的特征分析，以下主要通过节点中心性与威望指标进行量化分析，由于图 5 - 9 属于有向网络，网络结构可分别按入度和出度进行讨论，而中介中心性不单独分入度与出度。入度能够反映政策制定者在选择关系中处于被动选择地位，入度越高表示受欢迎程度越高，能说明该节点在网络中的活跃程度与重要性。出度越高说明政策制定者具有主动选择权，往往是政策的牵头机构，具有一定的影响力与号召力。表 5 - 3 的数据在 Pajek 中的操作如下：

在 Pajek 软件的主界面中，找到并点击工具栏上的"Network"选项；在弹出的下拉菜单中，选择"Info"；在"Info"子菜单中，选择"General"。于是，报告中将显示网络的一些基本概要信息，如节点数、边数、网络密度等。

　　表 5-4 是中央层面政策制定主体的网络结构特征的结果，点度中心性入度最高的是国家发展和改革委员会与应急管理部；出度较高的是国家发展和改革委员会、生态环境部以及财政部。就接近中心性而言，此处采用的是节点间路径最短的倒数，信息传递的距离越短，接近中心性越大，传播速度就越快。从接近中心性的入度来看，数值较大的有国家发展和改革委员会、水利部和科学技术部，而出度较高的有生态环境部、财政部以及国家发展和改革委员会。

　　中介中心性能够反映节点在网络中的连接性，说明网络中大部分节点的路径都要经过该节点，节点的中介度越高，控制力就越强。其中，国家发展和改革委员会与财政部的中介度排名前列，说明政策制定主体间的协作经过两部门的概率较大。

　　此外，还需单独分析机构协作网络中的近距威望，包含近距威望的入度和近距威望的出度。威望入度高能够说明机构的受欢迎程度，不仅在政策制定选择关系中处于重要的位置，而且在网络结构中具有一定的权威，是生态补偿政策制定的重要执行与配合部门。由于网络关系为"寻找政策协作主体"，威望入度较高的部门有国家发展和改革委员会、科学技术部以及水利部。然而，考虑到近距威望出域等同于反转网络中的入域，出度较高的依次为生态环境部、财政部以及国家发展和改革委员会，并与其他机构的连结通达度较高，具体结果如表 5-4 所示。

表 5-4　　　　　　　　　　中央层面政策制定主体的网络结构特征

序号	机构名称	中心性		接近中心性		中介中心性	威望	
		入度	出度	入度	出度		入度	出度
1	财政部	4	8	0.1786	0.4333	0.0665	0.1653	0.4292
2	国家发展和改革委员会	9	12	0.2778	0.4239	0.1067	0.2571	0.4199
3	国家林业和草原局	2	0	0.1389	0.0000	0.0000	0.1299	0.0000
4	环境保护部	2	6	0.1563	0.3750	0.0011	0.1446	0.3714
5	农业农村部	3	0	0.1594	0.0000	0.0000	0.1503	0.0000
6	生态环境部	1	10	0.1190	0.4432	0.0381	0.1102	0.4390
7	水利部	5	5	0.1923	0.3197	0.0370	0.1780	0.3166
8	应急管理部	1	0	0.1273	0.0000	0.0000	0.1190	0.0000
9	自然资源部	2	1	0.1698	0.0556	0.0020	0.1587	0.0286
10	工业和信息化部	1	2	0.1250	0.2826	0.0004	0.1157	0.2799
11	科学技术部	4	0	0.1910	0.0000	0.0000	0.1786	0.0000
12	国家海洋局	1	0	0.1608	0.0000	0.0000	0.1504	0.0000
13	国家林业局	1	0	0.1608	0.0000	0.0000	0.1504	0.0000
14	国家旅游局	1	0	0.1608	0.0000	0.0000	0.1504	0.0000
15	国土资源部	2	0	0.1698	0.0000	0.0000	0.1587	0.0000

续表

序号	机构名称	中心性		接近中心性		中介中心性	威望	
		入度	出度	入度	出度		入度	出度
16	建设部	1	0	0.1608	0.0000	0.0000	0.1504	0.0000
17	农业部	3	3	0.1667	0.3250	0.0045	0.1543	0.3219
18	住房和城乡建设部	3	0	0.1797	0.0000	0.0000	0.1681	0.0000
19	国家环境保护总局	0	5	0.0000	0.3418	0.0000	0.0000	0.3394
20	交通部	1	0	0.0556	0.0000	0.0000	0.0286	0.0000
21	国家民族事务委员会	0	2	0.0000	0.3333	0.0000	0.0000	0.3306
22	国务院南水北调办公室	0	2	0.0000	0.3048	0.0000	0.0000	0.3027
23	监察部	1	0	0.0556	0.0000	0.0000	0.0286	0.0000
24	国家能源局	1	0	0.0986	0.0000	0.0000	0.0922	0.0000
25	国务院扶贫办	1	0	0.0986	0.0000	0.0000	0.0922	0.0000
26	海关总署	1	0	0.0986	0.0000	0.0000	0.0922	0.0000
27	商务部	1	0	0.0986	0.0000	0.0000	0.0922	0.0000
28	中国人民银行	1	0	0.0986	0.0000	0.0000	0.0922	0.0000
29	共青团中央	1	0	0.1329	0.0000	0.0000	0.1242	0.0000
30	教育部	2	0	0.1528	0.0000	0.0000	0.1440	0.0000
31	中共中央宣传部	1	2	0.1329	0.0833	0.0084	0.1242	0.0571
32	中共中央办公厅	0	1	0.0000	0.0556	0.0000	0.0000	0.0286
33	国务院办公厅	1	0	0.0556	0.0000	0.0000	0.0286	0.0000
34	中共中央对外宣传办公室	1	0	0.1078	0.0000	0.0000	0.1017	0.0000
35	中国共产党中央委员会	0	1	0.0000	0.0556	0.0000	0.0000	0.0286
36	国务院	1	0	0.0556	0.0000	0.0000	0.0286	0.0000

注：小数点仅保留后四位，下同。其中，2021年2月，国务院扶贫办改名为国家乡村振兴局，此处仍采用政策发布时的机构名称。

5.4.2 地方层面：合作网络与结构特征分析

1. 省级层面

在地方层面的政策制定主体的协作分析中，分别从省级和市级两个层面进行探讨。在省级层面，政策发文机构遍布中国31个省、自治区及直辖市，而市级政策的发文机构覆盖地级市、自治州、地区及盟。需要注意的是，尽管存在少数省份之间进行跨界协作，但大多数政策制定主体仍限于省内不同机构之间的协作。若单独针对各省份的主体间协作进行分析，可能会导致分析结果出现网络孤立与重叠的现象。另外，遵循同一行政级别主体在垂直管理体系中隶属于同一上级机构的逻辑，对不同省份的同类型主体进行统一识别。具体来说，省级层面统一对不同主体进行统一划分，例如将"福建省委"与"安徽省委"等统一识别为"省委"；将"北京市委"与"重庆市委"等统一识别为"市委"；将"广西壮族自治区人民政府"与"宁夏回族自治区人民政府"等统一识别为"自治区人民政府"；将"四川省人民政府"与"云南省人民政府"等统一识别为"省人民政府"，以此类推。上述统一分类方法，不仅遵循了行政管理的一般规律，也确保了分析的广泛代表性和准确性。

（1）政策制定主体的协作网络。

图 5-10 是省级层面政策制定主体的协作网络图谱。在图谱中，政策制定部门或机构按照不同的行政层级（比如，国家、省、自治区、直辖市以及新疆生产建设兵团）的分布，形成多层次环形网络结构。环形的层级由机构类型的数量决定，其中省份的部门与机构的数量最多，构成了最外层的环，依次是自治区、直辖市，以及新疆生产建设兵团。图谱的中心位置是国家级部门（如国家发展和改革委员会），这反映了中央与地方政策部门之间的纵向层级互动与协作关系。此外，图谱中的节点（例如省人民政府）构成了环形网络的 1 模网络，能够清晰地展示同层级主体之间的横向互动与协作。还需说明的是，由于国务院机构改革的实施，各省份的机构也进行了相应的调整，以保持与中央机构的总体一致性。对于改革中撤销的机构，此处节点标签中注明了"已撤销"，而对于更名后的机构，则在原有标签后添加了新名称①，以便于识别和参考，这样既能够反映当前的政策制定主体结构，也能够展示机构改革的历史变迁。

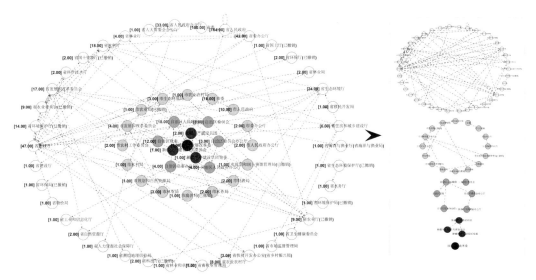

图 5-10　省级层面政策制定主体合作网络图谱

注：多层次环形网络从外环至内环的颜色由浅入深。矩阵框内的图为省级层面整体网络提取后的子网。

---

① 比如，"省扶贫开发办公室"改名为"省乡村振兴局"，"省海洋与渔业厅"改为了"省海洋与渔业局"。

（2）政策合作网络的结构特征。

表5-5详细描述了网络图5-10的整体结构特征。在省级层面，整体网络的平均点度约为2.78，这能够说明网络图谱中节点的协作范围相当广泛。尤其是省份的平均点度高达3.53，反映出省份政策发文主体拥有众多的协作对象，且行动者之间的互动频率较高。然而，整体网络的密度相对偏低，省份网络密度仅为0.05左右，主要由两方面的因素造成：一是网络规模相对较大，环形层级较多，受不同行政区划的影响，导致不同层级之间的有效连结较低；二是由于本章对不同的政策主体进行了统一识别，未考虑节点间的空间距离，限制了政策制定主体在跨行政区域协作方面的能力。

表5-5 省级层面政策主体合作网络结构特征

网络结构指标	省级层面	省份	直辖市	自治区	新疆生产建设兵团
网络规模	64	38	16	6	3
网络连结频次	89	67	13	6	2
网络环	1	1	0	0	0
网络密度	0.0217	0.0464	0.5417	0.2	0.3333
平均点度	2.7813	3.5263	1.6250	2	1.3333

上述分析揭示了省级层面网络结构的复杂性。不同行政类型的网络协作关系不仅包括纵向协作和辖区内横向协作，还涉及跨行政区域的横向协作。省级协作网络主要以辖区内的横向协作为主，而纵向与跨辖区的横向协作则略显不足，尤其是少数民族地区，其横向辖区内外协作模式较为固化，缺乏必要的灵活性和弹性。省级网络结构的分析结果表明，在政策制定过程中，由于政策体系的层级化、精细化和专业化要求，政策主体间的纵向联动与横向协同往往出现不对称现象。具体来说，流域生态补偿政策联合发文主体结构主要以横向"块块"为主，地方层面跨区域（横向）与跨层级（纵向）的协作激励上存在一定的限制。

通过对省级中心性与威望指标的分析，可以发现省级网络结构特呈现出以省人民政府及其部门为核心的政策牵头机构。其中，省人民政府的组成部门，如财政厅、省发展和改革委员会以及水利厅，在政策协作网络中具有牵头作用，同时还兼备高度执行与配合作用，具体数据如表5-6所示。

总体而言，流域生态补偿政策在省级层面的制定主体中，财政厅、省发展和改革委员会以及人民政府的受欢迎程度最高，表明它们在政策协同中的被选择性较强。同时，财政厅、省发展和改革委员会以及农业部门也是政策的牵头部门，在政策协同和政策激励方面发挥着主动和引导作用。由此可见，中央层面各职能部门的合作模式逐步向多元化与专业化发展，而地方层面的横向协作主体由于受到行政属性管理的限制，呈现出以人民政府为主导的协作模式，职能部门的协作网络结构显示出一定的刚性，缺乏必要的弹性。

表 5 - 6　　　　　　　　　　省级层面政策制定主体的网络结构特征

序号	机构名称	中心性		接近中心性		中介中心性	威望	
		入度	出度	入度	出度		入度	出度
1	国家发展和改革委员会	0	1	0.0000	0.0313	0.0000	0.0000	0.0159
2	省财政厅	10	12	0.1777	0.2287	0.0565	0.1677	0.2230
3	省环境保护厅	4	4	0.1185	0.1875	0.0015	0.1118	0.1829
4	省农业委员会	0	8	0.0000	0.2257	0.0000	0.0000	0.2205
5	省发展和改革委员会	4	9	0.1185	0.2344	0.0294	0.1118	0.2286
6	省科学技术厅	2	0	0.1131	0.0000	0.0000	0.1073	0.0000
7	省国土资源厅	2	0	0.0713	0.0000	0.0000	0.0676	0.0000
8	省水利厅	8	0	0.1563	0.0000	0.0000	0.1481	0.0000
9	省林业厅	3	1	0.0694	0.1512	0.0009	0.0654	0.1475
10	省人大常委会办公厅	0	1	0.0000	0.1257	0.0000	0.0000	0.1231
11	省人民政府办公厅	2	2	0.0469	0.1637	0.0079	0.0317	0.1602
12	省委	0	0	0.0000	0.0313	0.0000	0.0000	0.0159
13	省人民政府	4	1	0.0625	0.0000	0.0000	0.0476	0.0000
14	省委办公厅	0	7	0.0000	0.1991	0.0000	0.0000	0.1957
15	省国土厅	1	0	0.1094	0.0000	0.0000	0.1037	0.0000
16	省环保厅	1	0	0.1094	0.0000	0.0000	0.1037	0.0000
17	省林业局	1	1	0.1016	0.1465	0.0000	0.0958	0.1429
18	省生态环境厅	3	5	0.1138	0.1616	0.0104	0.1073	0.1576
19	省移民开发局	1	0	0.1094	0.0000	0.0000	0.1037	0.0000
20	省住房和城乡建设厅	1	5	0.0813	0.1769	0.0069	0.0766	0.1725
21	省海洋与渔业厅	1	0	0.0863	0.0000	0.0000	0.0819	0.0000
22	省生态环境保护厅	0	1	0.0000	0.0313	0.0000	0.0000	0.0159
23	省水务厅	1	0	0.0313	0.0000	0.0000	0.0159	0.0000
24	省环境保护局	1	0	0.1094	0.0000	0.0000	0.1037	0.0000
25	省农业厅	2	7	0.0836	0.2131	0.0119	0.0789	0.2078
26	省卫生健康委员会	1	0	0.0670	0.0000	0.0000	0.0635	0.0000
27	省市场监督管理局	1	0	0.0670	0.0000	0.0000	0.0635	0.0000
28	省扶贫开发办公室	2	0	0.0887	0.0000	0.0000	0.0841	0.0000
29	省农业农村厅	2	0	0.1172	0.0000	0.0000	0.1111	0.0000
30	省畜牧业管理局	1	0	0.1094	0.0000	0.0000	0.1037	0.0000
31	省林业和草原局	0	1	0.0000	0.1224	0.0000	0.0000	0.1195

序号	机构名称	中心性		接近中心性		中介中心性	威望	
		入度	出度	入度	出度		入度	出度
32	省科技厅	2	0	0.0713	0.0000	0.0000	0.0676	0.0000
33	省测绘地理信息局	1	0	0.0863	0.0000	0.0000	0.0819	0.0000
34	省人力资源社会保障厅	1	0	0.0375	0.0000	0.0000	0.0286	0.0000
35	省自然资源厅	2	0	0.0994	0.0000	0.0000	0.0943	0.0000
36	省工业和信息化厅	1	0	0.0841	0.0000	0.0000	0.0798	0.0000
37	省物价局	0	1	0.0000	0.1539	0.0000	0.0000	0.1503
38	省环保局	1	0	0.0313	0.0000	0.0000	0.0159	0.0000
39	省建设厅	1	0	0.0313	0.0000	0.0000	0.0159	0.0000
40	市农村工作委员会	0	2	0.0000	0.0521	0.0000	0.0000	0.0423
41	市发展和改革委员会	2	2	0.0469	0.0469	0.0008	0.0317	0.0317
42	市农业局	1	0	0.0313	0.0000	0.0000	0.0159	0.0000
43	市生态环境局	1	2	0.0313	0.0469	0.0008	0.0159	0.0357
44	市农业农村局	1	0	0.0313	0.0000	0.0000	0.0212	0.0000
45	市委	0	1	0.0000	0.0313	0.0000	0.0000	0.0159
46	市人民政府	1	0	0.0313	0.0000	0.0000	0.0159	0.0000
47	市委办公厅	0	1	0.0000	0.0313	0.0000	0.0000	0.0159
48	市人民政府办公厅	1	0	0.0313	0.0000	0.0000	0.0159	0.0000
49	市林业局	0	3	0.0000	0.0625	0.0000	0.0000	0.0508
50	市水利局	0	1	0.0000	0.0391	0.0000	0.0000	0.0317
51	市规划和国土资源管理局	1	0	0.0375	0.0000	0.0000	0.0286	0.0000
52	市财政局	2	0	0.0469	0.0000	0.0000	0.0357	0.0000
53	市水务局	1	1	0.0313	0.0313	0.0005	0.0212	0.0159
54	市海洋局	1	0	0.0313	0.0000	0.0000	0.0238	0.0000
55	市规划和自然资源局	1	0	0.0313	0.0000	0.0000	0.0159	0.0000
56	自治区党委	0	1	0.0000	0.0313	0.0000	0.0000	0.0159
57	自治区人民政府	4	0	0.0781	0.0000	0.0000	0.0635	0.0000
58	自治区委员会	0	1	0.0000	0.0313	0.0000	0.0000	0.0159
59	自治区委员会办公厅	0	2	0.0000	0.0469	0.0000	0.0000	0.0317
60	自治区人民政府办公厅	2	0	0.0469	0.0000	0.0000	0.0317	0.0000
61	自治区党委办公厅	0	2	0.0000	0.0469	0.0000	0.0000	0.0317
62	新疆生产建设兵团委员会	0	1	0.0000	0.0313	0.0000	0.0000	0.0159

序号	机构名称	中心性		接近中心性		中介中心性	威望	
		入度	出度	入度	出度		入度	出度
63	新疆生产建设兵团	2	0	0.0469	0.0000	0.0000	0.0317	0.0000
64	新疆生产建设兵团党委	0	1	0.0000	0.0313	0.0000	0.0000	0.0159

注：小数点仅保留后四位。

2. 市级层面

遵循省级政策制定主体处理的原则，统一对市级层面的不同地区政策主体进行了统一的归类。具体而言，将隶属于同一行政层级的机构名称视为同类机构与部门，忽略了地理位置的差异。在市级层面，联合发文的政策主体关注点在于同一省份内市级间的跨区域协作，以及跨省不同市级间的合作。与省级层面的政策分析相似，统一归类后可能会导致网络中的环节点，即自循环现象的出现。因此，统一对不同主体进行划分：比如，将"苏州市人民政府"与"青岛市人民政府"等统一标识为"市人民政府"；将"黔南布依族苗族自治州人民政府"与"文山壮族苗族自治州人民政府"等统一标识为"自治区人民政府"，以此类推。

（1）政策制定主体的合作网络。

图 5 – 11 展示了市级层面政策制定主体联合发文的合作网络图谱，该图谱构建了以市人民政府、市财政局和市生态环境局为核心的网络布局。需要注意的是，图谱中的环代表了不同地级市人民政府之间的合作关系。此外，合作模式不仅限于同一行政区域内的互动，还包括了横向跨行政区域以及纵向政层级的协作。例如，市人民政府与自治州人民政府办公室的单向协作、市人民政府与自治州人民政府之间的双向协作，以及市人民政府与省委之间的单向协作关系。从图 5 – 11 中可以发现，市人民政府在节点协作频率上位居首位，显示出其在政策制定和协作中的核心地位。同时，与中央和省级机构改革保持同步，市级机构改革在总体上遵循了中央和省级的改革方向。例如，原"市环境保护局"已更名为"市生态环境局"，而对于那些在改革中被撤销的机构，在节点标签中明确标注了"已撤销"，以便于识别和追踪机构变革的轨迹。

（2）政策合作网络的结构特征。

表 5 – 7 是网络图谱（见图 5 – 11）的整体结构特征。其中，网络整体密度约为 0.1003，网络密度和网络连接频次主要集中在地级市层面。自治州内部部门与机构未建立有效连接的理由有两点：一是自治州人民政府与人民政府办公室分别与地级市部门建立起跨地区协作；二是自治州人民政府办公室隶属于自治州人民政府，不存在部门与部门内的协作。此外，网络整体的平均点度为 3.4118，说明网络节点间的关系数量较多、复杂程度较高。因此，可以说明市级层面存在跨地区之间的协作，不仅体现在地级市与地级市之间的机构协作，还体现在地级市与自治州之间的有效协作，形成了跨区域、多元化以及以市人民政府为主导的中心协作网络。

表 5 - 7 　　　　　　　　　市级层面政策主体合作网络结构特征

网络结构指标	市级层面	地级市	自治州
网络规模	17	14	2
网络连结频次	29	22	0
网络环	1	1	0
网络密度	0.1003	0.1122	0
平均点度	3.4118	3.1429	0

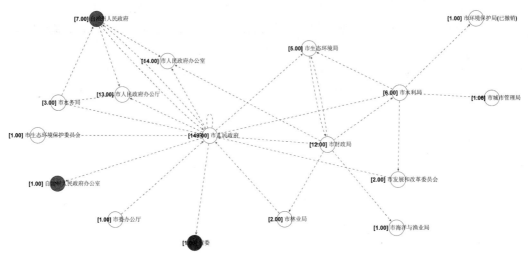

图 5 - 11　市级层面政策主体的合作网络图谱

注：深灰色节点为省级机构或部门，白色节点为地级市机构或部门，浅灰色节点为自治州机构或部门。

　　另外，关于"中心性"与"威望"指标的量化分析结果。其中，入度中心性较高的为市人民政府与自治州为自治州人民政府；出度中心性较高的机构有市人民政府、市财政局和市水利局。关于接近中心性、中介中心性以及威望度，市人民政府都是最高的，同时威望值较高还有市水利局、市财政局等机构，具体结果如表 5 - 8 所示。

表 5 - 8 　　　　　　　　市级层面政策制定主体的网络结构特征

序号	机构名称	中心性		接近中心性		中介中心性	威望	
		入度	出度	入度	出度		入度	出度
1	省委	1	0	0.2941	0.0000	0.0000	0.2841	0.0000
2	市人民政府	9	9	0.4412	0.4866	0.3542	0.4219	0.4801
3	市人民政府办公室	3	0	0.3806	0.0000	0.0000	0.3676	0.0000
4	市财政局	2	5	0.3309	0.4282	0.2250	0.3164	0.4225

序号	机构名称	中心性		接近中心性		中介中心性	威望	
		入度	出度	入度	出度		入度	出度
5	市生态环境局	3	1	0.3529	0.2893	0.0063	0.3375	0.2855
6	市人民政府办公厅	3	0	0.3235	0.0000	0.0000	0.3125	0.0000
7	市水利局	1	5	0.2302	0.4655	0.1292	0.2201	0.4592
8	市环境保护局	1	0	0.1961	0.0000	0.0000	0.1894	0.0000
9	市城市管理局	1	0	0.1961	0.0000	0.0000	0.1894	0.0000
10	市发展和改革委员会	1	1	0.1826	0.3346	0.0000	0.1746	0.3301
11	市水务局	0	3	0.0000	0.3633	0.0000	0.0000	0.3603
12	市海洋与渔业局	1	0	0.2489	0.0000	0.0000	0.2404	0.0000
13	市林业局	1	1	0.2302	0.3244	0.0208	0.2201	0.3201
14	市委办公厅	0	1	0.0000	0.3431	0.0000	0.0000	0.3403
15	市生态环境保护委员会	0	1	0.0000	0.3431	0.0000	0.0000	0.3403
16	自治州人民政府	2	3	0.2786	0.3346	0.0021	0.2664	0.3301
17	自治州人民政府办公室	1	0	0.2941	0.0000	0.0000	0.2841	0.0000

由此可以说明，市级层面的"市人民政府"在政策联合制定网络中处于核心地位，同时在政策协作中承担起协调和中介作用。与中央和省级层面的发文主体不同的是，市人民政府往往起着更为明显的主导作用。

因此，结合以上纵横层级结构的分析，政策制定主体联合发文为构建协作网络创造了条件，中央层面的协作网络以国务院组成部分为核心，地方层面的协作网络以人民政府为主要网络。

◗ 小 结 ◖

流域生态补偿政策在完善水生态补偿机制中扮演着关键角色。本章节选取了 1996 ~ 2021 年中国发布的 4 337 份相关政策文件作为分析样本，旨在通过对政策主体的联合发文行为进行量化分析，构建一个政策合作的分析框架。在此框架下，政策制定主体按照纵向层级被划分为中央、省、市三个级别，并运用社会网络分析法来绘制合作网络图谱。该合作网络图谱不仅展现了同层级间的横向合作，也涵盖了不同层级间的纵向合作，从而能够有效衡量政策制定主体间的凝聚力。具体操作如下。

本章节分别构造中央与地方政策主体合作网络。基于流域生态补偿政策的联合发文情况，围绕中央、省和市三级构建了网络，同时融入了同层级和跨层级的协作模式，并绘制了流域生态补偿政策制定主体间的网络图谱，进一步获取政策主体合作网络的结构信息，以揭示政策主体间的协作特征和现状，并探讨了其协同程度。

在政策制定过程中，中央层面的协作呈现出以国务院决策部门为核心的横向协作网络，强调多部门间的配合与协作，合作模式逐渐趋向多元化和专业化；而在地方层面，协作网络以地方政府为主导，横向协作日益紧密，不仅限于辖区内的部门协作，还包括跨区域和跨层级的协作。

以上表明，水生态环境保护的跨区域协作机制尚处于初期阶段。地方政策制定主体仍以政府部门为核心，形成了"局部块状"的网络布局。特别是地方自治区的政策协作能力，亟须进一步加强。上述结论为读者理解政策制定中的协作模式和机制提供了新的视角，也为未来政策的优化提供了参考。

 习题部分

1. 名词解释

（1）政策制定。

（2）政策制定主体。

（3）社会网络分析。

2. 简答题

（1）简述流域生态补偿政策的发展历程。

（2）请列举社会网络分析法中常用的网络特征指标。

3. 操作题

使用"'双碳'目标""碳达峰""碳中和"为核心搜索词，在北大法宝数据库中进行精确匹配检索。

要求1：筛选时间为2020～2023年，相关的政策文件元信息数据（比如发布机构、日期等）。

要求2：通过本书内容的学习，使用相关软件转化为网络数据后，结合Pajek软件创建一个关于"'双碳'目标"政策制定主体之间的合作关系网络图。对构建的网络图谱进行分析，评估其中心性、威望等关键指标。

第 6 章

流域生态补偿责任主体的
演化博弈分析

学习目标

（1）掌握演化博弈模型的基本概念及计算步骤，理解其在流域生态补偿政策中的应用背景。

（2）深入分析演化博弈在横向生态补偿政策中的实际应用，探索不同博弈参与者的策略选择和支付矩阵。

（3）熟悉复制动态方程的计算方法，理解其在演化博弈中的作用和意义。

（4）掌握使用 Matlab 进行三方演化博弈模型的计算与判定，能够应用相关工具进行策略稳定性分析。

6.1 演化博弈模型

6.1.1 应用介绍

1. 模型简述

演化博弈理论（evolutionary game theory）是在传统博弈论基础上发展出来的一种数学模型，主要用于分析个体在动态环境下的策略演化。与传统博弈论假设参与者完全理性和信息完全不同，演化博弈理论强调个体的有限理性和信息不完全，个体通过自然选择或学习逐步调整策略，即通过试错的方式，最终达到群体中的稳定均衡状态。

演化博弈模型能够有效解释策略演化过程，广泛应用于社会学、经济学、政治学等领域，特别是在水资源保护和水环境治理问题中。演化博弈理论最早源于生物学，用于解释动植物间的斗争与合作行为。史密斯和普赖斯（Smith and Price，1973）提出了进化稳定策略，认为动物之间的斗争是策略性互动，并用博弈论分析演化趋势。泰勒和乔克（Taylor and Jonker，1978）进一步阐述了复制动态的概率，说明策略如何在自然选择中复制传播，并逐渐改变群体中策略的占比。演化博弈理论因其能有效刻画复杂动态系统，逐步被应用于社会和经济领域，以解释集体行为与制度演化（Young，1993）。

2. 流域生态补偿中演化博弈的研究现状

经济激励型环境政策主要通过经济杠杆（如补贴、税收、收费、价格及产权等）来调整地方政府的行为，从而提升其环境保护的积极性。国内研究在此方向上已开展了大量探讨，其中很多模型采用了非合作博弈理论。例如，郑周胜（2012）提出了委托代理模型，张文彬和李国平（2015）通过信号发送模型进行分析，而潘鹤思等（2019）则运用了演化博弈理论。以下将归纳既有研究采用演化博弈在流域及其生态补偿领域中的运用现状。

流域生态补偿涉及多个决策主体，且各主体的行为具有有限理性、决策随时间变化，演化博弈理论恰好能够刻画这种动态演化过程。在流域生态补偿激励机制的研究中，演化博弈成了重要的理论工具。徐大伟等（2012）、李昌峰等（2014）和杨光明等（2019）都采用了演化博弈模型对流域生态补偿进行研究。杨光明等（2019）以三峡流域为例，探讨了引入与不引入中央政府激励约束的两种博弈行为，得出的结论与徐大伟等（2012）及李昌峰等（2014）的研究一致，均认为仅依靠上下游政府无法实现最优稳定策略，因此需要引入上级政府或中央政府的监管，建立有效的奖惩机制。潘鹤思等（2019）进一步指出，系统稳定均衡策略的实现依赖于地方政府严格执行政策以及中央政府严格监管的净收益。这一发现为流域生态补偿中的政府行为提供了重要的理论支持。

已有研究主要集中于上下游政府之间的博弈，探讨如何实现流域生态补偿的最优策略。例如，杨梦杰等（2019）分析了太浦河流域上下游水资源保护利益的博弈，提出了通过引入外部驱动与内部均衡等机制，缓解上下游利益矛盾并实现合作保护的协作机制。任以胜等（2020）基于新安江流域的案例分析，构建了上下游之间的博弈模型，并结合制度粘性与尺度政治理论，研究了政府行为及其机制。此外，Lu 等（2023）分析了陕西—河南段黄河的协同治理，发现当下游政府合作意愿较高时，上游政府的合作意愿也会提升，并且上游政府对补偿资金的消化能力越强，协同治理和生态效益越能够实现。

除了上下游政府博弈，部分学者还在博弈模型中引入了更多的决策主体，如企业、民众和上级政府等，以更好地反映流域生态补偿的实际情境。胡振华（2016）基于演化博弈理论，探讨了漓江流域的生态补偿机制，发现仅依靠上下游政府的自我演化难以实现理想的稳态，必须引入上级政府的激励与约束，才能形成进化稳定策略。Gao（2019）在南水北调东线工程的案例中也指出，倘若缺乏中央政府的监督与激励，上下游政府很难自发实施流域生态补偿。杨志等（2021）构建了包含左岸、右岸及流域政府三方的演化博弈模型，分析了各主体决策的演化过程，并通过仿真研究提出了完善跨界水治理政策的路径。

　　演化博弈模型已经从生物学扩展到社会学、经济学及生态学领域，并在流域生态补偿的研究中得到广泛应用，旨在解释个体、企业、政府之间的互动过程。相关研究正朝着构建更加复杂的多主体博弈模型的方向发展，结合仿真分析模拟不同情境下各主体的演化轨迹，进而为政策制定提供科学依据和实践参考。上述研究不仅深化了对流域生态补偿机制的理解，也为完善生态补偿政策、促进可持续发展提供了重要的理论支持。

6.1.2　基础概念

1. 参与者、群体与策略

　　参与者（player）是指在演化博弈过程中进行决策的个体或者责任主体。根据博弈参与者的数量，可以分为单方演化博弈、双方演化博弈、三方演化博弈以及多方演化博弈。

　　群体（population）是参与博弈的个体往往不再是少数理性决策者，而是一个包含大量个体的群体。

　　策略（strategy）是博弈中的某个时点，所有参与者可以采取的行动或决策。在演化博弈理论中，个体的决策往往不是基于完全理性，而是遵循信息传递扩散的原则，随时间改变。群体中的个体通常以学习复制的方式更新策略。

2. 适应度、支付矩阵与复制动态

　　适应度（fitness）指特定策略组合下，参与者所获得的效用水平。适应度最初属于生物演化理论的概念，在演化博弈中，适应度可以视为收益的函数，代表个体策略在与其他策略互动时的相对优势。适应度较高的个体更有可能将其策略复制给后代或传递给其他个体，因此，适应度还反映了策略在群体中的传播能力。

　　支付矩阵（payoff matrix）也被称为收益矩阵或报酬矩阵，能够描述单个或者多个参与者的策略与支付矩阵。支付矩阵中包含参与者、策略空间以及对应的支付值。

　　复制动态（replicator dynamics）是一种典型的基于选择机制的确定性和非线性的演化博弈模型，描述某一策略在群体的占比如何随时间演变的数学方程。复制动态是演化博弈理论中的重要数学工具，其基本思想是：策略相对于群体的适应度越高，采用该策略的个体比例就会随着时间增加。复制动态可以分为离散和连续模型，离散模型采用差分方程进行建模，而连续模型则采用微分方程进行建模。为了便于计算，演化博弈模型通常采用连续模型。例如，复制动态方程的一般形式为 $U(x)=x\times(E_x-\bar{E})$。其中，$x$ 是参与个体采用某策略的概率，E_x 是该策略的适应度（比如 x 策略下的个体收益函数），$\bar{E}$ 是群体的平均适应度（比如个体不同策略下的平均收益函数），$U(x)$ 等式表示复制动态方程的增量，可以衡量参与个体在某策略下的收益增长速度。

3. 均衡状态与演化稳定策略

均衡状态（equilibrium）指博弈的各方达到某种稳定状态，在这种状态下，个体或群体没有动力改变自己的策略。演化稳定策略（evolutionarily stable strategy，ESS）是一种具备稳定性的特殊策略，如果整个群体都采用这种策略，任何个体都无法通过变异策略获得更高的适应度。ESS 反映了演化博弈论中均衡状态，即便群体中出现少数偏离主流策略的个体，ESS 保证了这种偏离策略无法取得优势，从而将其淘汰，主流策略在演化中保持稳定。

4. 雅可比矩阵和李雅普诺夫稳定性

为了便于后面的计算与分析，还需要提及两个比较重要的概念：

雅可比矩阵（Jacobian matrix）用于表示某一参与者的动态方程对其他参与者策略的敏感度或影响。矩阵中的每个元素是一个偏导数，揭示了一个参与者策略变化对其他参与者策略的影响。如果某个偏导数较大，说明该参与者的策略对其他参与者的策略具有较强的影响。通过雅可比矩阵，可以分析系统的稳定性、均衡点的稳定性以及参与者之间的相互依赖关系。

例如，假设系统中有 3 个参与者，矩阵 J 是一个"3×3"的矩阵，其中 x、y 和 z 分别表示三个参与者的策略或变量。假设三个参与者的复制动态方程分别为 $U(x)$、$U(y)$ 和 $U(z)$，则雅可比矩阵中每个元素是参与者复制动态方程对变量的偏导数。

李雅普诺夫稳定性理论（Lyapunov stability theory）可以用来判断演化博弈中平衡点的稳定性。通过构造李雅普诺夫函数，可以判定系统是否会在平衡点附近稳定，进而识别系统的演化稳定策略。设李雅普诺夫函数的形式为 $V(x)$，满足正定性和负半定性两个性质。其中，正定性决定了李雅普诺夫函数值在平衡点附近为正，可表示为 $V(x) > 0$；负半定性说明李雅普诺夫函数随着时间推移在平衡点附近递减，可表示为 $\frac{dV(x)}{dt} \leqslant 0$。当 $\frac{dV(x)}{dt} = 0$ 时，演化博弈中的均衡点处于稳定状态；当 $\frac{dV(x)}{dt} < 0$ 时，演化博弈中的均衡点会逐渐朝着稳定状态收敛。

以二维博弈模型为例，设有两个策略 A 和 B。若我们能构造一个李雅普诺夫函数，证明在某一均衡点附近，该函数值随时间递减，则可以断定该均衡点是稳定的。换言之，演化过程将趋向于该均衡点，从而使策略 A 和 B 的演化稳定策略得以确立。

6.1.3 演化博弈的计算步骤

基于上述讲解，构建演化博弈模型的步骤可以见图 6-1。

首先需要定义博弈中的各个参与者、策略集与收益函数，构建博弈模型；其次，基于参与者的适应度函数，计算每个参与者的复制动态方程；再次，求解演化博弈的均衡解，找出演化稳定策略；最后，判定和分析均衡点的稳定性。

图 6 - 1　演化博弈的计算步骤

6.1.4　数学推导

考虑一个只包含 A 与 B 两种策略的演化博弈模型，群体中有 x 比例的个体选择策略 A，剩下 $1-x$ 比例的个体选择策略 B。

假设已知参与者在不同策略组合下的适应度，参与者选择策略 A 而对手选择策略 B 时适应度为 E_{AB}，参与者与对手同时选择策略 A 时适应度为 E_{AA}，参与者选择策略 B 而对手选择策略 A 时适应度为 E_{BA}，参与者与对手同时选择策略 B 时适应度为 E_{BB}。

那么，个体选择策略 A 的平均适应度为：

$$E_A = x \times E_{AA} + (1 - x) \times E_{AB}$$

个体选择策略 B 的平均适应度为：

$$E_B = x \times E_{BA} + (1 - x) \times E_{BB}$$

群体的平均适应度为：

$$\bar{E} = x \times E_A + (1 - x) \times E_B$$

根据复制动态方程，策略 A 在群体中的占比会动态变化，并取决于个体与群体适应度的相对差距：

$$U(x) = x \times (E_A - \bar{E})$$

类似地，策略 B 的复制动态方程为：

$$U(1 - x) = (1 - x) \times (E_B - \bar{E})$$

求解复制动态方程，即可得知潜在平衡点时［即 $U(x) = 0$ 或 $U(1 - x) = 0$］，策略 A 和 B 在群体中的分布，并进一步识别其中的进化稳定策略。

若 A 能成为进化稳定策略，那么当 $x = 1$ 时，必须满足稳定性条件：$E_M \geqslant E_N$，以确保所有个体选择策略 A 时，选择 B 策略的少数个体无法获得更高收益。如果 $E_M = E_N$，则需要进一步满足 $\frac{\partial E_M}{\partial x} > \frac{\partial E_N}{\partial x}$，以证明在策略出现小幅偏差时，策略 A 依然能够提供更高的收益。

6.2 参与主体与支付矩阵：以流域生态补偿政策为例

以下将通过流域生态补偿政策作为应用案例，来验证演化博弈的构建与均衡解求解过程。本节的主要内容包括两方面：一是定义博弈的三方参与主体及其策略集；二是假设适应度函数（即收益函数），并构建支付矩阵。

6.2.1 参与主体及其策略

横向生态补偿机制主要依赖于政府主导的财政转移支付体系，其补偿手段丰富多样，包括财政补偿、对口协作、人才培训、产业转移、共建园区以及实物补贴等。特别是财政补偿，其资金流动主要通过转移支付流转，根据责任主体的地理位置，生态补偿可以划分为上游对下游的补偿和下游向上游支付的补助。此外，中国也倡导探索以市场机制为基础的上下游地区间的排污权交易和水权交易模式。

在流域跨界横向生态补偿机制的实践中，参与主体包括中央政府、上游政府和下游政府。一般是由中央政府牵头或主导，尤其在政策制定和水质水量标准确定中发挥主导作用；上下游地区政府共同出资设立补偿基金，由省级财政负责补偿资金的拨付和管理；市级财政部门负责水生态补偿金的扣缴与转移。就奖罚机制而言，补偿资金的拨付与下达主要依据跨界断面的水质水量标准判定，中央政府再依据考核结果实施奖罚，确保财政资金补偿与水质考核挂钩，具体见图 6-2。因此，考核标准的科学测定在一定程度上决定结果是否具有客观性、权威性、公平性与独立性。

在传统的生态补偿机制中，资金流动主要是单向的，即上游地区或保护区域向下游地区或受益方提供补偿；而"双向补偿"则包括纵向（上下游）和横向（区域之间）的双向流动，涉及多方互动。在这种机制下，不仅上游地区（或地方政府）可以获得补偿，下游地区（或地方政府）也可以通过某些方式向上游或其他地方提供资金支持或激励，从而形成更为多元化的资金流动和利益协调。

为了增强生态补偿机制的激励作用，奖罚机制是不可或缺的。奖罚机制可以通过激励措施奖励符合生态保护目标的行为，同时对未能履行环保责任的行为进行惩罚。双向补偿与奖罚机制的结合，能够实现更高效的生态保护。例如，中央政府通过提供奖励资金激励地方政府在生态保护方面的积极行为；同时，地方政府在实施生态补偿政策时，也可以设置奖罚措施，鼓励上游和下游地区在生态环境管理上的合作与互助，提升横向补偿机制的灵活性和效果。在具体的政策执行中，奖罚机制可以通过制度化的资金流动、生态考核指标以及跨区域合作协议等方式加以落实。例如，纵向的奖惩机制可能体现在政府的财政转移支付中，而横向的奖惩机制则可能涉及区域间的合作协议、奖励或惩罚资金的分配等。

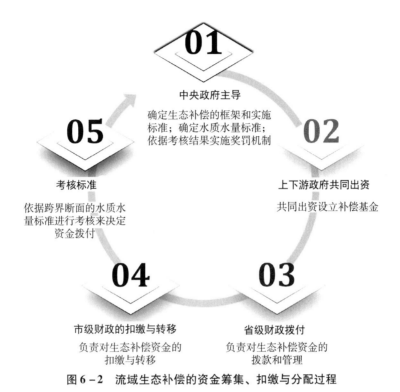

图 6-2　流域生态补偿的资金筹集、扣缴与分配过程

　　鉴于此，流域生态补偿的资金流动不仅包括纵向的激励（自上而下）和扣缴（自下而上），还包括横向的补偿（自上而下）和补助（自下而上），如图 6-3 所示。为此，本节

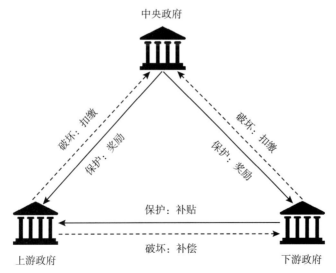

图 6-3　双向补偿模式下参与主体之间的关系

构建了一个以中央政府为主导的地方上下游政府横向生态补偿模型。该模型涵盖了纵向和横向转移支付激励情景，旨在阐明在横向生态补偿中，纵向监管约束与横向协同激励的重要作用。模型同时包括纵向的奖惩机制和横向的双向补偿模式。为了简化模型，本模型暂未考虑横向的奖惩机制。尽管如此，本节始终聚焦于政府主导的资金生态补偿，排除以市场机制为基础的补偿形式或对象，旨在构建一个由中央政府引导的地方上下游政府横向生态补偿的三方演化博弈模型。

6.2.2　策略及其支付矩阵

假设 6.1：本模型中涉及三个关键的参与者，分别为中央政府、上游政府和下游政府。其中，中央政府为委托人，上游政府和下游政府分别为代理人。三个参与方都属于理性经济主体，其行为旨在最大化自身的总体利益，同时它们需要应对信息不对称的难题。中央政府有权决定采取的策略，可以选择实施严格监管或较为宽松的消极监管，策略集合为（严格监管，宽松监管）。与此同时，上游和下游政府在策略选择上可以展现出积极、主动的合作态度，或是选择较为被动的合作方式，策略集合为（主动合作，被动合作）。

表 6-1 为各参数的具体含义。

表 6-1　　　　　　　　　　　　　　各参数的具体含义

参数	具体含义
g	中央政府
u	上游政府
d	下游政府
$x(t)$	中央政府严格监管的策略选择概率为 $x(t)$，宽松监管的策略概率为 $1-x(t)$，且 $x(t) \in [0, 1]$
$y(t)$	上游政府主动合作的策略选择概率为 $y(t)$，被动合作的策略概率为 $1-y(t)$，且 $y(t) \in [0, 1]$
$z(t)$	下游政府主动合作的策略选择概率为 $z(t)$，被动合作的策略概率为 $1-z(t)$，且 $z(t) \in [0, 1]$
R_g	在严格监管下，中央政府获得的收益
σR_g	在宽松监管下，中央政府获得的收益，且 $\sigma \in [0, 1]$
R_u	上游政府选择主动合作可获得的收益
R_d	下游政府选择主动合作可获得的收益
C_g	中央政府监管上下游水环境治理需要支付的成本
C_u	上游政府选择主动合作，用于水环境治理的专项经费成本
C_d	下游政府选择主动合作，用于水环境治理的专项经费成本
F_u	上游政府选择被动合作，需要缴纳的罚款
F_d	下游政府选择被动合作，需要缴纳的罚款
W_u	中央政府对于上游政府主动合作的考核结果给予的奖励
W_d	中央政府对于下游政府主动合作的考核结果给予的奖励

续表

参数	具体含义
T_d	若上游政府积极主动合作，下游政府消极被动执行，下游需向上游政府支付补助
T_u	若下游政府积极主动合作，上游政府消极被动执行，上游政府需要向下游支付的补偿
B_u	若存在机会主义或道德风险，上游政府被动合作的收益
B_d	若存在机会主义或道德风险，下游政府被动合作的收益

由表 6 - 1 可知，在策略选择的具体概率上，中央政府实施严格监管策略的概率为 $x(t)$，上游政府采取主动合作策略的概率为 $y(t)$，下游政府选择主动合作策略的概率为 $z(t)$，且满足条件 $x(t)$，$y(x)$，$z(t) \in [0, 1]$。相应地，中央政府选择消极监管策略的概率为 $1 - x(t)$，而上下游政府采取被动合作策略的概率分别为 $1 - y(t)$ 和 $1 - z(t)$。

假设 6.2：在实施严格监管的情况下，中央政府在监督上下游地区的水环境治理时，既能有收益 R_g，同时也需要为水环境治理承担相应的成本 C_g。如果上下游地方政府选择被动合作态度，需要支付自下而上的罚款 F_u 和 F_d。对于地方政府的主动合作，中央政府将通过纵向转移支付予以奖励，使得上游和下游地方政府分别可以获得 W_u 和 W_d 的激励配额。此外，如果上游政府积极实施横向生态补偿，下游政府则需向上游政府提供补助 T_u；否则，上游政府需向下游政府支付补偿 T_u。

假设 6.3：当上下游政府积极执行横向生态补偿政策时，它们对应的收益分别为 R_u 和 R_d，而选择主动合作的成本为 C_u 和 C_d。在地方政府采取机会主义行为的情况下，上游和下游政府通过被动合作获得的好处分别为 B_u 和 B_d。若中央政府选择消极的监督策略，其收益可以用 σR_g 表示，且 $\sigma \in [0, 1]$。同时，放弃纵向财政转移支付的激励和惩罚措施，将直接影响上下游政府间横向转移支付的资金流动和支付状况。

基于上述模型参数的假设，表 6 - 2 是中央政府、上游政府和下游政府三方参与者的演化博弈支付矩阵，矩阵中分别呈现在不同策略组合下参与者所获得的支付值。"行"代表的是中央政府的监管策略，"列"代表上游政府的合作策略下，上下游政府的合作策略组合。在支付矩阵中，总共有 $2^3 = 8$ 种情形。将在下一节具体分析不同策略选择下各参与者的共赢和均衡。

表 6 - 2　　　　　横向生态补偿下的三方演化博弈支付矩阵

参与者				中央政府	
				严格监管（z）	宽松监管（$1-z$）
上游政府	主动合作（x）	下游政府	主动合作（y）	$(R_u + W_u + T_d - C_u R_u + W_u + T_d - C_u, R_d + W_d - T_d - C_d, R_g - W_d - W_u - C_g)$	$(R_u - C_u, R_d - C_d, \sigma R_g)$
			被动合作（$1-y$）	$(R_u + W_u + T_d - C_u, B_d - F_d - T_d, R_g + F_d - W_u - C_g)$	$(R_u - C_u, B_d, \sigma R_g)$

参与者			中央政府		
			严格监管（z）		宽松监管（$1-z$）
上游政府	被动合作（$1-x$）	下游政府	主动合作（y）	$(B_u - F_u - T_u,\ R_d + W_d + T_u - C_d,\ R_g + F_u - W_d - C_g)$	$(B_u,\ R_d - C_d,\ \sigma R_g)$
			被动合作（$1-y$）	$(B_u - F_u - T_u,\ B_d - F_d + T_u,\ R_g + F_u + F_d - C_g)$	$(B_u,\ B_d,\ 0)$

6.3 复制动态方程在流域生态补偿政策中的应用

根据上一节表 6 – 1 的支付矩阵，需要计算每个参与者的复制动态方程。

6.3.1 上游政府的复制动态方程

如果上游政府选择主动合作策略，其生态补偿协议中会遵守协议规定，并且在水环境治理过程中积极投入治理成本，控制水质水量，从而保障下游来水的水安全。因此，上游政府选择主动合作并实施横向生态补偿的预期收益，可以用 E_u^1 表示上游政府的适应度，具体如式（6.1）所示：

$$E_u^1 = \underbrace{yz(R_u + W_u + T_d - C_u)}_{\text{（主动合作，主动合作，严格监管）}} + \underbrace{y(1-z)(R_u - C_u)}_{\text{（主动合作，主动合作，宽松监管）}}$$
$$+ \underbrace{z(1-y)(R_u + W_u + T_d - C_u)}_{\text{（主动合作，被动合作，严格监管）}} + \underbrace{(1-y)(1-z)(R_u - C_u)}_{\text{（主动合作，被动合作，宽松监管）}} \tag{6.1}$$

在上述公式中，上游政府的选择主动合作策略的概率为 x，下游政府的选择主动合作策略的概率为 y，中央政府的选择主动合作策略的概率为 z。上游政府主动合作策略下中央政府与下游政府的支付矩阵包含四种情况：（主动合作，主动合作，严格监管）、（主动合作，主动合作，宽松监管）、（主动合作，被动合作，严格监管）以及（主动合作，被动合作，宽松监管）。策略集的支付矩阵顺序依次为上游政府→下游政策→中央政府。因此，式（6.1）综合了中央政府选择严格监管或宽松监管的概率以及下游政府主动合作或被动合作的概率，得出了上游政府选择主动合作策略时的预期收益表达式，换句话来说，四个策略中除去上游政府选择主动合作策略概率 x 后，其他概率（$2^2 = 4$）的乘积与上游政府的支付矩阵的乘积汇总。

同样，上游政府被动合作策略下中央政府与上游政府的支付矩阵包含四种情况：（被动合作，主动合作，严格监管）、（被动合作，主动合作，宽松监管）、（被动合作，被动合作，严格监管）以及（被动合作，被动合作，宽松监管）。因此，上游政府选择被动合作并实施横向生态补偿的预期收益，可以用 E_u^2 表示其选择被动合作策略的适应度，具体如式（6.2）所示：

$$E_u^2 = \underbrace{yz(B_u - F_u - C_u)}_{\text{被动合作,主动合作,严格监管}} + \underbrace{y(1-z)(B_u)}_{\text{被动合作,主动合作,宽松监管}}$$
$$+ \underbrace{z(1-y)(B_u - F_u - C_u)}_{\text{被动合作,被动合作,严格监管}} + \underbrace{(1-y)(1-z)(B_u)}_{\text{被动合作,被动合作,宽松监管}} \tag{6.2}$$

基于式（6.1）和式（6.2），上游政府的平均期望收益可以用 $\bar{E}_u$ 表示，具体如式（6.3）所示：

$$\bar{E}_u = xE_u^1 + (1-x)E_u^2$$
$$= B_u - xB_u - xC_u - zF_u + xR_u - zT_u + xzF_u + xzT_d + xzT_u + xzW_u \tag{6.3}$$

式（6.4）是上游的复制动态方程，用于描述上游政府在博弈过程中主动合作策略比例的演化。

$$U(x) = x(E_u^1 - \bar{E}_u) = x(1-x)(R_u - C_u - B_u + zF_u + zT_d + zT_u + zW_u) \tag{6.4}$$

式（6.4）的方程左侧能够反映上游政府在博弈过程中如何通过比较收益来调整策略的选择比例。其中，$U(x)$ 等式表示复制动态方程的增量，可以衡量上游政府主动合作策略下的收益增长速度，如果 $U(x) > 0$ 说明上游政府主动策略比平均收益高，选择该策略的概率也会增加，反之则减少。$E_u^1 - \bar{E}_u$ 能够表示主动合作策略下的收益相对于平均期望收益的差值，$x(E_u^1 - \bar{E}_u)$ 是将收益差值与当前选择该策略的概率的乘积，能够反映上游政府在主动合作策略下的增长速度。

式（6.4）的右侧反映了上游政府在选择主动合作策略下的综合净收益。其中，$x(1-x)$ 表示上游政府选择主动合作与被动合作概率的交互作用，能够保证两种策略间的动态平衡。等式 $R_u - C_u - B_u + zF_u + zT_d + zT_u + zW_u$ 可以表示上游政府的收益、成本、奖罚与双向补偿的来源。其中，R_u 表示上游政府因为选择主动合作策略而获得的直接收益；C_u 表示上游政府在采取主动合作策略时需承担的治理成本；B_u 表示上游政府因为机会主义或者道德风险获得的其他收益，例如通过牺牲水环境换取的经济增长；zF_u 表示中央政府选择严格监管时上游政府能避免的罚金支出；zT_d 表示上游政府因中央政府严格监管时获得的下游政府缴纳的补助；zT_u 表示上游政府因中央政府的严格监管时向下游政府支付的补偿；而 zW_u 是指因中央政府的严格监管时上游政府也选择主动合作而获得的外部收益（奖励），权重由 z 来决定。已知 $0 \leq x \leq 1$，若当 $x = 0$ 或 $x = 1$，这时候选择策略交互项 $x(1-x) = 0$，说明上游政府已经完全选择了既定策略，动态变化会趋于停止状态。因此，排除上述取值后，$x(1-x) > 0$。另外，若等式 $R_u - C_u - B_u + zF_u + zT_d + zT_u + zW_u > 0$，上游政府会更倾向于选择主动合作策略，因此 x 的概率会增大，否则反之。

鉴于上述分析，式（6.4）揭示了上游政府在选择主动合作策略时博弈过程的动态演变。该等式不仅能够用于分析上游政府在主动合作与被动合作策略之间的选择，还可以评估其他参与者（如中央政府和下游政府）对其行为的影响。此外，等式还反映了上游政府在博弈过程中策略选择如何逐步趋于某种均衡状态。

6.3.2　下游政府的复制动态方程

当下游政府选择主动合作策略时，中央政府与上游政府的四种策略组合分别为：（主动合作，主动合作，严格监管）、（主动合作，主动合作，宽松监管）、（被动合作，主动合作，严格监管）以及（被动合作，主动合作，宽松监管）。因此，下游政府在决定采取主动合作策略时，其积极执行横向生态补偿的预期回报可表示为 E_d^1。式（6.5）具体描述了在上述四种策略概率下，下游政府对应支付矩阵的平均收益：

$$E_d^1 = \underbrace{xz(R_d + W_d - T_d - C_d)}_{\text{(主动合作,主动合作,严格监管)}} + \underbrace{x(1-z)(R_d - C_d)}_{\text{(主动合作,主动合作,宽松监管)}}$$
$$+ \underbrace{z(1-x)(R_d + W_d + T_u - C_d)}_{\text{(被动合作,主动合作,严格监管)}} + \underbrace{(1-x)(1-z)(R_d - C_d)}_{\text{(被动合作,主动合作,宽松监管)}} \tag{6.5}$$

与上游政府计算不同策略下的收益步骤类似，而下游政府选择被动合作的预期回报用 E_d^2 表示。同样，下游政府选择被动合作策略时，对应的四种策略选择如下：（主动合作，被动合作，严格监管）、（主动合作，被动合作，宽松监管）、（被动合作，被动合作，严格监管）以及（被动合作，被动合作，宽松监管）。式（6.6）具体描述了在上述四种策略概率下，下游政府对应支付矩阵的平均收益：

$$E_d^2 = \underbrace{xz(B_d - F_d - T_d)}_{\text{(主动合作,被动合作,严格监管)}} + \underbrace{x(1-z)(B_d)}_{\text{(主动合作,被动合作,宽松监管)}}$$
$$+ \underbrace{z(1-x)(B_d - F_d + T_u)}_{\text{(被动合作,被动合作,严格监管)}} + \underbrace{(1-x)(1-z)(B_d)}_{\text{(被动合作,被动合作,宽松监管)}} \tag{6.6}$$

结合式（6.5）和式（6.6），在两种策略及其对应的概率下，下游政府的平均预期回报用 $\bar{E}_d$ 表示，具体等式如式（6.7）所示：

$$\bar{E}_d = xE_d^1 + (1-x)E_d^2$$
$$= B_d - yB_d - yC_d - zF_d + yR_d + zT_u + yzF_d - xzT_d - xzT_u + yzW_d \tag{6.7}$$

据此，下游政府选择主动合作策略的复制动态方程为式（6.8）：

$$U(y) = y(E_d^1 - \bar{E}_d) = y(1-y)(R_d - C_d - B_d + zF_d + zW_d) \tag{6.8}$$

式（6.8）中，$U(y)$ 可以衡量下游政府主动合作策略下的收益增长速度，如果 $U(y) > 0$ 说明下游政府选择主动合作策略比平均收益高，选择该策略的概率也会增加，反之则减少。$y(E_d^1 - \bar{E}_d)$ 是将下游政府的收益差值与当前选择该策略的概率的乘积，能够反映下游政府在主动合作策略下的增长速度。

等式 $R_d - C_d - B_d + zF_d + zW_d$ 表示下游政府的收益、成本与奖罚。其中，R_d 表示下游政府因为选择主动合作策略而获得的直接收益；C_d 表示下游政府在采取主动合作策略时需承担的治理成本；B_d 表示下游政府因为机会主义或者道德风险获得的其他收益；zF_d 和 zW_d 分别表示因中央政府的严格监管时下游政府获得的罚款与奖励，权重由 z 来决定。另外，若等式 $R_d - C_d - B_d + zF_d + zW_d > 0$，下游政府会更倾向于选择主动合作策略，因此 y 的概率会增大，否则反之。

6.3.3　中央政府的复制动态方程

与上下游政府在计算预期收益的步骤类似，当中央政府采取严格监管时，对应的策略如下：（主动合作，主动合作，严格监管）、（主动合作，被动合作，严格监管）、（被动合作，主动合作，严格监管）以及（被动合作，被动合作，严格监管）。其对应的预期收益

用 E_g^1 来表示，具体见式（6.9）：

$$E_g^1 = \underbrace{xy(R_g - W_u - W_d)}_{（主动合作，主动合作，严格监管）} + \underbrace{x(1-y)(R_g + F_d - W_u)}_{（主动合作，被动合作，严格监管）}$$

$$+ \underbrace{(1-x)y(R_g + F_u - W_d)}_{（被动合作，主动合作，严格监管）} + \underbrace{(1-x)(1-y)(R_g + F_u + F_d)}_{（被动合作，被动合作，严格监管）} \qquad (6.9)$$

当中央政府选择宽松监管时，对应策略如下：（主动合作，主动合作，宽松监管）、（主动合作，被动合作，宽松监管）、（被动合作，主动合作，宽松监管）以及（被动合作，被动合作，宽松监管）。其对应的预期收益用 E_g^2 表示，预期收益 $E_g^2 = \underbrace{xy\sigma R_g}_{（主动合作，主动合作，宽松监管）} + \underbrace{x(1-y)\sigma R_g}_{（主动合作，被动合作，宽松监管）} + \underbrace{(1-x)y\sigma R_g}_{（被动合作，主动合作，宽松监管）} + \underbrace{(1-x)(1-x)\times 0}_{（被动合作，被动合作，宽松监管）} = \sigma R_g$。

因此，中央政府的平均预期收益可表示为式（6.10）：

$$\bar{E}_g = zE_g^1 + (1-z)E_g^2 = \sigma R_g + zF_u + zF_d + zR_g - z\sigma R_g - xzF_u - yzF_d - xzW_u - yzW_d \qquad (6.10)$$

据此，中央政府的复制动态方程可由式（6.11）来表示：

$$U(z) = z(E_g^1 - \bar{E}_g) = z(z-1)(\sigma R_g - F_u - R_g - F_d + xF_u + yF_d + xW_u + yW_d) \qquad (6.11)$$

可通过联合式（6.4）、式（6.8）和式（6.11），其中，$U(x) = U(y) = U(z) = 0$ 和 $\frac{dx}{dt} = \frac{dy}{dt} = \frac{dz}{dt} = 0$，系统的局部平衡点可以通过联合求解获得。有关局部平衡点和特征值的详细信息可以在下一节中的结果分析中查阅。

6.4　Matlab 的软件操作和结果分析

关于 Matlab 的学习指南，读者需要自行学习，可参考其官网的快速入门指南、其他专业书籍或在线课程与论坛。

6.4.1　代码演示和说明

以下通过 Matlab R2023a 代码来演示演化博弈模型的计算过程，具体的步骤如下：首先对本模型涉及的变量进行定义；其次，根据主体的策略，计算三方主体的期望收益，并推导复制动态方程；最后，通过雅可比矩阵，求解系统的均衡点及其特征值，并判断其稳定性。

以下是 Matlab 的代码演示和详细说明：

（1）定义参数和符号。

```
· clear；
· clc；
% 定义各个参数的含义
```

```
· syms x y z Rg Ru Rd Cg Cu Cd Wu Wd Fu Fd Cd Tu Td Rg Bu Bd b
% 计算各个参与主体的期望
```

在定义参数和符号的时候，代码中的符号 x、y 和 z 分别表示为上游政府、下游政府以及中央政府的主动合作与严格监管策略的概率；Rg、Ru 和 Rd 代表中央政府、上游政府和下游政府严格监管与主动合作的收益；变量 Cu、Wu 和 Fu 分别表示上游的治理成本、奖励与罚款；变量 Cd、Wd 和 Fd 分别表示下游政府的成本、奖励与罚款；Tu 和 Td 意味着上下游政府之间的补偿与补助。Bu 和 Bd 代表着上下游政府选择被动合作的收益。此外，本代码采用 b 表示中央政府在宽松监管策略中的比例收益系数，代表第二节和第三节中的 σ。

（2）计算三方参与主体的期望收益。

首先，计算上游政府的期望收益与复制动态方程，对应的等式为式（6.1）~ 式（6.4），具体代码如下：

```
% 上游政府主动合作与被动合作的期望
· equ1 = z * y * (Ru + Wu + Td - Cu) + y * (1 - z) * (Ru - Cu) + z * (1 - y) * (Ru + Td +
Wu - Cu) + (1 - z) * (1 - y) * (Ru - Cu);        % 上游政府"主动合作"的策略
· equ2 = y * z * (Bu - Fu - Tu) + y * (1 - z) * (Bu) + z * (1 - y) * (Bu - Fu - Cu) + (1 -
z) * (1 - y) * (Bu);        % 上游的"被动合作"的策略
· equ = simplify(x * equ1 + (1 - x) * equ2); % 上游政府的期望收益
· Fequ = simplify(x * (equ1 - equ));        % 上游主体的复制动态方程
· Fequ;
```

其中，符号 equ1 表示上游政府选择主动合作策略的收益；符号 equ2 代表上游政府选择被动合作策略的收益；equ 则表示上游政府基于主动和被动合作策略的加权平均的期望收益；而 Fequ 是上游政府的复制动态方程，用于描述策略概率的演变趋势。

其次，计算下游政府的期望收益与复制动态方程，对应的等式为式（6.5）~ 式（6.8），具体代码如下：

```
% 下游政府主动合作与被动合作的期望
· eqd1 = x * z * (Rd + Wd - Td - Cd) + x * (1 - z) * (Rd - Cd) + z * (1 - x) * (Rd + Tu +
Wd - Cd) + (1 - z) * (1 - x) * (Rd - Cd); % 下游政府的"主动合作"策略
· eqd2 = x * z * (Bd - Fd - Td) + x * (1 - z) * (Bd) + z * (1 - x) * (Bd - Fd + Tu) + (1 -
z) * (1 - x) * (Bd); % 下游政府的"被动合作"策略
· eqd = simplify(y * eqd1 + (1 - y) * eqd2); % 下游政府的期望收益
· Feqd = simplify(y * (eqd1 - eqd)); % 下游政府的复制动态方程
· Feqd;
```

其中，符号 eqd1 表示下游政府选择主动合作策略时的期望收益，符号 eqd2 代表下游政府选择被动合作策略时的期望收益，eqd 则表示下游政府基于主动和被动合作策略的加权平均的期望收益，Feqd 是下游政府的复制动态方程。

最后，计算中央政府的期望收益与复制动态方程，对应的等式为式（6.9）~式（6.11），具体代码如下：

```
% 中央政府严格监管与宽松监管的期望
· eqc1 = x * y * (Rg - Wu - Wd) + x * (1 - y) * (Rg + Fd - Wu) + (1 - x) * y * (Rg + Fu - Wd) + (1 - x) * (1 - y) * (Rg + Fu + Fd);   % 中央政府的"严格监管"策略
· eqc2 = b * Rg;   % 中央政府的"宽松监管"策略
· eqc = simplify(z * eqc1 + (1 - z) * eqc2);% 中央政府的期望收益
· Feqc = simplify(z * (eqc1 - eqc)); % 中央政府的复制动态方程
· Feqc;
```

其中，符号 eqc1 表示中央政府选择严格监管策略时的期望收益，符号 eqc2 代表中央政府选择宽松监管策略时的期望收益，eqc 则表示中央政府基于严格和宽松监管策略的加权平均的期望收益，Feqc 是中央政府的复制动态方程。

（3）雅可比矩阵和求解均衡点。

首先，需要计算雅可比矩阵。对于一个有三个方程 $F = [Fequ, Feqd, Feqc]$ 和三个变量（x，y，z）组成的系统，雅可比矩阵 J 是一个 3×3 的矩阵。雅可比矩阵中的每个元素是方程组对各变量的偏导数，具体形式为 $J = \begin{pmatrix} J_{11} & J_{12} & J_{13} \\ J_{21} & J_{22} & J_{23} \\ J_{31} & J_{32} & J_{33} \end{pmatrix} =$

$\begin{pmatrix} \frac{\partial Fequ}{\partial x} & \frac{\partial Fequ}{\partial y} & \frac{\partial Fequ}{\partial z} \\ \frac{\partial Feqd}{\partial x} & \frac{\partial Feqd}{\partial y} & \frac{\partial Feqd}{\partial z} \\ \frac{\partial Feqc}{\partial x} & \frac{\partial Feqc}{\partial y} & \frac{\partial Feqc}{\partial z} \end{pmatrix}$。以下是模型的雅可比矩阵：

```
% 求雅可比矩阵
disp(['雅可比矩阵']);   % 输出提示信息,表示开始计算雅可比矩阵
J = [diff(Fequ,x) diff(Fequ,y) diff(Fequ,z);
  diff(Feqd,x) diff(Feqd,y) diff(Feqd,z);
  diff(Feqc,x) diff(Feqc,y) diff(Feqc,z)]
disp(J)
```

以上代码中，diff 函数可用于计算方程组对变量的偏导数。例如，diff(Fequ, x) 表示方程 Fequ 对变量 x 的偏导数。A 是一个矩阵，是由函数 Fequ、Feqd 和 Feqc 对变量 x、y 和 z 的偏导数组成的雅可比矩阵，可用来判断均衡点的稳定性。

因此最终计算出来的雅可比矩阵的结果如下：

$$J = \begin{pmatrix} -(2x-1)(R_u - C_u - B_u + zC_u + \\ zF_u + zT_d + zW_u - yzC_u + yzT_u) & x(x-1)z(C_u - T_u) & -x(x-1)(C_u + F_u + T_d + W_u - yC_u + yT_u) \\ 0 & -(2y-1)(R_d - C_d - B_d + zF_d + zW_d) & -y(y-1)(F_d + W_d) \\ z(z-1)(F_u + W_u) & z(z-1)(F_d + W_d) & (2z-1)(\sigma R_g - F_u - R_g - F_d + xF_d + yF_d + xW_u + yW_d) \end{pmatrix}$$

其次，对复制动态方程求解均衡点，并输出对应均衡点的数组。

```
% 求解均衡点
· disp('均衡点:');
· F = [Fequ = = 0, Feqd = = 0, Feqc = = 0, x > = 0, y > = 0, z > = 0];
· epoint = solve(F, [x, y, z]);
% 输出均衡点数组
· A1 = [epoint. x, epoint. y, epoint. z];
· A2 = sortrows(A1, 1);% 按第一列排序
· disp(['均衡点个数:', num2str(length(epoint. x))]);
```

上述代码用于求解演化博弈模型中的均衡点。首先，命令 disp 可在结果窗口显示文字。接着，代码 F = [Fequ = = 0, Feqd = = 0, Feqc = = 0] 定义为 F 表示一个数组，表示三方参与主体的复制动态方程分别等于零，并通过 solve 函数求解其均衡点，并寻找三个方程在变量 x、y、z 下的共同解，其中变量分别大于零。A1 = [epoint. x, epoint. y, epoint. z] 分别是 (x, y, z) 的解，并将这些解组合成一个名为 A1 的矩阵，每一行对应一个均衡点 (x, y, z)；而 A2 = sortrows (A1, 1) 按第一列 (x 坐标) 对均衡点进行排序。最后，由 disp 函数显示均衡点的数量，通过 length 函数计算出 x 解的数量，并将均衡点的数量通过 num2str 函数转换为一个字符串。

最后，结合上述代码，将计算出来的均衡点代入雅可比矩阵，求得对应的特征值。以下是相关的代码：

```
% 将均衡点代入雅可比矩阵,求特征值
· Empty = [];
· for j = 1:length(epoint. x)
    disp(['第' num2str(j) '个均衡点:']);
    disp(A2(j,:));
    disp(['第' num2str(j) '个均衡点代入雅可比矩阵后的矩阵:']);
    x1 = A2(j,1);
```

```
        y1 = A2( j,2 );
        z1 = A2( j,3 );
        B = subs( J,[ x,y,z ],[ x1,y1,z1 ] );
        disp( B );
        % 计算特征值
        disp( [ '第' num2str( j ) '个均衡点代入对应矩阵的特征值:' ] );
        [ V,R ] = eig( B );
        B1 = R( 1,1 );
        B2 = R( 2,2 );
        B3 = R( 3,3 );
        Empty = [ Empty; B1,B2,B3 ];
    · end
% 输出特征值 disp('第一列特征值集合:');
· disp( Empty( :,1 ) ); % 矩阵第 1 列
· disp('第二列特征值集合:');
· disp( Empty( :,2 ) ); % 矩阵第 2 列
· disp('第三列特征值集合:');
· disp( Empty( :,3 ) ); % 矩阵第 3 列
· disp('特征值集合:');
· disp( Empty );
```

首先，代码定义了一个初始化的空矩阵 Empty，能够存储所有均衡点的特征值。其次，通过循环函数 for 遍历所有均衡点，将每个均衡点的值代入雅可比矩阵中，生成对应的矩阵 B。再次，通过 eig 函数计算矩阵 B 的特征值，分析均衡点的局部稳定性。特征值的符号能揭示该均衡点的稳定性：如果特征值的实部为正，则该点不稳定；如果特征值的实部为负，则该点是稳定的；如果存在零特征值，则可能是边界稳定点或需要进一步分析的点。最后，将得到的特征值存储在 Empty 数组中，便于输出每个均衡点的特征值，帮助判断各个均衡点的动态稳定性和可持续性。

6.4.2　结果分析和讨论

如第三节中式（6.1）~式（6.10）在计算各参与主体的复制动态以后，再通过将局部

平衡点代入雅可比矩阵 $J = \begin{pmatrix} J_{11} & J_{12} & J_{13} \\ J_{21} & J_{22} & J_{23} \\ J_{31} & J_{32} & J_{33} \end{pmatrix} = \begin{pmatrix} \dfrac{\partial U(x)}{\partial x} & \dfrac{\partial U(x)}{\partial y} & \dfrac{\partial U(x)}{\partial z} \\ \dfrac{\partial U(y)}{\partial x} & \dfrac{\partial U(y)}{\partial y} & \dfrac{\partial U(y)}{\partial z} \\ \dfrac{\partial U(z)}{\partial x} & \dfrac{\partial U(z)}{\partial y} & \dfrac{\partial U(z)}{\partial z} \end{pmatrix}$，可以计算出矩阵

的特征值，具体的均衡点和特征值如表 6 – 3 所示。

通过上述代码计算得到的均衡点共有 8 个纯策略均衡点，还可能存在其他混合策略均衡点。虽然通过联立方程共计算出 13 个，但是第 13 个均衡点的特征值计算过程过于复杂，且结果为负值，代码结果通常仅显示前 12 个均衡点的特征值。根据模型的假设，负值均衡点通常意味着某些选择不符合现实约束条件，因此不具备实际意义。特别是当负值均衡点出现在模型的解中时，它们往往意味着模型主体的适应度或策略选择不符合实际情境或理论假设。表 6 – 3 仅展示了局部平衡点的非负值（$E_1 - E_8$），对于负值均衡点（$E_9 - E_{13}$），考虑到其不符合模型实际约束条件且可能对后续分析产生干扰，因此应予以排除。为了避免负值均衡点对分析结果的影响，本结果仅展示非负值（$E_1 - E_8$）的均衡点。

表 6 – 3 雅各比矩阵的特征值

均衡点	特征值 λ_1	特征值 λ_2	特征值 λ_3
$E_1(0, 0, 0)$	$R_u - C_u - B_u$	$R_d - C_d - B_d$	$F_u + F_d + R_g - \sigma R_g$
$E_2(0, 1, 0)$	$R_u - C_u - B_u$	$B_d + C_d - R_d$	$F_u + R_g - W_d - \sigma R_g$
$E_3(0, 0, 1)$	$F_u - B_u + R_u + T_d + W_u$	$F_d - C_d - B_d + R_d + W_d$	$\sigma R_g - F_u - R_g - F_d$
$E_4(0, 1, 1)$	$F_u - C_u - B_u + R_u + T_u + T_d + W_u$	$B_d + C_d - F_d - R_d - W_d$	$W_d - R_g - F_u + \sigma R_g$
$E_5(1, 0, 0)$	$B_u + C_u - R_u$	$R_d - C_d - B_d$	$F_d + R_g - W_u - \sigma R_g$
$E_6(1, 1, 0)$	$B_u + C_u - R_u$	$B_d + C_d - R_d$	$R_g - W_d - W_u - \sigma R_g$
$E_7(1, 0, 1)$	$B_u - F_u - R_u - T_d - W_u$	$F_d - C_d - B_d + R_d + W_d$	$W_u - R_g - F_d + \sigma R_g$
$E_8(1, 1, 1)$	$B_u + C_u - F_u - R_u - T_d - T_u - W_u$	$B_d + C_d - F_d - R_d - W_d$	$W_d - R_g - W_u + \sigma R_g$

鉴于表 6 – 3 涉及的参数较多，并且已知在任意两方博弈主体中，主动合作的收益通常优于被动合作的收益，这也构成了实际的约束条件。在考虑流域生态补偿政策的实际参与约束与激励条件时，只要双方主动合作所获得的收益超过三方选择被动合作或宽松监管的情况，即使中央政府选择宽松监管，地方政府在积极参与横向生态补偿时所获得的收益仍将优于被动合作，则有 $R_i - C_i > B_i (i = u, d)$。因此，此处将重点分析中央政府严格监管下上下游政府所获得的收益。对于中央政府而言，严格监管可能带来的好处既有可能大于也可能小于宽松监管的效果。

根据李雅普诺夫（Lyapunov）的稳定性判断方法，演化稳定策略可以通过分析雅可比矩阵的特征值来识别。特征值的符号可以判断均衡点的稳定性：（1）若雅可比矩阵中的特征值全为负值，则有 $\lambda_{ij} < 0 (i = 1, 2, 3, \cdots, 12; j = 1, 2, 3, \cdots, 12)$，说明局部平衡点为 ESS，处于局部渐进稳定状态（asymptotically stable）；（2）若雅可比矩阵中的特征值即存在正值又存在负值，表示行为系统在某些方向上是稳定的（即吸引态），而在其他方向上是不稳定的（即排斥态），则该均衡点为鞍点（saddle point）；（3）若雅可比矩阵中的特征值至少有一个正值（或所有特征值都是正的），该均衡点被视为局部不稳定点（unstable point），这种情况表示均衡点附近的任何小扰动都会导致行为系统远离该均衡点。简言

之，局部渐进稳定表示系统在均衡点附近是稳定的，且受干扰后也将渐进回到该均衡点。鞍点是具有稳定和不稳定方向的均衡点，行为系统在某些方向上会向均衡点收敛，而在其他方向上会远离均衡点；局部不稳定点是指所有方向上都不稳定的均衡点，任何扰动都会导致系统远离均衡点。注意，鞍点是局部不稳定点的一种特殊类型，但不是所有局部不稳定点都是鞍点。表6-4展示了两种不同情况下的局部平衡点的稳定性分析结果。

表6-4 均衡点处的局部稳定性

均衡点	情形1			稳定值	情形2			稳定值
	特征值 λ_1	特征值 λ_2	特征值 λ_3		特征值 λ_1	特征值 λ_2	特征值 λ_3	
$E_1(0, 0, 0)$	+	+	+	鞍点	+	+	−	不稳定点
$E_2(0, 1, 0)$	+	−	+	不稳定点	+	−	−	不稳定点
$E_3(0, 0, 1)$	+	+	−	不稳定点	+	+	+	鞍点
$E_4(0, 1, 1)$	+	−	−	不稳定点	+	−	+	不稳定点
$E_5(1, 0, 0)$	−	+	+	不稳定点	−	+	+	不稳定点
$E_6(1, 1, 0)$	−	−	+	不稳定点	−	−	−	ESS
$E_7(1, 0, 1)$	−	+	−	不稳定点	−	+	−	不稳定点
$E_8(1, 1, 1)$	−	−	−	ESS	−	−	+	不稳定点

情景1：在严格监管模式下，中央政府获得的收益高于宽松监管模式下的收益，即有 $R_g - W_d - W_u - C_g > \sigma R_g$、$R_g + F_d - W_u - C_g > \sigma R_g$、$R_g + F_u - W_d - C_g > \sigma R_g$ 或 $R_g + F_u + F_d - C_g > \sigma R_g$。对于中央政府而言，即使在扣除监管和激励成本之后，严格监管带来的净收益仍然高于宽松监管的净收益，这表明宽松监管造成的损失主要包括：信息缺失、决策与实施过程中的误判风险以及对横向生态补偿政策评估的负面影响。在这种情况下，均衡点 E_8 是 ESS，相应的策略组合是（主动合作，主动合作，严格监管）。

情景2：在严格监管模式下，中央政府的收益低于宽松监管模式下的收益，即有 $R_g - W_d - W_u - C_g < \sigma R_g$、$R_g + F_d - W_u - C_g < \sigma R_g$、$R_g + F_u - W_d - C_g < \sigma R_g$ 或 $R_g + F_u + F_d - C_g < \sigma R_g$。如果扣除监管和激励成本之后，中央政府的净收益仍低于宽松监管所带来的净收益，则表明宽松监管造成的损失能够弥补或覆盖严格监管带来的净收益。因此，均衡点 E_6 被视为 ESS，对应的策略是（主动合作、主动合作和宽松监管）。然而，现实社会中中央政府选择宽松监管的情况较为罕见，因为这种选择通常不符合长期的环境治理和利益最大化的原则。

◗ 小 结 ◖

本章节主要将演化博弈模型应用到了流域生态补偿政策中。6.1节介绍了演化博弈的基础概念及相关数学计算过程，通过阐述演化博弈中的基本概念、策略空间、支付矩阵等要素，便于读者理解和掌握演化博弈中的基本要素；6.2 节结合流域生态补偿政策案例，运用了演化博弈理论构建了中央政府、上游政府和下游政府三方参与主体的支付矩阵，定义了相关变量，重点分析了各方主体的收益结构和支付函数，为后续讲解和分析提供了假设和具体的数学模型；6.3 节计算了流域生态补偿政策中三方主体的复制动态方程；6.4 节结合 Matlab 的软件实现，计算并判定流域生态补偿政策中的三方主体的演化博弈模型均衡点的稳定性。本章节主要聚焦于理论和数学分析，针对模型的进一步学习和仿真分析，尤其是如何通过数值模拟判定模型的动态行为，尚未深入探讨。对于有兴趣深入研究的读者，可在课后学习相关的仿真技术及其在实际政策评估中的应用，从而更好地理解模型在不同情境下的行为特征。

 ## 习题部分

1. 名词解释

（1）适应度。

（2）复制动态。

（3）演化稳定策略。

（4）雅可比矩阵。

（5）李雅普诺夫稳定性理论。

2. 问答题

（1）请概述演化博弈的基本步骤，并通过一个具体案例来阐述这些步骤。

（2）结合我国流域横向生态补偿政策，探讨涉及的责任主体及其采取的策略。请分析这些主体如何在政策框架下相互作用，以及他们各自采取的策略如何共同促进流域生态保护与可持续发展。

3. 计算题

在现有的理论框架下，针对流域生态补偿的三方主体演化博弈模型，进一步拓展分析。在当前模型中，已经考虑了纵向与横向转移支付的结合，以及纵向奖罚机制的应用。在此基础上，请引入一种基于上下游政府之间的横向奖罚制度，推导并计算每个主体的复制动态方程，以揭示这一制度创新对各方策略选择的影响。

第7章

跨界流域横向生态补偿
政策的激励效应

学习目标

（1）掌握双重差分法原理及应用，尤其是适合不同时期政策试点的多期双重差分法。

（2）应用双重差分法对横向生态补偿政策的适用性进行深入分析。

（3）学习披露数据来源及其数据处理说明，确保数据的透明性和可追溯性，同时掌握数据清洗与预处理的基本流程。

（4）熟练使用 Stata 进行对横向生态补偿政策的双重差分法分析。

7.1 多期双重差分法

7.1.1 基本原理

双重差分法（Difference-in-differences，DID）是政策效应评估的常用方法。DID 适用于事前所有个体都没有受到政策干预，而事后只有一组个体受到政策干预，受到政策干预的组称为处理组（也被称为干预组），而没有受到政策干预的为控制组（也被称为实验组）。

由于不同数据集、政策实施对象、范围以及时间的差异，DID 方法可以有多种类型。常用的 DID 类型包括标准 DID、多期 DID（也称为交错 DID）、广义 DID 和队列 DID 等。

本章主要关注标准 DID 和多期 DID，并以跨界流域横向生态补偿政策的试点为应用案例，详细讲解多期 DID 的应用与实操分析。

在讲述双重差分之前，需要回顾潜在结果（Y_{i1}，Y_{i0}）之间的关系，其中 D_i 表示干预状态，它的取值为 $D_i = \{0, 1\}$，接收干预是 $D_i = 1$，拒绝干预则 $D_i = 0$。于是，观测结果 Y_i 可以表述为等式（7.1）：

$$Y_i = D_i Y_{i1} + (1 - D_i) Y_{i0} = \begin{cases} Y_i = Y_{i1}, & D_i = 1 \\ Y_i = Y_{i1}, & D_i = 0 \end{cases} \tag{7.1}$$

对于个体 i 而言，某项干预的因果效应是其在两种状态下潜在结果的差异，可用 τ_i 来表示个人的因果效应，则有 $\tau_i = Y_{1i} - Y_{0i}$。

在赵西亮（2022）总结的基础上，双重差分法有四个重要的基本假设：

（1）共同趋势假设。

共同趋势假设是双重差分法中的关键假设，它要求在没有政策干预的情况下，干预组和控制组个体的变化趋势应保持一致。因此，潜在结果（Y_{it}^D，Y_{it-1}^D）的下标不仅表示个体 i 及其时间趋势 t 和 $t-1$，上标 D 表示干预状态。

在此之前，需要额外强调共同趋势假设、不变偏差假设以及平行趋势假设三者之间的区别，虽然三者所描述的内容有重叠部分，但是依旧有表达和使用范围的差别。如表 7-1 所示。

表 7-1 　　　　　　　　共同趋势、不变偏差以及平行趋势假设三者之间的区别

假设类型	定义	适用范围
共同趋势假设	在没有政策干预的情况下，处理组和控制组应具有相同的变化趋势或轨迹	侧重于在干预前处理组和控制组的变化趋势是否一致
不变偏差假设	处理组和控制组的差异（Δ）在政策干预前后保持不变	强调干预前的群体差异应在政策实施后保持一致
平行趋势假设	在没有政策干预的情况下，处理组和控制组的时间变化路径相同	强调在没有政策干预的情况下，处理组和控制组的时间趋势应平行

此外，较弱的共同趋势假设是指在控制可观测变量 X_{it} 后，仍满足共同趋势假设。这里的协变量 X_{it} 必须是在政策实施前的取值，或是不受政策干预影响的变量，通常称为干预前变量。若协变量受到政策影响，则可能引发样本选择偏差。具体而言，式（7.2）假设干预组个体在未接受干预时，其结果的变化趋势与控制组相同，即：

$$\begin{aligned} E\left[Y_{1t}^{D=0} - Y_{1t-1}^{D=0} \mid X_{it}, D_i = 1\right] &= E\left[Y_{0t}^{D=0} - Y_{0t-1}^{D=0} \mid X_{it}, D_i = 0\right] \\ &= E\left[Y_{1t}^{D=0} \mid X_{it}, D_i = 1\right] - E\left[Y_{0t}^{D=0} \mid X_{it}, D_i = 0\right] \\ &= E\left[Y_{1t-1}^{D=0} \mid X_{it}, D_i = 1\right] - E\left[Y_{0t-1}^{D=0} \mid X_{it}, D_i = 0\right] \\ &= E\left[\Delta Y_{1t}^{D=0} \mid X_{it}, D_i = 1\right] = E\left[\Delta Y_{0t}^{D=0} \mid X_{it}, D_i = 0\right] \end{aligned} \tag{7.2}$$

这里需要注意的是，潜在结果 $Y_{1t}^{D=0}$ 是处理组在 t 期的反事实结果，即未接受干预的状

态 $D=0$。等式的第一行说明，在给定协变量 X_{it} 和干预状态 D_i 的条件下，处理组和控制组在政策前后之间的差异期望值是相等的。这表明在没有政策干预的情况下，即潜在结果的上标取 $D=0$，两组的趋势是相同的。式（7.2）的第二行为两个期望值的差，分别表示在时点（t）维度上，处理组和控制组在未接受干预状态下的期望差异。第三行与第二行类似，表示的是在相同的时间点（$t-1$）维度上，处理组和控制组在未接受干预状态下的期望差异。第四行定义了共同趋势假设的核心思想，即在没有政策变化时，处理组和控制组的结果变化应该是一致的，这意味着即使没有处理效应，两组的变化也应该是同步的。

此外，我们通过图7-1来进一步说明双重差分法的共同趋势假设，从图中可以看出处理组的结果变化包括政策效应和时间趋势两部分，而控制组的结果变化仅包括时间趋势。其中，政策效应就是才处理组 t 期实际观测结果 $Y_{1t}^{D=1}$ 与反事实结果 $Y_{1t}^{D=0}$ 之差。需要说明的是，处理组与控制组不必完全相似，只要事前事后两组差别相同，DID 方法即可识别因果效应参数。

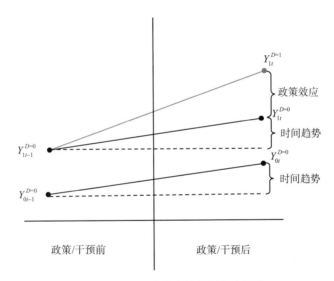

图7-1 双重差分法的共同趋势假设

无论是从共同趋势假设还是从不变偏差假设出发，最终的政策效应都是两次差分，因而这种因果效应识别被称为双重差分方法。在式（7.2）$E\left[Y_{1t}^{D=0}-Y_{1t-1}^{D=0} \mid X_{it}, D_i=1\right]=$ $E\left[Y_{0t}^{D=0}-Y_{0t-1}^{D=0} \mid X_{it}, D_i=0\right]$ 的基础上，则有 $E\left[Y_{1t}^{D=0} \mid X_{it}, D_i=1\right]=E\left[Y_{1t-1}^{D=0} \mid X_{it}, D_i=1\right]+$ $E\left[Y_{0t}^{D=0}-Y_{0t-1}^{D=0} \mid X_{it}, D_i=0\right]$。因此，双重差分法的系数可以表示为式(7.3)：

$$\tau_{ATT}^{DID}(X_{it})=E\left[Y_{1t}^{D=1}-Y_{1t}^{D=0} \mid X_{it}, D_i=1\right]$$

$$=E\left[Y_{1t}^{D=1} \mid X_{it}, D_i=1\right]-E\left[Y_{1t}^{D=0} \mid X_{it}, D_i=1\right]$$

$$=E\left[Y_{1t}^{D=1} \mid X_{it}, D_i=1\right]-\left\{E\left[Y_{1t-1}^{D=0} \mid X_{it}, D_i=1\right]+E\left[Y_{0t}^{D=0}-Y_{0t-1}^{D=0} \mid X_{it}, D_i=0\right]\right\}$$

$$=\underbrace{\left\{E\left[Y_{1t}^{D=1} \mid X_{it}, D_i=1\right]-E\left[Y_{1t-1}^{D=0} \mid X_{it}, D_i=1\right]\right\}}_{\text{处理组结果增量}}-\underbrace{\left\{E\left[Y_{0t}^{D=0} \mid X_{it}, D_i=0\right]-E\left[Y_{0t-1}^{D=0} \mid X_{it}, D_i=0\right]\right\}}_{\text{控制组结果增量}}$$

$$= \left\{ E\left[Y_{1t}^{D=0} \mid X_{it}, \ D_i = 1 \right] - E\left[Y_{0t}^{D=0} \mid X_{it}, \ D_i = 0 \right] \right\} - \left\{ E\left[Y_{1t-1}^{D=0} \mid X_{it}, \ D_i = 1 \right] - E\left[Y_{0t-1}^{D=0} \mid X_{it}, \ D_i = 0 \right] \right\}$$

<u>政策／干预后两组结果差异</u>   <u>政策／干预前两组结果差异</u>

(7.3)

式（7.3）中的第四行是沿用共同趋势假设，从处理组两期结果变化中减去控制组的两期结果变化，扣除共同趋势的影响，剩下就是政策效应。同时，沿用不变偏差假设，从政策或干预后两组观测结果差异中扣除政策或干预前两组观测结果差异，扣除不变偏差的影响，剩下的也是政策效应。因此，在式（7.3）的基础上，总的政策效应可以表示为 $\tau_{ATT}^{DID} = E\left[\tau_{ATT}^{DID}(X_{it}) \mid D_i = 1 \right]$。

（2）共同区间假设。

共同区间假设是 DID 方法得出有效因果推断的基础。如果该假设成立，则 DID 估计能够清楚地反映处理效应。如果不成立，DID 估计可能会受到偏误，导致因果推断无效。已知总的政策效应可以表示为 $\tau_{ATT}^{DID} = E\left[\tau_{ATT}^{DID}(X_{it}) \mid D_i = 1 \right]$，其中共同区间假设要求满足以下两个条件，分别是：

①处理组的存在性：$\Pr\left[D_i = 1 \right] > 0$；

②控制组的存在性：$\Pr\left[D_i T_t = 1 \mid X_{it} \right] < 1$。

上述条件中 $\Pr\left[D_i = 1 \right] > 0$ 要求总体中必须有处理组，而大于零说明还要求同时存在两组个体，即处理组和控制组。另外，条件 $\Pr\left[D_i T_t = 1 \mid X_{it} \right] < 1$ 表明，在协变量 X_{it} 的条件下，必须也有控制组个体。这样才能保证处理组与控制组之间的对比有效。

（3）外生性假设。

为保证 DID 有效，外生性假设是一个重要的前提条件，该假设的核心要求是：协变量 X_{it} 不受政策干预的影响。协变量 X_{it} 必须外生于政策干预，即政策的实施不会直接或间接改变协变量的取值，也可以看作政策干预之前确定的特征，或不随政策变化而改变的变量。如果协变量受到政策干预的影响，将可能导致样本选择偏差，进而影响因果推断的准确性。因此要求 $X_{1it} = X_{0it} = X_{it}$，而 X_{1it} 和 X_{0it} 类似于潜在结果的符号，分别表示在政策或干预发生后和发生前情况下的协变量值。

（4）稳定性假设。

稳定性假设，即稳定个体干预值假设（the stable unit treatment value assumption，SUTVA）。政策干预只影响干预组，不会对控制组产生交互影响，或政策干预不会有溢出效应。

具体来说，政策干预的影响应当是独立的，应仅限于其直接作用范围，不能影响其他个体或群体。如果存在交互影响或溢出效应，这将违反 DID 方法的假设，导致估计的处理效应偏误。因此，研究设计时需尽量避免处理组和控制组之间存在相互影响。

7.1.2　双重差分的模型设定

1. 标准 DID

标准的 DID 方法利用控制组未经历政策干预的特性，作为处理组未经干预时的反事来进行比较。通过在干预前后分别计算处理组和控制组的变化差异，并再计算这两个差异之间的差异，DID 能够有效地估计政策或事件的影响。当使用面板数据或重复截面数据时，且没有协变量 X_{it} 的情况，我们可以通过以下回归方程 [式 (7.4)] 来估计政策或干预前后的效应，从而得到标准 DID 的估计量：

$$Y_{it} = \alpha + \beta D_i + \delta T_t + \tau (D_i \times T_t) + \varepsilon_{it} \tag{7.4}$$

这里的 Y_{it} 代表的结果变量，即解释变量。α 系数为截距项；时间的指示变量的取值为 $T = \{0, 1\}$，0 和 1 分别表示政策或干预前后阶段；ε_{it} 为模型误差项。若 $E[\varepsilon_{it} \mid D_i, T_t] = 0$，这意味着在考虑了处理状态和时间点之后，剩余的误差项应该是随机的，没有任何系统性的偏差，即满足平行趋势假设，从而有 $E[Y_{it} \mid D_i, T_t] = \alpha + \beta D_i + \delta T_t + \tau (D_i \times T_t)$。基于此，表 7-2 展示了式 (7.4) 在不同取值条件下的期望表达式，通过分析表中不同处理组在各个时间点的数据对比，读者将能够深入理解为何需要执行两次差分操作，并从中提炼出关键因素。

表 7-2　　　　　　　　　　　　双重差分的期望表达式

	$T_t = 0$	$T_t = 1$	差分
$D_i = 1$	$E[Y_{it-1} \mid D_i = 1, T_t = 0] = \alpha + \beta$	$E[Y_{it} \mid D_i = 1, T_t = 1] = \alpha + \delta + \beta + \tau$	$\Delta Y_{1it} = E[Y_{it} \mid D_i = 1, T_t = 1] - E[Y_{it-1} \mid D_i = 1, T_t = 0]$
$D_i = 0$	$E[Y_{it-1} \mid D_i = 0, T_t = 0] = \alpha$	$E[Y_{it} \mid D_i = 0, T_t = 1] = \alpha + \delta$	$\Delta Y_{0it} = E[Y_{it} \mid D_i = 0, T_t = 1] - E[Y_{it-1} \mid D_i = 0, T_t = 0]$
差分	—	—	$\Delta\Delta Y_{it} = \Delta Y_{1it} - \Delta Y_{0it}$

因此，处理组事前事后平均结果的变化中包括政策影响和共同趋势，将共同趋势的影响扣除，最终的政策影响为 τ，则系数可表示为 $\tau = \{E[Y_{it} \mid D_i = 1, T = 1] - E[Y_{it} \mid D_i = 1, T = 0]\} - \{E[Y_{it} \mid D_i = 0, T = 1] - E[Y_{it} \mid D_i = 0, T = 0]\}$。

2. 多期 DID

多期双重差分法（time-varying difference-in-differences，DID），也被称为多时点 DID，是一种用于评估政策或事件影响的计量经济学方法。现实中往往很多政策实施是分批次或者分阶段的，先有试点再继续推广，相比于传统的双重差分法（只考虑处理组和对照组在处理前后两个时期的差异），多期双重差分法允许在多个时间点上观察政策影响，适用于观察长期效果或逐步实施的政策。

与式 (7.4) 相比，式 (7.5) 中的 T_{it} 下标包含 i 和 t，描述了处理期的具体时点是随个体 i 而异。如果共同趋势必须在控制协变量 X_{it} 后才成立，并且这些协变量 X_{it} 不会受到政策干预的影响，表示随时间和个体变化的控制变量，相应地，双向固定效应多期双重差分模型可以写成：

$$Y_{it} = \alpha + \tau DID_{it} + X'_{it}\beta + \mu_i + \lambda_t + \varepsilon_{it} \tag{7.5}$$

交乘项用 $DID_{it} = D_i \times T_{it}$ 表示两者的乘积，意味着第 i 个个体在第 t 年受到的政策影响；系数 τ 是平均处理效应，对应式（7.3）中 $\tau_{ATT}^{DID} = E\left[\tau_{ATT}^{DID}(X_{it}) \mid D_i = 1\right]$。此外，$\mu_i$ 变量表示个体固定效应，λ_t 表示时间固定效应，ε_{it} 为模型误差项。

7.2　横向生态补偿政策的研究动态

7.2.1　跨界流域横向生态补偿

在中国，目前的水资源管理体制实行流域管理与行政区域管理相结合的模式，即"统一领导、分级管理"，该体制为跨界流域的生态保护提供了基本框架和保障。2015 年，《关于加快推进生态文明建设的意见》正式提出，要建立地区间的横向生态保护补偿机制，旨在推动跨区域的生态保护与资源共享。进一步地，2020 年，水利部发布了《关于建立跨省流域上下游突发水污染事件联防联控机制的指导意见》，明确规定省级政府作为责任主体，强化上下游的联动协作与联防共治机制，标志着"分段治水"向"全域治水"转变，为流域的协作机制奠定了基础，并成为推动河长制深化实施及横向生态补偿机制普及的重要助力。

在本节中提到的流域横向生态补偿，主要指的是跨界流域的横向生态补偿，尤其是通过转移支付手段进行财政资金的筹集与分配的补偿方式，即以政府为主导的生态补偿。跨界横向生态补偿政策不仅有助于缓解跨区域的生态压力，还促进了区域间的协调发展。而省内横向生态补偿，则是在跨界横向生态补偿政策框架下的进一步推广和实践，是跨界横向生态补偿政策在更大范围内影响的体现。

7.2.2　国内外的研究进展

1. 生态补偿的研究现状

生态补偿是通过协调不同利益相关者关系，进而改善生态系统服务的一种经济手段（Zhong et al.，2020）。为解决中国水污染问题，流域生态补偿被视为是减轻不同主体之间的利益冲突，并维持经济可持续发展的政策工具（Wei and Luo，2020）。生态补偿经历了生态补偿依附于环境管制、以"受益者补偿"为指导原则、建立健全生态保护补偿制度三个阶段（李国平和刘生胜，2018）。其中，第一、二阶段主要集中在森林与矿产生态补偿，该阶段流域生态补偿主要覆盖在水资源管理和水土保持，而第三阶段流域生态补偿逐步经历从建立到健全流域生态保护补偿制度的转变。

关于生态补偿，国内早期研究集中在理论框架和制度层面，比如毛显强等（2002）、王金南等（2006）、李文华和刘某承（2010）以及王军锋和侯超波（2013）等学者。研究范围限定在局部流域（俞海和任勇，2007；周映华，2008；常亮，2013；李昌峰等，2014；朱建华等，2018），通常以案例的分析形式开展研究（徐大伟等，2013；张捷和傅京燕，2016；沈满洪和谢慧明，2020；朱仁显和李佩姿，2021）。研究结论以中央政府加大地方纵向转移支付力度为主（徐大伟等，2012；李潇和李国平，2014），缺乏从宏观层面或整体流域的视角进行深化。

国外将生态补偿称为生态服务付费（payments for ecosystem services，PES），PES 不仅包含政府间的补助、用户与政府间的补助（Salzman et al.，2018），还包括市场供给关系或市场机制（Suhardiman，2013）。关于生态补偿转移支付，国外将其称为生态财政转移支付（ecological fiscal transfer，EFT）。EFT 指使用生态指标将政府的收入从上到下进行分配（Ring and Barton，2015），是克服生态系统保护的环境效益与经济成本规模不匹配的一种机制（Busch et al.，2021）。EFT 相比其他生态保护手段有一些潜在的优势，如补偿者可以利用已经建立的结构进行各级政府之间的财政转移，无须设计新机构或分配新产权。同时，EFT 可以进行双向激励，相对能筹集到更多的资金（Busch and Mukherjee，2018）。同样，EFT 也有一定局限性，相比 PES 不涉及居民和家庭，EFT 仅为政府间财政转移（Busch and Mukherjee，2018）。国外关于 EFT 的研究领域主要集中在林业部门，会涉及森林管理和流域水资源保护。EFT 在实践方面，研究较多的有巴西（Ring，2008；Sauquet et al.，2014）、葡萄牙（Santos et al.，2012）、法国（Busch et al.，2021）、德国、印度尼西亚（Irawan et al.，2014）、印度（Kumar and Managi，2009；Busch and Mukherjee，2018）、中美洲（Kosoy et al.，2007）等。此外，EFT 正在印度尼西亚、蒙古国和乌干达兴起（Busch et al.，2021）。在实践中，巴西、葡萄牙、法国和印度表现为纵向 EFT，体现为国家层面向市（县）层面的资金转移，印度为国家层面向省级层面的转移。与之不同的是，中国在水资源保护方面存在横向 EFT，即省与省级层面的资金转移（Busch et al.，2021）。然而，根据 Busch 等（2021）对全球 EFT 的资金调查发现，EFT 资金占政府间财政转移支付的比重较小，目前不到 0.5%。

2. 关于流域生态补偿的研究现状

关于流域生态补偿，研究内容主要包括居民支付意愿（葛颜祥等，2009）、补偿标准（孙开和孙琳，2015）、补偿机制改革（黎元生，2019）、政策激励与政策效果（张文彬和李国平，2015a，2015b；刘炯，2015；曹鸿杰等，2020）、横向生态补偿（景守武和张捷，2018）以及补偿主体（郑云辰等，2019；马骏等，2021）等相关研究。基于横向生态补偿覆盖范围的复杂性、责任主体多元性以及流域水污染数据的束缚，目前定量分析跨界横向生态补偿对水污染防治影响的研究还相对不足，实证经验分析仅限于局部地区（刘炯，2015）或局部流域（景守武和张捷，2018）。生态补偿的范围涵盖了森林、草原、农业、流域和矿产等多个领域。考虑到流域具有自然流动性和溢出效应等特点，开展横向转移支付试点在流域领域具有天然的优势和优越的初始条件。

（1）纵向生态补偿转移支付。关于纵向生态转移支付作为一种政府激励性机制，旨在调整生态环境保护和生态文明建设各方之间的利益关系（卢洪友和余锦亮，2018）。地方在公共品供给方面，良好的转移支付制度可以克服信息不对称产生的标杆偏误（Allers，2012）。纵向生态补偿纵向转移支付主要包括重点生态功能区的转移支付，中央政府对地方生态供给主体进行资金补偿，属于激励性的补偿（伏润民和缪小林，2015）。目前，有关生态补偿转移支付的激励效应研究有两类观点：一是转移支付具有明显的激励效应。刘炯（2015）基于东部六省46个地级市的数据，研究生态转移支付对地方政府环境治理的激励效应。曹鸿杰等（2020）通过理论与实证发现，转移支付对生态环境保护与公共服务供给存在激励效应。二是转移支付的激励效应不显著或产生负面作用。生态补偿的纵向转移支付也被称为输血式补助，不仅会加剧地区间的发展差距，由于信息不对称、部门条块分割等问题，还会导致纵向转移支付在补偿过程中造成项目的交叉重叠和疏忽遗漏（卢洪友等，2014；潘华和周小凤，2018）。李永友和张子楠（2017）的研究结果发现，纵向转移支付有门槛效应，当超过门槛时地方政府的支出政策会产生替代效应，降低地方政府公共品的激励作用。同样，受地方政府支出行为偏好、转移支付制度约束以及转移支付资金规模等影响，中国生态功能区的转移支付制度的激励效应作用不明显，这也是未来激励地方政府环境治理的突破点（缪小林和赵一心，2019）。从纵向转移支付向横向转移支付的转变，可以增加地方政府财政收入的流动效应，弱化地方政府财政支出的收入效应，提高转移支付的激励作用（李永友和张子楠，2017）。因此，除开展纵向转移支付外，还需要结合流域的具体情况，积极为横向转移支付实施创造条件。

（2）横向生态补偿转移支付。关于横向生态补偿转移支付的研究，目前流域横向生态补偿试点已取得阶段性成效，主要体现在以政府为主导的横向转移支付资金供给方面（孙开与孙琳，2015）。横向转移支付能调动微观主体的积极性，实现各主体的利益诉求，降低交易成本，提高资金的使用效率，财权和事权的统一，有利于生态补偿工作的长期性（邓晓兰等，2013）。地方间的横向转移支付主要通过两种模式来实现：一是中央主导模式；二是地方政府协商模式（蒋永甫和弓蕾，2015）。从行政科层划分，横向转移支付可分为两级，即省际支付和省域内的市际支付，分别以中央管理平台和省级管理平台为中介。其中，一级横向补偿是指省际横向补偿，以省级行政区为基本核算单位；二级横向补偿是省域内的市际横向补偿（梁流涛和祝孔超，2019）。

从实质上看，对口支援与横向转移支付两个概念存在较大差距。以往研究把对口援助视为横向转移支付的雏形（徐阳光，2011），由中央政府主导开展，属于中国特色的横向转移支付（伍文中，2012；蒋永甫和弓蕾，2015；石绍宾和樊丽明，2020），是中国横向转移支付的起步阶段（蒋永甫和弓蕾，2015）。京冀地区间对密云、官厅水库上游的生态补偿是中国横向转移支付迈出的第一步（蒋永甫和弓蕾，2015）。尽管对口支援被定位为纵向转移支付的有益补充（伍文中，2012），但是依旧存在许多问题，比如属性模糊、多头管理等问题。需要注意的是，对口援助既有横向转移支付的特征，又属于纵向转移支付的范畴（王玮，2010），两者间应该有侧重和分工，以免引起"越位"和"缺位"等问题。李万慧和于印辉（2017）的研究认为中国目前有建立横向转移支付的必要性，但缺乏可行性（王玮，2010）。然而，以上观点主要针对全局横向转移支付体系构建分析，仅是早期分析与结论。随着时间的推移，生态补偿在某些领域（如流域、森林）已经具备开展横向转移支付的条件。

从政策评估的角度来分析，流域生态补偿政策评价与评估主要以局部流域为研究对象。王慧杰等（2020）评价新安江流域生态补偿政策的绩效，并发现新安江流域政策实施效果整体较好，但是对经济和社会发展的促进作用不显著。施祖麟和毕亮亮（2007）以江苏、浙江边界水污染治理为例，得出跨行政区水污染治理的主要问题是流域管理与行政区域管理的矛盾。景守武和张捷（2018）和曲超等（2019）分别以新安江流域和贵州赤水河为例，定量评估横向生态补偿政策是否显著降低流经城市工业水污染物强度，结果发现政策效果显著，且具有可持续性。然而，大部分研究（景守武和张捷，2018；韩超等，2021）主要采用的是工业废水排放量指标来衡量水污染状况。因此，限于横向生态补偿覆盖范围的复杂性、责任主体多元性以及流域水污染数据的束缚，目前关于跨界横向生态补偿对水污染防治的定量研究相对不足。

7.3　模型设计与数据说明

7.3.1　识别策略与模型设计

流域跨界横向生态补偿政策可视为不同行政区域（城市）的一项准自然实验，已签订横向生态补偿协议的覆盖城市为处理组，未签订协议的地区为控制组。由于各地区（城市）的政策试点时间存在先后不一致的情况，不能采用"一刀切"的方法来识别政策的治理效应。因此，以下案例将采用多期双重差分来识别流域横向生态补偿政策对水污染防治的政策效应，该方法能够适用不同个体实施政策时点不同的情景（Callaway and Sant'Anna，2020），式（7.6）是跨界流域横向生态补偿政策的多期双重差分识别模型：

$$Y_{it} = \alpha + \tau HEC_{it} + X'_{it}\beta + \mu_i + \lambda_t + \nu_{Basin} + \varepsilon_{it} \tag{7.6}$$

其中，Y_{it} 为被解释变量，代表城市 i 在 t 年的污水防治情况（如工业废水排放、水污染指标等）。其中，城市 i 的取值范围为 $i = \{1，2，3，\cdots，283\}$，年份 t 的取值范围 $t = \{2006，2007，\cdots，2018\}$。变量 HEC_{it} 反映了城市 i 在年份 t 实施横向生态补偿政策的情况，以虚拟变量的形式存在，其中，赋值为 1 表示城市 i 在年份 t 及以后年份受到政策影响的程度，反之则为 0。系数 τ 是本章重点关注的处理组平均处理效应的影响系数，它能够反映流域横向生态补偿试点相比非试点地区对水污染防治的影响程度。如果系数 $\tau > 0$，说明流域横向生态补偿对水污染的防治效果具有一定的放任作用；如果系数 $\tau < 0$，能够说明流域横向生态补偿对水污染的防治具有一定的约束作用。变量 X'_{it} 通过向量的形式泛指城市 i 在 t 年的控制变量集合，不仅包含与人类生活、生产活动相关的指标，还包括与自然地理相关等多个指标。另外，系数 α 表示常数项，μ_i 表示城市个体固定效应，可以控制

不同城市之间的固有差异；λ_t 表示年份固定效应，可以控制随时间变化的影响因素；ν_{Basin} 表示流域固定效应，能够控制流域分布的影响特征；ε_{it} 表示估计的误差项。

7.3.2 数据来源

实施跨界横向生态保护补偿主要是省与省、省与直辖市缔结协议为主。当省际签订横向生态保护补偿协议时，涉及的责任市（州）不仅包含合约的缔结方，还包含合约的受益方。为此，本章在选择责任主体时，不仅包含跨界断面涉及的行政区域主体，还包含流域涉及生态补偿的责任主体。尽管实践中的试点案例，常常以省为代表进行出资，然而资金的分配仍会落实到各市（区）和县中。因此，本章的研究对象为实施流域跨界横向生态补偿试点的城市，城市包含直辖市、全国省会城市、副省级城市和地级市，样本时间为 2006～2018 年。本章的样本量覆盖了中国 31 个地区（省、自治区和直辖市）共 283 个城市，其中 279 个地级市，4 个直辖市。

本案例的数据来源于国家统计局、中国研究数据服务平台、国泰安数据库、CEIC 数据库、环境专业知识服务系统、中国环境监测总站、中国城市统计年鉴以及中国城市建设统计年鉴等，具体可以参考表 7－3。此外，本案例还包含大量手工整理与收集的数据，比如变量"河长制确立的时间""跨界横向生态补偿"的数据以及"断点水污染物浓度"等。需要强调的是，手工整理的数据已通过交叉验证的方式，以保障数据的可靠性以及准确性，交叉验证是由多方成员（两名及以上）手工收集和整理，通过对照、填充和验证等方式确保数据的准确性和完整性。需要特别强调的是，水体环境水污染物浓度 2012～2017 年的数据来源于中国研究数据服务平台，2011 年和 2018 年的数据则来源于环境专业知识服务系统，而 2006～2010 年的数据来源于中国环境监测总站的水质自动监测周报，数据通过爬虫提取，并由后期加工处理得到，如图 7－2 所示。数据选取自 2006 年起步的原因，是因为所选样本期与中国在 2005 年推出的生态补偿机制的实施时间相契合。此外，国家级控制地表水监测站的关键变量周度监测数据仅开放至 2018 年，而 2018 年之后的国控断面数据则无法直接获取或尚未对外公开。因此，不同时间段的数据来源各不相同。

表 7－3 城市所属流域片的组合分类

序号	流域片的编号	流域数量	频率（个）	比重（%）	处理组	控制组
1	(9)	1	65	1.77	0	65
2	(8)	1	39	1.06	0	39
3	(7)	1	39	1.06	0	39
4	(7, 10)	2	104	2.83	0	104
5	(6)	1	195	5.30	13	182
6	(6, 10)	2	169	4.59	0	169

序号	流域片的编号	流域数量	频率（个）	比重（%）	处理组	控制组
7	(6, 8)	2	13	0.35	0	13
8	(6, 7, 10)	3	26	0.71	6	20
9	(5)	1	702	19.08	4	698
10	(5, 8)	2	13	0.35	0	13
11	(5, 7)	2	143	3.89	21	122
12	(5, 7, 10)	3	13	0.35	0	13
13	(5, 6)	2	182	4.95	3	179
14	(5, 6, 8)	3	26	0.71	0	26
15	(5, 6, 7)	3	39	1.06	9	30
16	(4)	1	182	4.95	16	166
17	(4, 9)	2	130	3.53	0	130
18	(4, 5)	2	117	3.18	32	85
19	(3)	1	182	4.95	0	182
20	(3, 10)	2	78	2.12	0	78
21	(3, 5)	2	182	4.95	3	179
22	(3, 4)	2	91	2.47	0	91
23	(3, 4, 5)	3	39	1.06	0	39
24	(2)	1	130	3.53	7	123
25	(2, 9)	2	13	0.35	1	12
26	(2, 4)	2	182	4.95	0	182
27	(2, 4, 9)	3	39	1.06	0	39
28	(2, 3, 4)	3	13	0.35	0	13
29	(2, 3, 4, 10)	4	26	0.71	0	26
30	(1)	1	377	10.25	0	377
31	(1, 10)	2	52	1.41	0	52
32	(1, 9)	2	13	0.35	0	13
33	(1, 2)	2	39	1.06	3	36
34	(1, 2, 10)	3	13	0.35	0	13
35	(1, 2, 9)	3	13	0.35	0	13

注：在流域编号中，"1"指松辽河流片，"2"指海河流域片，"3"指淮河流域片，"4"指黄河流域，"5"指长江流域，"6"指珠江流域片，"7"指东南诸河片，"8"指西南诸河片，"9"指内陆河片以及"10"指其他河流。

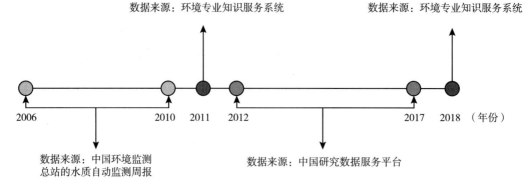

图 7-2 数据周期的来源详情

7.3.3 数据处理说明

本案例关注的被解释变量为水污染防治，主要从工业废水排放的总量、强度、密度、人均排放量以及水污染物浓度的角度衡量水污染防治。中国河流的污染源主要包含工业污染、生活污染以及农村污染（景守武和张捷，2018）。由于工业污染属于点源污染，易于管控和监测，生活污水处理率是由污水厂集中处理的达标比重，而农村面源污染具有不易监测的特征。因此，本章的主要被解释变量为工业的废水排放总量（IWD）和工业废水排放强度（IWDI）（景守武和张捷，2018）。扩展的被解释变量还包括人均工业废水排放总量（PCIWD）、工业废水排放密度（IWDD）、城镇居民生活污水处理率（DST）以及农业面源污染的氮肥（NF）与磷肥（PF）。与此同时，为验证回归结果的稳健性，本案例还采用水体环境中的污染物浓度来衡量水污染治理的情况，主要有溶解氧（DO）、氨氮含量（NH_3-N）、高锰酸钾化学需氧量（COD）以及 pH 值。此外，还增加湖库透明度（FUI）指标来评价湖泊与水库的清澈程度和湖库水质（或富营养化）。由于北方的冬季湖泊会结冰，变量 FUI 借鉴了王等（Wang et al.，2020，2021）的数据说明，冰冻湖泊的数据为每年 5 月到 10 月，故本案例采用年度均值来衡量湖泊水质。另外，在进一步分析中，被解释变量经济发展规模（GDP）与经济增长速度（GDPR）为实际 GDP 规模和实际 GDP 增长率，已剔除物价变动影响；变量中央环保督察（CEPI）在一定程度能够反映中央政府对水污染防治的监督力度。

控制变量的选择不仅考虑生活、生产活动相关的指标，还考虑与自然地理相关的指标。包括：与人类生产活动相关的指标有财政自给率（Fissuffi），即城市本级财政收入与财政支出之比，一方面说明辖区对中央转移支付的依赖程度，另一方面该指标可以反映财政分权程度（陈硕和高琳，2012）；衡量产业结构的指标为第二产业占地区生产总值比重（GDP2）；行政区人口数量除以行政区面积之比来表示人口密度（Popdensity），此处的人口为城市的常住人口而非户籍人口，常住人口更能够反映城市的生产与生活活动；工业企业数量（Indusenter）能够从侧面说明辖区内的高污染经济主体的潜在规模；变量外商直接投资（FDI）可反映辖区内的外商实际投资资金规模；还包括辖区内的供水量（Watersupply）、排水管道的长度（Pipelength）以及污水处理厂的数量（Plant）；河长制的建立由Riverchief 表示，代表辖区内水污染治理的实施力度。

与自然地理相关的指标有城市的绿化面积（Greenarea），能够反映城市的生态环境和人居环境。降水量（Precipitation）能够衡量某一地区降水的积累深度；由于河流会受季节性的影响存在结冰或断流，年平均气温（Weather）能够在一定程度上刻画河流水资源量大小的概率，并反映不同地区的冷热程度；相对湿度（RH）可以描述辖区内的水资源的干燥与湿润程度。降水量、气温以及相对湿度的原始数据是观测点的日值数据集，本案例使用的是通过 IDW 法插值成格点数据，依据中国行政区划，计算出的各城市的年平均数据。此外，还通过设置虚拟变量，即辖区是否属于自然保护区（Nature），来衡量中央转移支付的在水生态领域的分配力度。为了提取城市所属的流域片（Basin），案例还结合中国九大流域片的数据以及地级市行政区划数据，通过 ArcGIS 软件对矢量数据进行联合处理，计算出城市所属的流域片。对于涉及多个流域的情况，比如流域交界和交叉片区，案例根据不同流域的组合集进行了分类，将相同流域名称和数量的组合归为同类，总共为 35类。具体分类可以参见表 7 - 3。

为减缓可能存在的异方差问题，本案例还对部分变量进行了对数化处理，变量的详细描述见表 7 - 4。

表 7 - 4　　　　　　　　　　　变量的数据来源及其说明

类型	变量说明	变量符号	数据来源	计算公式/单位
被解释变量	工业废水排放总量的对数	IWD	CEIC 数据库	百万吨
	工业废水排放强度	IWDI		工业废水排放/GDP
	人均工业废水排放量	PCIWD		工业废水排放/人口
	工业废水排放密度	IWDD		工业废水排放/面积
	生活污水处理率	DST		%
	经济发展规模的对数	GDP		十亿
	经济增长速度	GDPR		%
	氮肥使用量	NF		千吨
	磷肥使用量	PF		千吨
	pH 值	PH	中国环境监测总站	1 - 14
	溶解氧	DO		mg/l
	化学需氧量	COD		mg/l
	氨氮	NH_3-N		mg/l
	湖泊透明度	FUI	中国科学院空天信息创新研究院	取值范围在 [1, 21]，数值越大表示湖水的透明度越低，否则反之
	中央环保督察	CEIP	中国环境年鉴	—

续表

类型	变量说明	变量符号	数据来源	计算公式/单位
解释变量	横向生态补偿	HEC	手工收集与整理	虚拟变量
控制变量	财政自给率	Fissuffi	CEIC 数据库	财政收入/财政支出
	第二产业结构	GDP2		第二产业 GDP/GDP
	人口密度	Popdensity		人口/行政区面积
	工业企业数量的对数	Indusenter		个
	外商直接投资	FDI		百万
	供水量	Watersupply		百万立方米
	排水管道长度的对数	Pipelength	中国城市建设统计年鉴	单位公里
	污水处理厂的对数	Plant		座
	河长制的建立	Riverchief	手工收集与整理	虚拟变量
	绿地面积的对数	Greenarea	国家统计局	公顷
	降水量的对数	Precipitation	国家气象科学数据共享服务平台	毫米/平方米
	气温	Weather		摄氏度（℃）
	相对湿度	RH		空气中水汽压/相同温度下饱和水汽压
	自然保护区	Nature	中国研究数据服务平台	虚拟变量
	"水十条"	Waterten	—	虚拟变量
	所属流域片	Basin	全国地理信息资源目录服务系统	分类变量
	辖区内湖泊面积	Sumarea	中国科学院空天信息创新研究院	平方千米
	结冰	Freezing		虚拟变量

7.4 结果分析与 Stata 软件实现

以下结果分析基于双重差分法的实证分析，并结合 Stata 代码进行教学。分析顺序依次为：基准回归结果、平行趋势检验、稳健性分析、异质性分析以及进一步的机制分析。需要特别说明的是，涉及的 Stata 命令，读者可以通过本书附录查阅和学习。

7.4.1 数据的描述性统计

表 7-5 展示了多个数据集合并后的统计描述，包括观测值、均值、标准差、最小值

和最大值。根据表中"观测值"一栏，可以观察到，观测值共有四个不同的取值，按从小到大的顺序分别为780、3 679和84 236个观测值。考虑到观测值数量差异较大，并且不同数据集在个体维度和时间维度上均存在显著差异，因此在展示统计描述代码时，分别会对三个数据集进行单独分析。对应的数据集分别包括：主数据集 HEC_trans. dta、辅助数据集 pollu_Indicator. dta 和 FUI. dta，最终将它们合并，以得到表7-5所示的结果。主数据集为面板数据，样本期覆盖2006~2018年，共涉及283个城市。表7-5是多个数据集的描述性统计结果合并，因此相应的代码也涉及多个数据集的操作。

表7-5　　　　　　　　　　　　变量的描述性统计

变量	观测值	均值	标准差	最小值	最大值
IWD	3 679	3.71	1.07	0.00	6.82
IWDI	3 679	0.59	1.01	0.02	29.58
PCIWD	3 679	0.02	0.02	0.00	0.31
IWDD	3 679	0.01	0.02	0.00	0.37
DST	3 679	0.77	0.20	0.00	1.00
GDP	3 679	4.61	1.01	1.54	8.12
GDPR	3 679	0.13	0.09	-0.46	0.53
PH	84 236	7.75	0.52	6.55	8.95
DO	84 236	7.70	2.74	0.46	14.60
COD	84 236	4.91	4.41	0.60	32.00
NH_3-N	84 236	0.95	2.09	0.02	13.70
NF	3 674	76.16	59.07	1.43	502.41
PF	3 674	25.99	24.24	0.44	184.30
HEC	3 679	0.03	0.18	0.00	1.00
Fissuffi	3 679	0.47	0.23	0.05	1.17
GDP2	3 679	0.48	0.11	0.15	0.91
Popdensity	3 679	0.50	0.51	0.01	6.52
FDI	3 679	5.20	1.85	-3.91	10.10
Watersupply	3 679	4.33	1.10	0.64	8.16
Indusenter	3 679	6.55	1.11	3.00	9.84
Plant	3 679	4.24	6.42	1.00	67.00
Pipelength	3 679	6.41	1.13	1.61	10.10
Greenarea	3 679	8.07	1.08	3.14	11.90
Precipitation	3 679	6.82	0.48	5.17	7.92
RH	3 679	68.85	7.65	43.81	83.04

续表

变量	观测值	均值	标准差	最小值	最大值
Weather	3 679	14.55	5.14	−1.09	25.28
Nature	3 679	0.47	0.50	0.00	1.00
Waterten	3 679	0.31	0.46	0.00	1.00
Riverchief	3 679	0.20	0.40	0.00	1.00
CEPI	3 679	0.20	0.40	0	1
Basin	3 679	17.09	8.90	1.00	36.00
FUI	780	10.44	2.95	3.73	19.40
Lakearea	780	940.96	1 596.03	26.75	10 227.25
Freezing	780	0.45	0.498	0.00	1.00

注：有效小数点仅保留最后两位数字。

以下是表 7-5 中统计性描述对应的 Stata 代码：

```
******* 表 7-5 描述性统计 ********
/* 主数据集 HEC_trans. dta */
· use HEC_trans. dta, clear   //打开主数据集
· global XX " Fissuffi GDP2 Popdensity FDI Watersupply Indusenter Plant Pipelength
Greenarea Precipitation Weather RH" // 设置全局暂元
· gen GDP = lngdp
· asdoc sum IWD IWDI PCIWD IWDD DST GDP GDPR NF PF HEC  $XX Nature Waterten
Riverchief CEPI Basin, replace format （%9.2f）
/* 增加辅助数据集 FUI. dta */
· use FUI. dta, clear //打开辅助数据集
· asdoc sum FUI Lakearea Freezing, replace format （%9.2f）
/* 增加辅助数据集 */
· use pollu_Indicator. dta, clear   //打开辅助数据集
· asdoc sum ph do cod nh3n, replace format （%9.2f）
```

在 Stata 中，使用 asdoc 命令可以便捷地生成描述性统计结果并导出到 Word 文档中。通过 asdoc 命令，可以一次性计算多个数据集的描述性统计量，并将结果直接保存为报告格式。其中 format（%9.2f）用来格式化数字显示，数字的显示格式宽度为 9，2 代表小数点后的精确位数，具体的使用规则可以参考附录中 Stata 的数据输出部分关于 asdoc 的讲解。

7.4.2　基准回归结果

表 7-6 展示了关于横向生态补偿对全样本及上下游水污染防治影响的回归分析结果。结果表明,实施横向生态补偿政策以来,流域生态补偿的跨界合作在水污染防治方面显著地降低了地区的工业污水排放规模。第(3)~(5)列的结果表明,在稳健标准误和不同聚类维度下,横向生态补偿对区域排放强度的影响显著为负。此外,变量 Popdensity 的影响系数显著为正,这表明人口密度越高,水污染越严重(Dugan,2012)。相比之下,变量 Pipelength 的影响系数显著为负,反映了污水处理基础设施越完善,更能有效降低污水排放规模。值得注意的是,在控制城市固定效应、年份固定效应以及流域固定效应以后,R^2 得到了有效提升。以上结果说明,实施横向生态补偿以来,该政策能够明显地降低当地工业废水的排放总量和排放强度,跨界横向生态补偿政策起到了激励的作用,是水污染防治的有效之举。

此外,第(6)列和第(7)列的结果表明,无论实施横向生态补偿的城市位于流域上游地区还是流域下游地段,激励政策均可显著降低工业废水排放规模,尤其是上游地区的激励效果(系数为 -0.2094)显著高于下游地区(系数为 -0.1601)。上述结果说明,上游责任主体在污染治理方面的努力程度有所提高,上下游责任主体协同治理、重拳治污,并未选择以邻为壑,在一定程度上有效地避免了"搭便车"行为。

表 7-6　　　　　　　　　　工业废水排放规模回归结果

变量	工业废水排放规模回归结果						
	全样本				流域上游	流域下游	
	(1)	(2)	(3)	(4)	(5)	(6)	(7)
HEC	-0.3425 *** (0.1236)	-0.3288 *** (0.0534)	-0.1840 *** (0.0537)	-0.1840 ** (0.0843)	-0.1840 ** (0.0789)	-0.2094 ** (0.1028)	-0.1601 (0.1174)
Fissuffi		0.7309 *** (0.1299)	0.1599 (0.1340)	0.1599 (0.2272)	0.1599 (0.2090)	0.1665 (0.2127)	0.0945 (0.2132)
GDP2		1.4442 *** (0.1994)	0.0310 (0.2050)	0.0310 (0.3830)	0.0310 (0.3539)	-0.1325 (0.3579)	0.1395 (0.3634)
Popdensity		0.3010 *** (0.0945)	0.2578 *** (0.0913)	0.2578 * (0.1460)	0.2578 (0.1571)	0.2683 * (0.1583)	0.2397 (0.1575)
FDI		-0.0010 (0.0094)	-0.0058 (0.0092)	-0.0058 (0.0119)	-0.0058 (0.0102)	-0.0054 (0.0106)	-0.0041 (0.0112)
Watersupply		-0.0211 (0.0247)	0.0140 (0.0227)	0.0140 (0.0321)	0.0140 (0.0329)	0.0208 (0.0345)	0.0147 (0.0336)

变量	工业废水排放规模回归结果						
	全样本				流域上游	流域下游	
	(1)	(2)	(3)	(4)	(5)	(6)	(7)
Indusenter		−0.0702 *	0.0183	0.0183	0.0183	0.0314	0.0047
		(0.0365)	(0.0400)	(0.0721)	(0.0666)	(0.0669)	(0.0698)
Plant		−0.0043	0.0025	0.0025	0.0025	0.0030	0.0043
		(0.0029)	(0.0032)	(0.0058)	(0.0055)	(0.0069)	(0.0055)
Pipelength		−0.1899 ***	−0.0479 *	−0.0479	−0.0479	−0.0347	−0.0676
		(0.0253)	(0.0263)	(0.0395)	(0.0399)	(0.0420)	(0.0436)
Greenarea		−0.0399	0.0306	0.0306	0.0306	0.0245	0.0311
		(0.0274)	(0.0301)	(0.0530)	(0.0492)	(0.0520)	(0.0506)
Precipitation		−0.1504 **	−0.0981	−0.0981	−0.0981	−0.0977	−0.0964
		(0.0646)	(0.0695)	(0.0829)	(0.0724)	(0.0773)	(0.0753)
Weather		−0.1164 ***	0.0002	0.0002	0.0002	0.0072	−0.0021
		(0.0174)	(0.0276)	(0.0298)	(0.0236)	(0.0241)	(0.0241)
RH		−0.0068	0.0021	0.0021	0.0021	0.0032	0.0013
		(0.0044)	(0.0050)	(0.0099)	(0.0069)	(0.0072)	(0.0072)
城市固定效应	否	是	是	是	是	是	是
年份固定效应	否	否	是	是	是	是	是
流域固定效应	否	否	是	是	是	是	是
观测值	3 679	3 679	3 679	3 679	3 679	3 471	3 432
R²	0.003	0.848	0.866	0.866	0.866	0.861	0.860

注：* 、** 和 *** 分别表示10%、5%和1%的水平显著性，括号内为稳健标准误（下同）；第（3）列中的括号内为稳健标准误，第（4）列中是按省份聚类的稳健标准误，第（5）列中的稳健标准误按城市级别聚类。上游和下游区域是根据它们在流域内的位置以及行政管辖范围来划分的。位于跨省流域上游省份的城市被划分为"流域上游"，而位于下游省份的城市则被划分为"流域下游"。

☆数据集：HEC_trans. dta

表7-6对应的Stata代码如下：

```
******* 表7-6 的 Stata 代码 ********
/* 前(1)-(5)列的结果 */
· use HEC_trans. dta,clear
· reghdfe IWD c. HEC,noabsorb vce(r)   //第(1)列,不加控制变量
· reghdfe IWD c. HEC  $XX,absorb(City)vce(r)   //第(2)列,加控制变量,控制城市固
定效应
· reghdfe IWD c. HEC  $XX,absorb(City Year Basin)vce(r)   //第(3)列,控制城市、年
份以及流域固定效应
· reghdfe IWD c. HEC  $XX,absorb(City Year Basin)vce(cluster Province)//第(4)列,按
省份进行聚类
· reghdfe IWD c. HEC  $XX,absorb(City Year Basin)vce(cluster City)   //第(5)列,按城
市进行聚类
/* 流域上游与下游的结果 */
· reghdfe IWD c. HEC  $XX if Position! =2,absorb(City Year Basin)vce(cluster Cit-
y)   //第(6)列,上游的回归结果
· reghdfe IWD c. HEC  $XX if Position! =1,absorb(City Year Basin)vce(cluster Cit-
y)   //第(7)列,下游的回归结果
```

需要说明的是,代码中的 $XX 代表全局宏下的控制变量,回归结果可通过 estimates store 命令保存,此处省略了该结果。首先,代码估计了基准回归,并通过引入控制变量和多重固定效应来提升模型的稳健性,吸收了城市、年份和流域的固定效应。接着,代码分析了上游和下游流域的差异,其中上游(Position! =2)和下游(Position! =1)通过数据筛选进行区分。最后,可使用 esttab 命令将所有回归结果汇总到一个表格中,保存为 RTF 格式,并对系数、标准误和 R^2 进行格式化输出,同时显示显著性水平。

7.4.3 横向生态补偿的动态分析

参考 Beck 等(2010)和 Wing 等(2018)的研究,流域上下游实施的横向生态补偿政策,可以通过事件研究法分为渐进效应(phase-in effect)、即时效应(immediate effect)和预期效应(anticipated effect),根据不同阶段分析横向生态补偿政策对水污染防治的动态影响。根据事件前后与政策发生时点的间隔差异,本案例对事件发生的前12年和事件后的7年进行了动态分析,动态模型的设置如式(7.7)所示:

$$Y_{it} = \beta_0 + \sum_{s=1}^{S} HEC_{it-s}\theta_s + HEC_{it}\delta + \sum_{m=1}^{M} HEC_{it+m}\phi_m + X'_{it}\beta + \mu_i + \lambda_t + \nu_{Basin} + \varepsilon_{it} \quad (7.7)$$

其中,系数 β_0 表示常数项。当城市 i 在事件实施前 s 年,则变量 HEC_{it-s} 取值为1,反之取0,其中 s 取值范围为 $s=\{1,2,\cdots,12\}$。当城市 i 在事件实施后 m 年,则变量

HEC_{it-s} 取值为 1，反之为 0，m 取值范围为 $m = \{1, 2\}$。此外，θ_s 是提前 s 期的平均渐进效应系数，δ 是平均即时效应的系数，而 ϕ_m 是滞后 m 期的平均预期效应系数。如果 δ 系数为负值，$\phi_m < 0$ 则意味着预期效应会随着时间推移而增强，$\phi_m > 0$ 并意味着预期效应会随着时间的推移而减弱（Wing et al., 2018）。

图 7-3 报告了相对于生态补偿实施初期的工业废水排放平均处理效应。结果表明，政策实施前的处理效应系数大多在 10% 的显著性水平上不显著，而实施后的系数则显著。

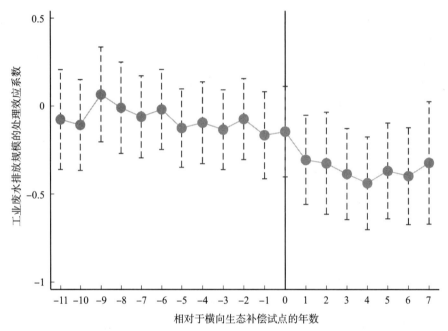

图 7-3 横向生态补偿试点的动态效应

注：此处选择基准期为第 1 期（Nunn and Qian, 2011）；误差线表示 90% 的置信区间；带圆圈的折线代表处理效应的动态系数。

系数的具体结果见表 7-7。总体来看，动态效应不仅反映了政策实施后工业废水排放的显著下降趋势，还支持了平行趋势假设的成立。

表 7-7　　　　　　　　　　　　变量 IWD 的动态回归结果

变量	IWD
前 11 期	- 0.0764 (0.1722)
前 10 期	- 0.1073 (0.1569)

变量	IWD
前 9 期	0.0658 (0.1635)
前 8 期	−0.0097 (0.1577)
前 7 期	−0.0611 (0.1417)
前 6 期	−0.0195 (0.1381)
前 5 期	−0.1252 (0.1354)
前 4 期	−0.0947 (0.1412)
前 3 期	−0.1343 (0.1378)
前 2 期	−0.0738 (0.1398)
前 1 期	−0.1658 (0.1506)
当期	−0.1455 (0.1565)
后 1 期	−0.3058 ** (0.1538)
后 2 期	−0.3248 * (0.1759)
后 3 期	−0.3863 ** (0.1571)
后 4 期	−0.4383 *** (0.1599)
后 5 期	−0.3683 ** (0.1652)

续表

变量	IWD
后6期	−0. 3979 ** (0. 1670)
后7期	−0. 3222 (0. 2116)
控制变量	是
城市固定效应	是
年份固定效应	是
流域固定效应	是
观测值	3 679
R^2	0. 866

注: * 、** 和 *** 分别表示 10%、5% 和 1% 的水平显著性,括号内为稳健标准误。

☆数据集: HEC_trans. dta

以下是平行趋势图 7 – 3 和表 7 – 7 的 Stata 代码:

```
****** 表 7 – 7 平行趋势检验 ******
· use HEC_trans. dta,clear
· gen bench_reform = Year
· bysort City:egen bench_reform0 = min(bench_reform) if HEC = =1
· gen bench_mean1 = bench_reform0
· bysort City:replace bench_mean1 = bench_mean1[_n +1] if bench_mean1 = =. //向上
填充(需再重复 12 次,直到填充成功)
· ……
· order Province City Year HEC bench_reform0 bench_mean1
· gen event = Year – bench_mean1
· tab event,gen(eventdumm)
· drop eventdumm1 //去除基期
· replace eventdumm2 =0 if eventdumm2 = =. //event = – 11
· replace eventdumm3 =0 if eventdumm3 = =. //event = – 10
· replace eventdumm4 =0 if eventdumm4 = =. //event = – 9
· replace eventdumm5 =0 if eventdumm5 = =. //event = – 8
· replace eventdumm6 =0 if eventdumm6 = =. //event = – 7
```

- ·replace eventdumm7 = 0 if eventdumm7 = =. //event = −6
- ·replace eventdumm8 = 0 if eventdumm8 = =. //event = −5
- ·replace eventdumm9 = 0 if eventdumm9 = =. //event = −4
- ·replace eventdumm10 = 0 if eventdumm10 = =. //event = −3
- ·replace eventdumm11 = 0 if eventdumm11 = =. //event = −2
- ·replace eventdumm12 = 0 if eventdumm12 = =. //event = −1
- ·replace eventdumm13 = 0 if eventdumm13 = =. //event = 0
- ·replace eventdumm14 = 0 if eventdumm14 = =.
- ·replace eventdumm15 = 0 if eventdumm15 = =.
- ·replace eventdumm16 = 0 if eventdumm16 = =.
- ·replace eventdumm17 = 0 if eventdumm17 = =.
- ·replace eventdumm18 = 0 if eventdumm18 = =.
- ·replace eventdumm19 = 0 if eventdumm19 = =.
- ·replace eventdumm20 = 0 if eventdumm20 = =.
- ·reghdfe IWD eventdumm∗　$XX, absorb(City Year Basin) vce(r) //动态回归

后续可以结合命令 coefplot 绘制平行趋势图，并通过 coefplot 命令的选项部分来自定义图形的表现形式。此外，还可以进入图形窗口，通过菜单栏的手动模式进行详细设置，以优化图形的展示效果。

7.4.4　稳健性分析

上述分析中，仅从工业废水排放规模来反映污染防治的成效略显微弱，为了从多维度、多层次以及多方位的视角衡量水污染防治的成效，本案例还通过工业废水人均排放、排放密度、排放强度以及水污染物浓度四方面来丰富水污染防治的回归结果，进一步增强评估结果的稳健性。

1. 替换被解释变量：排放强度、人均排放规模与排放密度

考虑到各地区不同的经济发展水平、人口规模与辖区面积对工业废水的排放总量的影响，表 7 − 8 展示了以工业废水排放强度（IWDI）、人均工业废水排放规模（PCIWD）和工业废水排放密度（IWDD）作为被解释变量的回归结果。排放强度的回归结果比景守武和张捷（2018）的偏小，可能是由于研究范围广泛且样本规模较大，从而降低了政策处理组的平均效应。横向生态补偿对人均排放量和排放密度的影响系数均显著为负。因此，上述结果表明，无论替换变量是工业废水排放强度、人均排放量，还是工业废水排放密度，回归结果都支持基础回归的结论。

表 7 − 8 工业废水排放强度、人均规模与排放密度的回归结果

变量	(1)	(2)	(3)	(4)	(5)	(6)
	IWDI		PCIWD		IWDD	
HEC	−0.1384 * (0.0717)	−0.1384 (0.1347)	−0.0065 *** (0.0017)	−0.0065 * (0.0033)	−0.0030 *** (0.0011)	−0.0030 * (0.0017)
控制变量	是	是	是	是	是	是
城市固定效应	是	是	是	是	是	是
年份固定效应	是	是	是	是	是	是
流域固定效应	是	是	是	是	是	是
观测值	3 679	3 679	3 679	3 679	3 679	3 679
R^2	0.540	0.540	0.636	0.636	0.796	0.796

注：*、** 和 *** 分别表示在 10%、5% 以及 1% 的水平下显著，列（1）、列（3）和列（5）中括号内为稳健标准误，列（2）、列（4）和列（6）中为按城市水平聚类的稳健标准误。

☆数据集：HEC_trans. dta

替换被解释变量对应的 Stata 代码如下：

```
******* Table 7 − 8 Stata 代码 ********
· use HEC_trans. dta, clear
· global XX "Fissuffi GDP2 Popdensity FDI Watersupply Indusenter Plant Pipelength Greenarea Precipitation Weather RH" // 全局暂元为 $XX
· global XX1 "Fissuffi  Popdensity FDI Watersupply Indusenter Plant Pipelength Greenarea Precipitation Weather RH" // 全局暂元为 $XX1
· reghdfe IWDI HEC $XX1, absorb(City Year Basin) vce(r) // 第 1 列
· reghdfe IWDI HEC $XX1, absorb(City Year Basin) vce(cluster City) // 第 2 列
· reghdfe PCIWD HEC $XX i. Waterten, absorb(City Year Basin) vce(r) // 第 3 列
· reghdfe PCIWD HEC $XX i. Waterten, absorb(City Year Basin) vce(cluster City) // 第 4 列
· reghdfe IWDD HEC $XX i. Waterten, absorb(City Year Basin) vce(r) // 第 5 列
· reghdfe IWDD HEC $XX i. Waterten, absorb(City Year Basin) vce(cluster City) // 第 6 列
```

上述代码使用 reghdfe 命令来估计多维固定效应模型。通过替换变量的形式，考察了不同的因变量（IWDI、PCIWD 和 IWDD）与自变量 HEC 及控制变量 $XX 的关系，同时考虑了水十条（Waterten）的固定效应。模型吸收了城市、年份和流域的固定效应，并且分别使用了稳健标准误和基于城市的聚类标准误来估计系数的异方差性和聚类问题，以得到更可靠的结果。

需要注意的是，第（1）列和第（2）列的控制变量（全局暂元为 $XX1）与第（3）

至第（6）列有所不同。其原因在于，第（1）列和第（2）列的被解释变量为工业废水排放强度（IWDI）。根据上一节表 7 - 4 中的变量定义，IWDI 是指工业废水排放量与 GDP 之比。因此，在这两个回归模型中，我们排除了控制变量中的 GDP2。原因是，IWDI 和 GDP2 的分母均为 GDP，若同时包含这两个变量，可能会导致它们之间的趋势高度相关，从而影响回归结果的可靠性。

2. 替换被解释变量：断面水污染物浓度

（1）按周计算的水污染物浓度。

以上分析结果重点聚焦于工业废水排放层面，为了进一步衡量水污染的严重程度，此处将点源污染进一步扩展到综合水污染的浓度。水体环境的污染物排放能够综合地反映工业污染、城镇生活污染以及农业面源污染，水污染物浓度指标分别有 pH 值、溶解氧（DO）、高锰酸钾化学需氧量（COD）以及氨氮（NH$_3$-N）。值得一提的是，表 7 - 9 通过手工整理数据的方式，获得了较为完善的"国控断面地表水水质监测"周报数据，从地表水污染物浓度的视角，丰富基本结论的稳健性检验（沈坤荣和金刚，2018），进一步巩固和支撑横向生态补偿的政策分析结果。

表 7 - 9　　　　　　按周估计横向生态补偿断面污染物浓度的回归结果

变量	(1)	(2)	(3)	(4)
	pH	DO	COD	NH$_3$-N
HEC	0.0335 * (0.0184)	0.7581 *** (0.0956)	- 1.9314 *** (0.2704)	- 0.7084 *** (0.1191)
控制变量	是	是	是	是
城市固定效应	是	是	是	是
年份固定效应	是	是	是	是
流域固定效应	是	是	是	是
周固定效应	是	是	是	是
观测值	84 236	84 236	84 236	84 236
R^2	0.361	0.405	0.468	0.353

注：参考《污水综合排放标准》（GB8978 - 1996）和《地表水环境质量标准》（GB3838 - 2002）的标准，得到污染物浓度的取值范围。其中，pH 值指水体的酸碱性数值，pH 限值为 6～9（各地水体 pH 值在地域上具有一定的差距，各地区土壤分布中分别呈现出"东南酸、西北碱"的规律）；DO 是指空气中氧气的分子态溶解在水中的含量，浓度单位为 mg/l，取值越低说明水质越差；COD 是指以化学方法测量水样中需要被氧化的高锰酸钾的量，浓度单位为 mg/l，取值越高说明水质越差；NH$_3$-N 是指氨氮物质在水中的含量，浓度单位为 mg/l，取值越高说明水质越差。

表 7 - 9 中，第（1）～（4）列分别为按周评估的不同污染物浓度回归结果，回归结果在城市、年份以及流域固定效应的基础上，增加了周固定效应。第（1）列的回归结果说明，横向生态补偿的地区监测断面中 pH 值影响系数在 10% 水平上显著为正（系数为

0.0335)。尽管 pH 值的系数方向为正，却并不能说明 pH 值提高导致水污染程度加重，正向系数还存在 pH 值由弱酸性向弱碱性转变的可能。pH 值提高的影响因素可能有以下几点：一是人为排污的减少，如工业废水排放的减少；二是自然修复过程，如河流会出现藻类和水体生物的繁殖，水体植物的光合作用会减少水中的 CO_2，会导致 pH 值上升（王传海等，2007），但是这一现象并不能说明其对河流生态系统健康会造成负面的影响；三是可能由于当地酸雨污染状况的减轻，河流水质明显改善；四是受季节性、水温以及水量等其他因素的影响。横向生态补偿的实施对被解释变量 DO 的影响系数为 0.7581，并在 1% 水平下显著正相关，这说明政策实施地区水体环境中的溶解氧得到了有效的控制，水质存在明显的改善和修复。然而，政策对被解释变量 COD 和 NH_3-N 的影响系数都在 1% 水平下显著为负，分别为 -1.9314 和 -0.7084。相对于其他污染物浓度指标而言，COD 的下降最为明显。考虑到两变量的取值标准，范围越高反而说明水质越差，系数显著为负更能够说明水质得到了控制与改善，污染物的浓度有降低的趋势。自"十一五"规划确定 COD 和"十二五"规划确定 NH_3-N 为主要污染物以来，采用上述指标可以反映出实施横向生态补偿地区对该指标的重视程度，并得到了有效的缓解。

☆数据集：pollu_Indicator. dta

按周估计横向生态补偿断面污染物浓度的回归结果的 Stata 代码如下：

```
******* Table 7-9 Stata 代码 ********
· use pollu_Indicator. dta,clear
· reghdfe ph HEC  $XX,absorb(City Year qs Basin) vce(r) //第(1)列
· reghdfe do HEC  $XX,absorb(City Year qs Basin) vce(r) //第(2)列
· reghdfe cod HEC  $XX,absorb(City Year qs Basin) vce(r) //第(3)列
· reghdfe nh3n HEC  $XX,absorb(City Year qs Basin) vce(r) //第(4)列
```

数据库 pollu_Indicator. dta 是按周国控监测断面的水污染物指标数据，这里的参数 qs 代指周的固定效应。代码首先定义了全局变量 $WW，包含了一系列可能影响污染指标的控制变量。接着，代码执行了四次多维固定效应的回归分析，使用 reghdfe 命令来估计不同污染指标（ph、do、cod、nh3n）与自变量 HEC 的关系。此外，模型中都包含了城市、年份、周和流域的固定效应，并采用了稳健标准误来确保估计的准确性。

（2）按年度和季度计算的水污染物浓度。

为了进一步验证上述回归结果，本章同时还测算了按年度与季度估计的结果，以支撑上述结论。由于河流存在丰水期、平水期以及枯水期，考虑到季节变化、气象异常以及人为施工等原因，河流存在断流现象。当河流在枯水期，监测点无法监测到水质的具体情况，因此，不同河流或湖泊存在不同的监测期。此处采用的数据是由生态环境部和中国生态环境监测总站提供的水质周报，考虑到季节性变化因素，按年度和季度的平均值的污染

浓度的计算公式如式（7.8）所示：

$$Apollu_{ij}^{c} = \frac{\sum\limits_{i}^{n} \sum\limits_{j=1}^{m} \sum\limits_{t=1}^{T=53} pollu_{ijt}^{c}}{Week_{ij}}; \quad Qpollu_{ij}^{c,q} = \frac{\sum\limits_{i}^{n} \sum\limits_{j=1}^{m} \sum\limits_{t=1}^{t=13} pollu_{ijt}^{c,q}}{Quarter_{ij}^{q}} \quad (7.8)$$

其中，$Apollu_{ij}^{c}$ 是指污染物类型 c 在地区 i 的河流断面 j 的年度平均浓度，$Qpollu_i$ 是指污染物类型 c 在地区 i 河流断面 j 在季度 q 的平均浓度；$Week_{ij}$ 是指地区 i 的河流断面 j 在监测点的统计周数，$Quarter_{ij}^{q}$ 是指地区 i 河流断面 j 在监测点第 q 季度的统计周数，而 $pollu_{ijt}^{c}$ 是指污染物类型 c 在地区 i 的河流断面 j 在第 t 周监测到的浓度情况。当 $j \geq 2$，说明地区 i 有多个断面监测点，还存在多个流域流经此处并与该断面融会贯通，对于这样的情况，依旧采用的是根据 j 的数量之和除以周期总数而得到相应的均值。

表 7 - 10 中的第（1）~（4）列为按年度均值估计的回归结果，第（5）~（8）列为按季度均值估计的回归结果，并控制了季度固定效应。结果发现，除了 pH 值的回归结果在统计上不显著外，无论是按年度还是按季度，回归结果都与按周期估计的回归结果基本保持一致，且影响系数间的差距较小。此外，相比按周的拟合优度（R^2），按年度与季度的估计结果更高。

表 7 - 10　　按年度和按季度估计横向生态补偿断面污染物浓度的回归结果

变量	按年度			
	（1）	（2）	（3）	（4）
	PH	DO	COD	NH$_3$-N
HEC	0.0470 (0.0380)	0.7638 *** (0.2704)	- 1.2334 *** (0.4395)	- 0.4669 ** (0.1818)
控制变量	是	是	是	是
城市固定效应	是	是	是	是
年份固定效应	是	是	是	是
季度固定效应	否	否	否	否
流域固定效应	是	是	是	是
观测值	2 128	2 128	2 128	2 128
R^2	0.731	0.758	0.781	0.781
变量	按季度			
	（5）	（6）	（7）	（8）
	PH	DO	COD	NH$_3$-N
HEC	0.0321 (0.0299)	0.7841 *** (0.1927)	- 1.9257 *** (0.3407)	- 0.6467 *** (0.1594)

变量	按季度			
	(5)	(6)	(7)	(8)
	PH	DO	COD	NH$_3$-N
控制变量	是	是	是	是
城市固定效应	是	是	是	是
年份固定效应	是	是	是	是
季度固定效应	是	是	是	是
流域固定效应	是	是	是	是
观测值	7 604	7 604	7 604	7 604
R^2	0.627	0.677	0.744	0.664

注：案例数据的样本量为 2006～2018 年，通过汇总 1－53 周内的污染物浓度的数据，除以相应的周数，可以得到污染物浓度的年度均值。

☆数据集：

☆pollu_Indicator. dta

☆pollu_Indicator_year. dta

☆pollu_Indicator_quater1. dta

按年份和季度估计横向生态补偿断面污染物浓度的回归结果的 Stata 代码如下：

```
****** Table 7 - 10 Stata 代码 ********
/ * 按年度 * /
· use pollu_Indicator. dta, clear
*** 按年度计算水污染指标在国控断面的统计个数
· bysort City Year：egen countph = count( ph)
· bysort City Year：egen countdo = count( do)
· bysort City Year：egen countcod = count( cod)
· bysort City Year：egen countnh3n = count( nh3n)
*** 按年度计算水污染指标在国控断面的监测数据求和
· bysort City Year：egen sumph = sum( ph)
· bysort City Year：egen sumdo = sum( do)
· bysort City Year：egen sumcod = sum( cod)
· bysort City Year：egen sumnh3n = sum( nh3n)
*** 按年度计算的水污染指标的均值
· gen meanph = sumph/countph
· gen meando = sumdo/countdo
```

· gen meancod = sumcod/countcod

· gen meannh3n = sumnh3n/countnh3n

· duplicates drop City Year 点位名称 断面情况 Fiscalsuffi GDP2 Popdensity lnFDI lnwater-supply numindus Plant lnpipelength Gradient lngreenarea lnprecipitation RH Weather Nature, force //删除重复值

· save pollu_Indicator_year. dta, replace

· use pollu_Indicator_year. dta, clear

· reghdfe meanph c. Horizon $XX, absorb(City Year Basin) vce(r) //第(1)列

· reghdfe meando c. Horizon $XX, absorb(City Year Basin) vce(r) //第(2)列

· reghdfe meancod c. Horizon $XX, absorb(City Year Basin) vce(r) //第(3)列

· reghdfe meannh3n c. Horizon $XX, absorb(City Year Basin) vce(r) //第(4)列

/*按季度*/

· use pollu_Indicator_quater. dta, clear

· gen quarter = qs //生成新变量,将周划分为季度

/* 考虑到数据水质自动监测周报总共有 1-53 周的数据,第一周从每年的 1 月的第 1 个星期一开始计算,最后一周以每年的最后一个星期天为终结。一年可以分为四季,一般以 3-5 月为春季,6-8 月为夏季,9-11 月为秋季,12-次年 2 月为冬季。设置变量 quarter,分别令其取值"1"代表春季(第 10 周到第 22 周左右),"2"代表夏季(第 23 周到第 35 周),"3"代表秋季(第 36 周到第 48 周),"4"代表冬季(第 49 周到次年第 9 周左右)。*/

/*第 1-9 周和 49-53 周定义为冬季*/

· replace quarter = 4 if qs = = 1

· replace quarter = 4 if qs = = 2

· replace quarter = 4 if qs = = 3

· replace quarter = 4 if qs = = 4

· replace quarter = 4 if qs = = 5

· replace quarter = 4 if qs = = 6

· replace quarter = 4 if qs = = 7

· replace quarter = 4 if qs = = 8

· replace quarter = 4 if qs = = 9

· replace quarter = 4 if qs = = 49

· replace quarter = 4 if qs = = 50

· replace quarter = 4 if qs = = 51

· replace quarter = 4 if qs = = 52

· replace quarter = 4 if qs = = 53

/*第 10-22 周定义为春季*/

· replace quarter = 1 if qs = = 10

· replace quarter = 1 if qs = = 11

· replace quarter = 1 if qs = = 12

· replace quarter = 1 if qs = = 13

· replace quarter = 1 if qs = = 14

· replace quarter = 1 if qs = = 15

· replace quarter = 1 if qs = = 16

· replace quarter = 1 if qs = = 17

· replace quarter = 1 if qs = = 18

· replace quarter = 1 if qs = = 19

· replace quarter = 1 if qs = = 20

· replace quarter = 1 if qs = = 21

· replace quarter = 1 if qs = = 22

/ * 第 23 – 35 周定义为夏季 * /

· replace quarter = 2 if qs = = 23

· replace quarter = 2 if qs = = 24

· replace quarter = 2 if qs = = 25

· replace quarter = 2 if qs = = 26

· replace quarter = 2 if qs = = 27

· replace quarter = 2 if qs = = 28

· replace quarter = 2 if qs = = 29

· replace quarter = 2 if qs = = 30

· replace quarter = 2 if qs = = 31

· replace quarter = 2 if qs = = 32

· replace quarter = 2 if qs = = 33

· replace quarter = 2 if qs = = 34

· replace quarter = 2 if qs = = 35

/ * 第 36 – 48 周定义为秋季 * /

· replace quarter = 3 if qs = = 36

· replace quarter = 3 if qs = = 37

· replace quarter = 3 if qs = = 38

· replace quarter = 3 if qs = = 39

· replace quarter = 3 if qs = = 40

· replace quarter = 3 if qs = = 41

· replace quarter = 3 if qs = = 42

· replace quarter = 3 if qs = = 43

· replace quarter = 3 if qs = = 44

· replace quarter = 3 if qs = = 45

· replace quarter = 3 if qs = = 46

· replace quarter = 3 if qs = = 47

· replace quarter = 3 if qs = = 48

*** 按季度计算水污染指标在国控断面的统计个数

· bysort City Year quarter：egen countqph = count（ph）

· bysort City Year quarter：egen countqdo = count（do）

· bysort City Year quarter：egen countqcod = count（cod）

· bysort City Year quarter：egen countqnh3n = count（nh3n）

*** 按季度计算水污染指标在国控断面的监测数据求和

· bysort City Year quarter：egen sumqph = sum（ph）

· bysort City Year quarter：egen sumqdo = sum（do）

· bysort City Year quarter：egen sumqcod = sum（cod）

· bysort City Year quarter：egen sumqnh3n = sum（nh3n）

*** 按季度计算水污染指标的均值

· gen quarph = sumqph/countqph

· gen quardo = sumqdo/countqdo

· gen quarcod = sumqcod/countqcod

· gen quarnh3n = sumqnh3n/countqnh3n

· duplicates drop City Year 点位名称 断面情况 quarter，force

· save pollu_Indicator_quater1. dta，replace

· use pollu_Indicator_quater1. dta，clear

· reghdfe quarph c. Horizon $XX，absorb（City Year quarter　Basin）vce（r）//第（5）列

· reghdfe quardo c. Horizon $XX，absorb（City Year quarter　Basin）vce（r）//第（6）列

· reghdfe quarcod c. Horizon $XX，absorb（City Year quarter Basin）vce（r）//第（7）列

· reghdfe quarnh3n c. Horizon $XX，absorb（City Year quarter Basin）vce（r）//第（8）列

此处直接使用已经预处理完毕的数据集 pollu_Indicator_year. dta 和 pollu_Indicator_quater1. dta，以便于分析。由于季度数据的处理过程较为烦琐，这里不再详细展示数据处理步骤。在数据处理过程中，首先通过按年度计算水污染指标（如 ph、do、cod 和 nh3n）的统计个数、监测数据求和以及均值，利用 egen 命令分别生成相关变量，并通过 reghdfe 进行回归分析，控制了城市、年份及流域等因素的固定效应。此外，对于季度数据，此处根据每周的数据顺序将其划分为四个季度（春、夏、秋、冬），并相应计算季度水污染指标的统计个数、求和与均值。然而，季度数据的处理相对复杂，首先生成新的季度变量，并进行相应的替换操作，其次进行类似年度数据的回归分析。通过精细的数据处理，能确保水污染指标在不同时间尺度（包括年度和季度）上的可比性，从而加强了基准回归分析结果的稳健性。

（3）PSM – DID。

横向生态补偿试点的地区普遍是重要饮水来源、重要湖泊，是经济欠发达与经济发达

地区的跨省流域，具有一定的代表性。因此，试点地区的选择在一定程度上取决于可观测的控制变量。已知本案例的处理组为流域开展横向生态补偿的行政区域，可以通过城市来衡量河流、湖泊以及水库所在位置的行政区划。同时，考虑到处理组与控制组具有不同的初始禀赋，是否成为开展流域横向生态补偿试点地区通常来自非随机的政策选择，由此可能存在样本的选择偏差问题。为了在一定程度上克服样本的选择性偏误，此处还采用倾向得分匹配法（propensity score matching，PSM）与 DID 相结合的思路（Heckman et al.，1998），实行前端为处理组筛选控制组，在此基础上进行状态的配对（谢申祥等，2021），以评估横向生态补偿对水污染治理的防治效果。倾向得分最接近控制组的样本，即为处理组的配对样本，通过匹配的方法减少处理组与控制组样本在经济、社会以及自然等方面存在的系统差异，从而减少估计偏误。

考虑到所选的控制变量与流域上下游横向生态补偿之间可能会产生反向影响，借鉴张国建等（2019）和王等（Wang et al.，2021b）的做法，将所有的控制变量滞后一期，以降低内生性问题，表 7 –11 显示了 PSM 的稳健性回归结果。第（1）~（3）列分别汇报了迭代 500 次半径匹配、核匹配以及近邻匹配的回归结果；第（4）~（6）列展示了引入滞后期的回归结果。这些结果与基准回归结果基本一致。尽管控制变量滞后一期的结果相比基准回归的系数来说，相对影响程度呈略微降低的趋势，但是结果依旧验证了基准回归的稳健性。

表 7 –11　　　　　　　　　　　　PSM 稳健性回归结果

变量	(1)	(2)	(3)	(4)	(5)	(6)
	IWD					
	半径匹配	核匹配	近邻匹配	半径匹配	核匹配	近邻匹配
HEC	−0.1520*** (0.0557)	−0.1504*** (0.0557)	−0.1520*** (0.0557)	−0.1237** (0.0576)	−0.1237** (0.0576)	−0.1237** (0.0576)
控制变量	是	是	是	—	—	—
滞后一期控制变量	—	—	—	是	是	是
城市固定效应	是	是	是	是	是	是
年份固定效应	是	是	是	是	是	是
流域固定效应	是	是	是	是	是	是
观测值	2 978	2 980	2 978	2 769	2 769	2 769
R^2	0.8698	0.8701	0.8698	0.8710	0.8710	0.8710

注：以上结果分别迭代了 500 次，半径匹配的标尺为 0.05，近邻匹配选取的 1 对 4 匹配。

☆数据集：HEC_trans.dta

Stata 按半径匹配、核匹配以及近邻匹配回归结果的代码如下：

```
******* Table 7 – 11 Stata 代码 ********
/*半径匹配*/
· use HEC_trans. dta,clear
· preserve
· global XX " Fissuffi GDP2 Popdensity FDI Watersupply Indusenter Plant Pipelength
Greenarea Precipitation Weather RH" // 设置全局暂元
· set seed 10101
· gen order = rnormal( )
· sort order
· psmatch2 HEC $XX,out(IWD) logit ate radius common ties caliper(0.05)
· pstest $XX,both
· gen common = _support
· drop if common = =0
· drop if _weight = =0
· reghdfe IWD HEC $XX,absorb(City Year Basin) vce(r) //第(1)列的回归结果
· restore
/*核匹配*/
· preserve
· set seed 10101
· gen order = rnormal( )
· sort order
· psmatch2 HEC $XX,out(IWD) logit ate kernel common ties caliper(0.05)
· pstest $XX,both
· gen common = _support
· drop if common = =0
· drop if _weight = =0
· reghdfe IWD HEC $XX,absorb(City Year Basin) vce(r) //第(2)列的回归结果
· restore
/*近邻匹配*/
· preserve
· set seed 10101
· gen order = rnormal( )
· sort order
· psmatch2 HEC $XX,out(IWD) logit ate n(4) common ties caliper(0.05)
· pstest $WW,both
```

· gen common = _support

· drop if common = =0

· drop if _weight = =0

· reghdfe IWD HEC $XX,absorb(City Year Basin) vce(r) //第(3)列的回归结果

· restore

/*滞后一期的半径匹配*/

· tsset City1 Year

· gen LFissuffi = L. Fissuffi

· gen LGDP2 = L. GDP2

· gen LPopdensity = L. Popdensity

· gen LFDI = L. FDI

· gen LWatersupply = L. Watersupply

· gen LIndusenter = L. Indusenter

· gen LPlant = L. Plant

· gen LPipelength = L. Pipelength

· gen LGreenarea = L. Greenarea

· gen LRH = L. RH

· gen LPrecipitation = L. Precipitation

· gen LWeather = L. Weather

· global SS "LFissuffi LGDP2 LPopdensity LFDI LWatersupply LIndusenter LPlant LPipelength LGreenarea LRH LPrecipitation LWeather"

· preserve

· set seed 10101

· gen order = rnormal( )

· sort order

· psmatch2 HEC $SS,out(IWD) logit ate radius common ties caliper(0. 05)

· pstest $SS,both

· gen common = _support

· drop if common = =0

· drop if _weight = =0

· reghdfe IWD c. HEC $SS,absorb(City Year Basin) vce(r) //第(4)列的回归结果

· restore

/*滞后一期的核匹配*/

· preserve

· psmatch2 HEC $SS,out(IWD) logit ate kernel common ties caliper(0. 05)

· pstest $SS,both

· drop if common = =0

- drop if _weight = =0
- reghdfe IWD c. HEC $SS,absorb(City Year Basin) vce(r) //第(5)列的回归结果
- restore

/* 滞后一期的近邻匹配 */

- preserve
- psmatch2 HEC $SS,out(IWD) logit ate kernel common ties caliper(0.05)
- pstest $SS,both
- drop if common = =0
- drop if _weight = =0
- reghdfe IWD c. HEC $SS,absorb(City Year Basin) vce(r) //第(6)列的回归结果
- restore

上述代码使用了 Stata 软件进行倾向得分匹配分析，主要涉及 psmatch2 和 pstest 命令，包括半径匹配、核匹配和近邻匹配，以及滞后一期的半径匹配。每种匹配方法的使用都事先保存了数据状态，然后通过设置随机种子，生成了随机排序变量，并进行了倾向得分匹配。匹配后，代码删除了不符合共同支持假设的观测值，并进行了带有多维固定效应的回归分析。最后，需要提及的是 Stata 中 preserve 和 restore 的搭配。preserve 命令用于保存当前数据集的状态，以便在后续操作中可以恢复到之前的状态。restore 命令与 preserve 的搭配，可以将数据集恢复到执行 preserve 时的状态，可确保数据的安全性，防止意外修改导致的数据丢失，从而保证了数据分析过程的可逆性和数据的不可撤销性。

7.4.5　安慰剂检验和其他政策的影响

1. 安慰剂检验

（1）构建虚构处理样本。

为了排除横向生态补偿试点政策的实施受到遗漏项或不可观测因素的干扰，通过构建随机样本，估计横向生态补偿政策对水污染规模、强度、人均情况以及密度的影响。本章随机选取不同城市作为处理组，并重复 500 次，图 7-4 报告了随机选取的处理组对工业废水规模（IWD）、工业废水排放强度（IWDI）、人均工业废水排放规模（PCIWD）和工业废水排放密度（IWDD）的系数分布情况。结果可以发现，虚构政策样本对废水规模、强度、人均规模以及密度的系数值聚集在 0 值附近，与原有估计系数相比，完全独立于分布之外。尽管工业废水排放强度原有系数位于核密度内，所占概率密度比重约为 5.8%，说明接受原假设的概率较低。因此，可以推断出基准估计结果受到其他不可观测因素干扰的可能性较小。

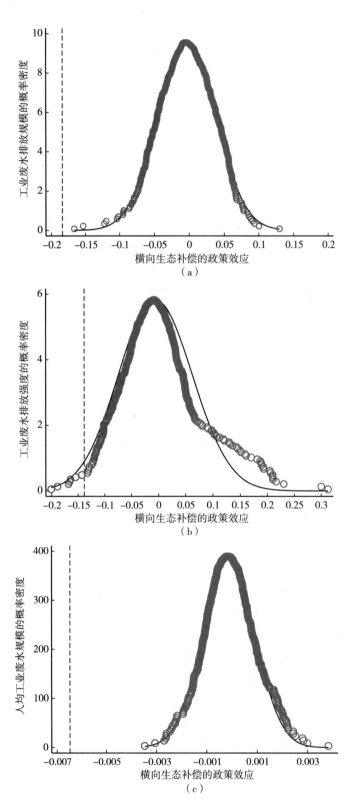

（a）

（b）

（c）

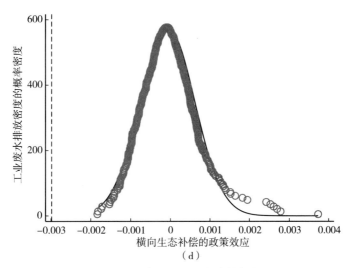

（d）

图 7 - 4　虚构处理样本的核密度

注：图中的（a）表示工业废水排放的概率密度；（b）表示工业废水排放强度的概率密度；（c）表示人均工业废水排放的概率密度；（d）表示工业废水排放密度的概率密度。所有虚拟样本的分布均与初始系数相距较远。

☆数据集：

· HEC_trans. dta

· Placebo. dta

图 7 - 4 中的四幅图，以下 Stata 代码仅展示 IWD 的核密度图，其他变量的操作类似，读者可自行检验。

```
****** 图 7 - 4 ******
· use HEC_trans. dta,clear
· global XX " Fissuffi GDP2 Popdensity FDI Watersupply Indusenter Plant Pipelength
Greenarea Precipitation Weather RH"
· permute HEC beta = _b[HEC],///
        reps(500) seed(123) saving("Placebo. dta"):///
        reghdfe IWD HEC $XX,absorb(City Year Basin) vce(r)
· use Placebo. dta,clear
· dpplot beta,///
xline( -0. 1840382,lcolor(black * 0. 5) lpattern(dash)) ///
xtitle("横向生态补偿的政策效应",size(small)) ///
        xlabel( -0. 2(0. 05)0. 2,format(%4. 2f) labsize(small) nogrid) ///
        ytitle("工业废水排放规模的概率密度",size(small)) ///
        ylabel(,nogrid format(%4. 1f) labsize(small)) ///
        lcolor(black) /// 设置曲线颜色为黑色
```

```
    lpattern(solid) /// 明确指定密度曲线为实线样式
    lwidth(thick) /// 设置曲线宽度为中等
    mcolor(teal) /// 设置圆圈为绿色
    msymbol(circle_hollow) /// 设置圆圈样式为空心
    msize(thick)
note("") /// 删除默认注释
caption("") /// 删除默认标题
graphregion(fcolor(white)) ///设置图形背景为白色
legend(off)  /// 隐藏图例
……
```

上述代码使用了 permute 命令来进行安慰剂检验。此外，dpplot 展示了图 7-4 中绘图要素的基本情形。如果需要调整图形，可以通过 Stata 的图形窗口使用菜单栏进行自定义和修改。

（2）构建虚拟政策时间。

为了进一步识别水污染防治是否会受到其他政策或宏观冲击的影响，本章从污染物浓度的视角，检验了其对水污染严重程度的影响。如前所述，流域横向生态补偿最早的试点时间为 2011 年，借鉴贝尔和索内卡尔布（Behr and Sonnekalb，2012）的研究操作，以下分别将政策发生时间提前 1~4 年，通过构建虚拟政策时点来观察结果是否仍受横向生态补偿政策的影响。被解释变量主要为"十一五"规划提出的 COD 污染物指标和"十二五"规划提出的 NH_3-N 为主要代表污染物。以下分别用变量 $F_1DID = Horizon_i \times Post_{it-1}$ 代表横向生态补偿政策实施时间提前 1 年，变量 $F_2DID = Horizon_i \times Post_{it-2}$ 代表政策时点提前 2 年，变量 $F_3DID = Horizon_i \times Post_{it-3}$ 代表政策时点提前 3 年，变量 $F_4DID = Horizon_i \times Post_{it-4}$ 代表政策时点提前 4 年，回归结果见表 7-12。结果发现，无论是将政策时点提前几期，改变实施流域横向生态补偿时期并不能显著降低污染物的排放，这能够排除横向生态补偿的外部冲击，可以进一步巩固基准回归结果的结论。

表 7-12　　　　　　　　提前政策发生时点的安慰剂检验

变量	(1)	(2)	(3)	(4)	(5)	(6)	(7)	(8)
	COD	NH_3-N	COD	NH_3-N	COD	NH_3-N	COD	NH_3-N
F_1HEC	-0.3314 (0.4235)	-0.2368 (0.1849)						
F_2HEC			-0.2430 (0.4527)	-0.1678 (0.1937)				

续表

变量	(1)	(2)	(3)	(4)	(5)	(6)	(7)	(8)
	COD	NH_3-N	COD	NH_3-N	COD	NH_3-N	COD	NH_3-N
F_3HEC					−0.1247 (0.4430)	−0.0899 (0.1972)		
F_4HEC							0.0215 (0.4181)	−0.0555 (0.2107)
控制变量	是	是	是	是	是	是	是	是
城市固定效应	是	是	是	是	是	是	是	是
年份固定效应	是	是	是	是	是	是	是	是
流域固定效应	是	是	是	是	是	是	是	是
观测值	1 291	1 291	1 291	1 291	1 291	1 291	1 291	1 291
R^2	0.760	0.771	0.760	0.771	0.760	0.771	0.760	0.771

☆数据集:pollu_Indicator_year

对应的 Stata 代码如下:

```
******* Table 7 - 12 Stata 代码 ********
· use pollu_Indicator_year. dta,clear
· duplicates drop City Year,force //删除重复值
· xtset City1 Year   //设置为面板数据格式
· global XX " Fissuffi GDP2 Popdensity FDI Watersupply Indusenter Plant Pipelength
Greenarea Precipitation Weather RH" // 设置全局暂元
/ * 政策时间提前一年 * /
· gen F1DID = F. HEC
· replace F1DID = 0 if HEC = = 0&F1DID = = .
· replace F1DID = 1 if HEC = = 1|F1DID = = .
· reghdfe meancod F1DID  $XX,absorb( City Year Basin) vce( r)
· reghdfe meannh3n F1DID  $XX,absorb( City Year Basin) vce( r)
/ * 政策时间提前两年 * /
· gen F2DID = F2. HEC
· replace F2DID = 0 if HEC = = 0&F2DID = = .
· replace F2DID = 1 if HEC = = 1&F2DID = = .
· reghdfe meancod F2DID  $XX,absorb( City Year Basin) vce( r)
```

```
· reghdfe meannh3n F2DID  $XX, absorb(City Year Basin) vce(r)
/ * 政策时间提前三年 * /
· gen F3DID = F3. HEC
· replace F3DID = 0 if HEC = = 0&F3DID = = .
· replace F3DID = 1 if HEC = = 1&F3DID = = .
· reghdfe meancod F3DID  $XX, absorb(City Year Basin) vce(r)
· reghdfe meannh3n F3DID  $XX, absorb(City Year Basin) vce(r)
/ * 政策时间提前四年 * /
· gen F4HEC = F4. HEC
· replace F4DID = 0 if HEC = = 0&F4DID = = .
· replace F4DID = 1 if HEC = = 1&F4DID = = .
· reghdfe meancod F4DID  $XX, absorb(City Year Basin) vce(r)
· reghdfe meannh3nF4DID  $XX, absorb(City Year Basin) vce(r)
```

这里需要说明的是，变量 meancod 和 meannh3n 是 COD 和 NH_3-N 按年计算的均值。首先，数据通过 duplicates drop 去除重复值，并使用 xtset 命令将数据设置为面板数据格式。其次，代码通过生成不同时间滞后的变量（如 F_1DID、F_2DID 等）来模拟政策干预提前 1年、2年、3年和4年的效果。

2. 排除其他政策的影响

（1）河长制的全面推行。

河长制是中国水污染治理过程中的制度创新（熊烨，2019），与之相随设有"河长"与"湖长"职位，不仅有官方的"河长"，还伴有民间的"河长"的诞生，通过精细管理，多管齐下、协同治理。2016年，国务院发布了《关于全面推行河长制的意见》，该意见明确提出 2018 年底中国要全面建立河长制。然而，由于各地方建立河长制的政策时间各不相同，因此，仍采用多期 DID 来识别其对水污染治理的政策效果。

表 7-13 的回归结果来看，全面推行河长制以来，河长制政策并未有效降低水污染排放强度、人均规模以及密度。从污染物浓度来考虑，本章与沈坤荣和金刚（2018）的研究结论不一致，河长制的推行虽然在一定程度上提高了 pH 值，但是对其他污染物浓度的影响在统计上并不显著。结论不一致的原因可能是本章的样本量更大，时间跨度周期较长，沈坤荣和金刚（2018）的研究是河长制建立早期的政策效应，而本章涵盖了全面建立和推进河长制的政策效应。此外，在排除河长制实施干扰的基础上，第（5）~（8）列的回归结果变动较小。以上结果说明，地方政府在推进河长制落实属地责任的同时，并未全面改善水污染防治的状况（沈坤荣和金刚，2018），可以排除横向生态补偿政策对水污染防治取得的效应中河长制的政策效应冲击。

表 7 - 13　　　　　　　　　　　　河长制对水污染防治的回归结果

变量	(1)	(2)	(3)	(4)	(5)	(6)	(7)	(8)
	IWD	IWDI	PCIWD	IWDD	PH	DO	COD	NH$_3$-N
HEC	- 0. 1843 ***	- 0. 1384 *	- 0. 0065 ***	- 0. 0030 ***	0. 0489	0. 7609 ***	- 1. 2294 ***	- 0. 4689 **
	(0. 0538)	(0. 0716)	(0. 0017)	(0. 0011)	(0. 0378)	(0. 2701)	(0. 4391)	(0. 1821)
河长制	0. 0450	- 0. 0096	- 0. 0009	0. 0009	0. 0644 ***	- 0. 1005	0. 1386	- 0. 0698
	(0. 0323)	(0. 0475)	(0. 0010)	(0. 0011)	(0. 0199)	(0. 0954)	(0. 1268)	(0. 0810)
控制变量	是	是	是	是	是	是	是	是
城市固定效应	是	是	是	是	是	是	是	是
年份固定效应	是	是	是	是	是	是	是	是
流域固定效应	是	是	是	是	是	是	是	是
观测值	3 679	3 679	3 679	3 679	0. 732	0. 758	0. 781	0. 781
R^2	0. 866	0. 540	0. 636	0. 797	2 128	2 128	2 128	2 128

☆数据集：

☆HEC_trans. dta

☆pollu_Indicator_year. dta

以下是相关的 Stata 代码：

```
******* Table 7 - 13 Stata 代码 ********
/ * 第(1) - (4)列的回归结果 * /
· use HEC_trans. dta, clear
· global XX " Fissuffi GDP2 Popdensity FDI Watersupply Indusenter Plant Pipelength
Greenarea Precipitation Weather RH"
· global XX1 "Fissuffi Popdensity FDI Watersupply Indusenter Plant Pipelength Greenarea
Precipitation Weather RH"
· reghdfe IWD HEC Riverchief $XX, absorb( City Year Basin) vce( r) //第(1)列
· reghdfe IWDI HEC Riverchief $XX1, absorb( City Year Basin) vce( r) //第(2)列
· reghdfe PCIWD HEC Riverchief $XX, absorb( City Year Basin) vce( r) //第(3)列
· reghdfe IWDD HEC Riverchief $XX, absorb( City Year Basin) vce( r) //第(4)列
/ * 第(5) - (8)列的回归结果 * /
· use pollu_Indicator_year. dta, clear
· global XX " Fissuffi GDP2 Popdensity FDI Watersupply Indusenter Plant Pipelength
```

Greenarea Precipitation Weather RH" //设置全局暂元

· reghdfe meanph HEC Riverchief $XX,absorb(City Year Basin) vce(r) //第(5)列

· reghdfe meando HEC Riverchief $XX,absorb(City Year Basin) vce(r) //第(6)列

· reghdfe meancod HEC Riverchief $XX,absorb(City Year Basin) vce(r) //第(7)列

· reghdfe meannh3n HEC Riverchief $XX,absorb(City Year Basin) vce(r) //第(8)列

（2）"水十条"及其他政策的影响。

为了加大水污染防治力度，推进生态文明建设，2015 年国务院印发了《水污染防治行动计划》（以下简称"水十条"）。在工业污染治理方面，"水十条"的亮点在于取缔"十小"企业，全面排查装备水平低、环保设施差的小型工业企业。在生活污染治理方面，"水十条"加大了城市黑臭水体治理力度，居民用水实施"阶梯水价"。在农村污染方面，控制农业面源污染，科学划定畜禽养殖禁养区。因此，需要识别横向生态补偿对水污染防治的促进作用中是否受到"水十条"政策的影响，并排除"水十条"政策对水污染防治的影响，通过控制"水十条"政策后，发现结果仍显著，具体结果见表 7 - 14 的第（1）~（4）列。

表 7 - 14　　　　排除"水十条"与"纵向转移支付力度"的影响结果

变量	(1) IWD	(2) IWDI	(3) PCIWD	(4) IWDD	(5) PH	(6) DO	(7) COD	(8) NH3-N
HEC	-0.1840*** (0.0537)	-0.1218* (0.0699)	-0.0065*** (0.0017)	-0.0030*** (0.0011)	0.0470 (0.0380)	0.7638*** (0.2704)	-1.2334*** (0.4395)	-0.4669** (0.1818)
控制变量	是	是	是	是	是	是	是	是
城市固定效应	是	是	是	是	是	是	是	是
年份固定效应	是	是	是	是	是	是	是	是
流域固定效应	是	是	是	是	是	是	是	是
水十条	是	是	是	是	是	是	是	是
纵向转移支付	是	是	是	是	是	是	是	是
观测值	3 679	3 679	3 679	3 679	2 128	2 128	2 218	2 128
R^2	0.866	0.542	0.636	0.796	0.731	0.758	0.781	0.781

考虑到纵向生态补偿转移支付在一定程度上也会有助于水污染防治，此处将中央纵向转移支付设置为虚拟变量，以衡量其对区域水污染的影响。由于缺乏中央向各地区关于流域纵向转移支付力度的数据，采用变量是否属于自然保护区（Nature）来衡量中央对地方水环境生态转移支付力度。然而，在将该虚拟变量作为固定效应控制后，发现回归结果仍旧显著，具体结果详见表 7 - 13 的第（1）~（4）列。尽管"水十条"和纵向转移支付的虚拟变量取值不同，但需要注意的是，当分别控制这两个变量时，主效应和控制变量的系

数保持一致。同时，在表 7-13 中补充了水污染物指标，即第（5）～（8）列的回归结果表明，"水十条"和纵向转移支付对横向生态补偿政策的效果、系数方向及其显著性均不产生影响。

☆数据集：
· HEC_trans. dta
· pollu_Indicator_year. dta

以下是相关的 Stata 代码：

******* Table 7-14 的 Stata 代码 ********

/ * 第(1)-(4)列的回归结果 * /

· use HEC_trans. dta,clear

· global XX " Fissuffi GDP2 Popdensity FDI Watersupply Indusenter Plant Pipelength Greenarea Precipitation Weather RH"

· global XX1 "Fissuffi Popdensity FDI Watersupply Indusenter Plant Pipelength Greenarea Precipitation Weather RH"

· reghdfe IWD HEC　Waterten $XX1,absorb(City Year Basin) vce(r) // 第(1)列,控制"水十条"的结果

· reghdfe IWD HEC Nature $XX1,absorb(City Year Basin) vce(r) // 第(1)列,控制"纵向转移支付力度"的结果

· reghdfe IWDI HEC　Waterten $XX,absorb(City Year Basin) vce(r) // 第(2)列,控制"水十条"的结果

· reghdfe IWDI HEC Nature $XX,absorb(City Year Basin) vce(r) // 第(2)列,控制"纵向转移支付力度"的结果

· reghdfe PCIWD HEC Waterten $XX,absorb(City Year Basin) vce(r) // 第(3)列,控制"水十条"的结果

· reghdfe PCIWD HEC Nature $XX,absorb(City Year Basin) vce(r) // 第(3)列,控制"纵向转移支付力度"的结果

· reghdfe IWDD HEC Waterten $XX,absorb(City Year Basin) vce(r) // 第(4)列,控制"水十条"的结果

· reghdfe IWDD HEC Nature $XX,absorb(City Year Basin) vce(r) // 第(4)列,控制"纵向转移支付力度"的结果

·

/ * 第(5)-(8)列的回归结果 * /

· use pollu_Indicator_year. dta,clear

· global XX " Fissuffi GDP2 Popdensity FDI Watersupply Indusenter Plant Pipelength

Greenarea Precipitation Weather RH" // 设置全局暂元

· gen Waterten = 0

· replace Waterten = 1 if Year > = 2015

· reghdfe meanph HEC Waterten $XX, absorb(City Year Waterten Basin) vce(r) //第(5)列,控制"水十条"的结果

· reghdfe meando HEC Waterten $XX, absorb(City Year Waterten Basin) vce(r) //第(5)列,控制"纵向转移支付力度"的结果

· reghdfe meancod HEC Waterten $XX, absorb(City Year Basin) vce(r) //第(6)列,控制"水十条"的结果

· reghdfe meannh3n HEC Waterten $XX, absorb(City Year Waterten Basin) vce(r) //第(6)列,控制"纵向转移支付力度"的结果

· reghdfe meanph HEC Nature $XX, absorb(City Year Basin) vce(r) //第(7)列,控制"水十条"的结果

· reghdfe meando HEC Nature $XX, absorb(City Year Basin) vce(r) //第(7)列,控制"纵向转移支付力度"的结果

· reghdfe meancod HEC Nature $XX, absorb(City Year Basin) vce(r) //第(7)列,控制"水十条"的结果

· reghdfe meannh3n HEC Nature $XX, absorb(City Year Basin) vce(r) //第(8)列,控制"纵向转移支付力度"的结果

上述代码利用两个数据集（HEC_trans. dta 和 pollu_Indicator_year. dta），对多个因变量（如 IWD、IWDI、PCIWD、IWDD 和 DO、PH、COD、NH$_3$-N）进行回归分析。同时，还重点探讨了"水十条"政策和"纵向转移支付力度"对工业废水排放和水污染指标的影响。

另外，由于本案例的数据范围是 2006~2018 年，覆盖中国的"十一五""十二五"以及"十三五"规划的实施期间，规划的政策实施范围不仅包含所有样本，而且实施时间一致。因此，在讨论政策冲击时，暂不考虑"十一五"至"十三五"期间关于水污染治理的政策效应，并通过控制固定年份效应，通过时间趋势的变化来反映规划对水污染防治的影响。

7.4.6 进一步分析

1. 异质性分析

（1）不同流域片的影响。

中国有九大流域片，分别是松辽河流片、海河流域片、淮河流域片、黄河流域片、长江流域片、珠江流域片、东南诸河、西南诸河以及内陆河片。不同流域片不仅水资源量、水资源的开发利用有差异，而且水质的污染程度也各不相同。河流不仅具有顺流而下的自

然属性，还具有空间外溢性，考虑到不同流域片或辖区流域的交叉情况各有差异，不同流域片水资源的禀赋差异对本地区水污染防治的强度也会产生一定的差异。

为了检验不同流域片河流污染程度的异质性，表 7 - 15 分析了不同流域片下开展横向生态补偿对水污染防治的影响。从工业废水排放规模来看，结果发现，黄河流域、长江流域、东南诸河以及其他流域开展的横向生态补偿政策有效降低了水污染的排放情况。不难发现，松辽流域、海河流域以及珠江流域的效果并不明显，系数方向仍为负。根据 2020 年水资源公报与生态环境部发布的 2021 年 1 ~ 2 月的全国地表水质量的数据，松花江流域、海河流域以及淮河流域处于轻度污染状态；淮河流域片横向生态补偿的影响系数为正（0.0885），但并不显著。其中，滁河流域实施的横向生态补偿属于淮河流域片。上述分析结果说明，尽管上下游之间共同出资实现横向监督与合作，但是双方仅仅以污染防治攻坚战为政策旗号，迎合政策需求，却未有效控制和改善水污染治理。

表 7 - 15 　　　　　　　　　　　　　　不同流域片下的回归结果

变量	(1) 松辽河	(2) 海河	(3) 淮河	(4) 黄河	(5) 长江	(6) 珠江	(7) 东南诸河	(8) 其他
	IWD							
HEC	-0.3009 (0.2745)	-0.0457 (0.1226)	0.0885 (0.1167)	-0.3594*** (0.0800)	-0.1392** (0.0707)	-0.0881 (0.1067)	-0.3738*** (0.1133)	-0.5720* (0.3445)
控制变量	是	是	是	是	是	是	是	是
城市固定效应	是	是	是	是	是	是	是	是
年份固定效应	是	是	是	是	是	是	是	是
流域固定效应	是	是	是	是	是	是	是	是
观测值	507	468	611	819	1 456	650	364	481
R²	0.746	0.873	0.835	0.908	0.890	0.852	0.905	0.906

注：表中不包含西南诸河流域与内陆河流域的回归结果，理由是该流域中未含有相应的处理组，无法得到相应的回归结果。

☆数据集：HEC_ trans. dta

以下是 Stata 中不同流域片下的回归结果：

```
******* Table7 - 15 的 Stata 代码 ********
· use HEC_trans. dta,clear
· global XX " Fissuffi GDP2 Popdensity FDI Watersupply Indusenter Plant Pipelength Greenarea Precipitation Weather RH"
· reghdfe IWD HEC $XX if Basin_Classi1 ! = 0,absorb(City Year Basin) vce(r) //第
```

（1）列

  · reghdfe IWD HEC $XX if Basin_Classi2 ！＝0，absorb（City Year Basin）vce（r）//第
（2）列

  · reghdfe IWD HEC $XX if Basin_Classi3 ！＝0，absorb（City Year Basin）vce（r）//第
（3）列

  · reghdfe IWD HEC $XX if Basin_Classi4 ！＝0，absorb（City Year Basin）vce（r）//第
（4）列

  · reghdfe IWD HEC $XX if Basin_Classi5 ！＝0，absorb（City Year Basin）vce（r）//第
（5）列

  · reghdfe IWD HEC $XX if Basin_Classi6 ！＝0，absorb（City Year Basin）vce（r）//第
（6）列

  · reghdfe IWD HEC $XX if Basin_Classi7 ！＝0，absorb（City Year Basin）vce（r）//第
（7）列

  · reghdfe IWD HEC $XX if Basin_Classi10 ！＝0，absorb（City Year Basin）vce（r）//第
（8）列

需要说明的是，在上一节中已经提到，流域编号的含义如下："1"表示松辽流域片；"2"表示海河流域片；"3"表示淮河流域片；"4"表示黄河流域片；"5"表示长江流域片；"6"表示珠江流域片；"7"表示东南诸河流域片；"8"表示西南诸河流域片；"9"表示内陆河流域片；"10"表示其他河流。变量 Basin_ Classi 后的数字即对应上述流域的编号。

（2）生活污水、农村面源污染以及湖泊透明度的影响。

除了用工业污水排放视角衡量工业点源污染外，还需要通过生活污水集中处理、农业面源污染以及湖泊透明度层面来分析城镇居民生活、农村以及湖泊的水污染防治。关于生活污水集中处理，本节采用城镇居民生活污水处理率刻画城镇居民生活水污染情况。滥用化肥使用已逐步成为农村环境污染的主要因素之一，农业化肥的过度使用不仅会导致水源污染，还会导致水体的富营养化。尤其是化肥类型中的氮肥和磷肥是引起水体富营养化的关键污染物质（邱君，2007）。由于缺乏地级市层面的农村面源污染数据（邓晴晴等，2020），以及考虑到农业面源污染不易度量和监测等因素，本章采用第一产业地区生产总值指标表征各地区农业的发展情况，并结合省域范围内的氮肥和磷肥的施用量，将省级氮肥和磷肥施用量与各地级市第一产业占全省第一产业的比重进行匹配，以此估算出各地区的氮肥（NF）和磷肥（PF）施用量，来测度农业的面源污染。此外，基于 Wang 等（2020）和 Wang 等（2021a）构建的水色指数 Forel-Ule Index（FUI），从湖泊透明度的视角来说明不同地区的湖泊和水库的清澈程度以及评价湖库水质（富营养化），并识别出横向生态补偿对水污染治理的防治作用。通常情况下，湖泊和水库的透明度越高，更能够反映出水体的质量越好，流域生态环境越理想（Wang et al.，2020，2021a）。因此，分别从生活点源、农业面源以及湖泊透明度三个层面来支持回归结果（详见表7－16）。

表 7 - 16　　　　　　　　　生活、农村污染以及湖泊透明度的回归结果

变量	(1)	(2)	(3)	(4)
	生活点源污染	农业面源污染		湖泊透明度
	DST	NF	PF	FUI
HEC	0.0158 (0.0129)	0.6547 (1.5486)	- 0.3210 (0.6313)	0.0964 (0.1623)
控制变量	是	是	是	是
城市固定效应	是	是	是	是
年份固定效应	是	是	是	是
流域固定效应	是	是	是	是
观测值	3 679	3 674	3 674	533
R^2	0.646	0.974	0.974	0.951

☆数据集:

☆HEC_trans. dta

☆FUI. dta

对应的 Stata 代码如下:

```
******* Table 7 - 16 Stata 代码 ********
· use HEC_trans. dta,clear
· global XX " Fissuffi GDP2 Popdensity FDI Watersupply Indusenter Plant Pipelength
Greenarea Precipitation Weather RH"
/ * 生活污水处理率 * /
· reghdfe DST HEC $XX,absorb( City Year Basin) vce( r)
/ * 氮肥和磷肥 * /
· reghdfe NF HEC  $XX,absorb( City Year Basin) vce( r)
· reghdfe PF HEC  $XX,absorb( City Year Basin) vce( r)
/ * 湖泊透明度 * /
· joinby City Year using FUI. dta,unm( master)
· drop _merge
· drop if HEC = =.
· destring Freezing,replace
· reghdfe FUI HEC $XX,absorb( City Year Basin) vce( r)
```

需要说明的是，湖泊透明度的数据尚未与主数据集合并，其样本量为 3 674，与主数

据的样本量 3 679 存在差异，主要体现在其他变量中没有缺失值，而湖泊透明度数据存在部分缺失值。鉴于湖泊透明度数据的缺失特征不满足插值法的适用条件，例如数据分布的非连续性或缺失机制的非随机性，为避免引入偏差或错误，最终选择将湖泊透明度数据单独列出，独立分析其与其他变量的关系。

由表 7 - 16 的回归结果所示，流域上下游横向生态补偿对城镇居民生活污水处理率、氮肥以及湖泊透明度的系数尽管为正，而对磷肥的影响系数却呈负向，但是皆不显著。这说明流域上下游横向生态补偿未能有效改善城镇居民生活污水处理、农业面源污染程度以及湖泊的透明色度。水污染防治的政策效应主要体现在工业污染防治方面，而在生活污水防治、农业面源污染以及改善湖泊的富营养化方面的效果欠佳。

2. 经济发展目标的影响

同代理人的多任务发展目标一致，本节不仅分析横向生态补偿对水环境保护任务的治理效果，还有必要分析横向生态补偿对经济发展任务的影响，进一步为多任务发展目标之间的关联性与外溢性提供经验证据。表 7 - 17 采用实际 GDP 规模与实际 GDP 增长率两个指标衡量辖区经济发展任务，检验横向生态补偿对行政辖区经济发展的激励效应，同时分别观察流域上游与流域下游之间的影响程度（见表 7 - 17）。结果发现，无论是经济发展规模（GDP）还是经济增长率（GDPR），流域上下游横向生态补偿显著提高了辖区内的经济发展水平。从经济发展规模来看，流域下游的影响程度（系数为 0.0727）高于流域上游；从经济增长速度来看，流域上游的影响系数（系数为 0.0261）高于流域下游。由此说明，以转移支付为主要补偿手段的横向生态补偿，对流域上下游地区而言，既能够有效实现水污染防治任务，又能兼顾经济发展任务，落实"生态优先，绿色发展"的发展理念。

表 7 - 17　　　　　　　　横向生态补偿对地方经济发展任务的回归结果

变量	(1)	(2)	(3)	(4)	(5)	(6)
	GDP			GDPR		
	全样本	流域上游	流域下游	全样本	流域上游	流域下游
HEC	0.0519 *** (0.0120)	0.0378 ** (0.0183)	0.0727 *** (0.0146)	0.0214 *** (0.0052)	0.0261 *** (0.0076)	0.0163 *** (0.0063)
控制变量	是	是	是	是	是	是
城市固定效应	是	是	是	是	是	是
年份固定效应	是	是	是	是	是	是
流域固定效应	是	是	是	是	是	是
观测值	3 679	3 471	3 432	3 679	3 471	3 432
R²	0.991	0.991	0.991	0.592	0.592	0.588

☆数据集：HEC_ trans. dta

以下是表 7-17 回归结果的 Stata 代码：

```
******* 表 7-17 的 Stata 代码 ********
· use HEC_trans. dta,clear
· global XX " Fissuffi GDP2 Popdensity FDI Watersupply Indusenter Plant Pipelength
Greenarea Precipitation Weather RH"
/ *实际 GDP 规模 * /
· reghdfe GDP HEC  $XX1,absorb(City Year Basin) vce(r)  //全样本
· reghdfe GDP HEC  $XX1 if Position! =2,absorb(City Year Basin) vce(r)  //上游
· reghdfe GDP HEC  $XX1 if Position! =1,absorb(City Year Basin) vce(r)  //下游
/ *实际 GDP 增长率 * /
· global XX1 "Fissuffi Popdensity FDI Watersupply Indusenter Plant Pipelength Greenarea
Precipitation Weather RH"
· reghdfe GDPR HEC  $XX1,absorb(City Year Basin) vce(r)  //全样本
· reghdfe GDPR HEC  $XX1 if Position! =2,absorb(City Year Basin) vce(r) // 上游
· reghdfe GDPR HEC  $XX1 if Position! =1,absorb(City Year Basin) vce(r) //下游
```

3. 作用机制

作为生态文明体系创新的一部分，河流流域内的横向生态补偿实现了从单向补偿向双向生态补偿模式的转变。本节主要从横向协调和纵向监督的角度，研究跨界河流流域生态补偿政策的激励和约束效应。尽管跨界河流流域的横向协调治理可以通过激发地方实体的治理行为，对水污染产生积极影响，但还需要进一步探讨纵向监督的约束效应，以确保政策的长期机制。

横向生态补偿政策具有上下游横向监督的优势。此外，中央环保督察（CEPI）作为一项纵向调控，是促进环保和生态文明发展的关键制度安排。CEPI 包括常规检查、专项检查和"回头看"，其中常规检查涵盖区域水域和退化生态系统的修复。2015 年，CEPI 在河北启动试点工作。2016 年，首批 CEPI 在宁夏、云南、广西、河南、江西、江苏、黑龙江和内蒙古全面启动。随后，第二、第三、第四批次在 2016 年在其余省份启动，实现了对所有省份的全面检查覆盖。CEPI 可以加强治理的监督，确保流域的生态环境治理。因此，通过 CEPI 试点，检验了中央环保督察对上下游流域水污染防治的效果。表 7-18 的第（1）～（4）列的回归结果中包含了横向生态补偿政策实施与 CEPI 的交互作用，该交互作用显著为负。因此，推动 CEPI 试点的实施与执行横向生态补偿政策的协同作用，可以进一步激发其在水污染防治上的治理效果。此外，表 7-18 的第（5）～（8）列展示了仅涉及

双向补偿模式样本下横向生态补偿政策的回归结果。这些结果显示了系数普遍增加的趋势，增强了我们结果的可靠性和可信度。

表 7 – 18   中央环保督察的回归结果

变量	(1)	(2)	(3)	(4)	(5)	(6)	(7)	(8)
	全样本				双向补偿模型			
	IWD	IWDI	PCIWD	IWDD	IWD	IWDI	PCIWD	IWDD
HEC × CEPI	−0.1376 * (0.0736)	−0.1670 * (0.0857)	−0.0054 *** (0.0019)	−0.0033 ** (0.0016)				
HEC2 × CEPI					−0.1955 ** (0.0794)	−0.1704 (0.1176)	−0.0061 ** (0.0026)	−0.0040 * (0.0024)
控制变量	是	是	是	是	是	是	是	是
城市固定效应	是	是	是	是	是	是	是	是
年份固定效应	是	是	是	是	是	是	是	是
流域固定效应	是	是	是	是	是	是	是	是
省份×年份 固定效应	是	是	是	是	是	是	是	是
观测值	3 601	3 601	3 601	3 601	3 601	3 601	3 601	3 601
R^2	0.885	0.606	0.677	0.807	0.885	0.606	0.677	0.807

注：需要特别指出的是，变量 HEC2 是在剔除单向补偿模式和比例分配后的政策实施样本，而 HEC2 变量与双向补偿模式下政策实施的样本相关。

☆数据集：HEC_ trans. dta

以下是表 7 – 18 回归结果对应的 Stata 代码：

******* 表 7 – 18 的 Stata 代码 ********

· use HEC_trans. dta, clear

· global XX " Fissuffi GDP2 Popdensity FDI Watersupply Indusenter Plant Pipelength Greenarea Precipitation Weather RH"

／＊全样本＊／

· reghdfe IWD c. HEC#c. CEPI $XX, absorb(City Year Basin Province1#Year) vce(r) // 第（1）列

· reghdfe IWDI c. HEC#c. CEPI $XX, absorb(City Year Basin Province1#Year) vce(r) // 第（2）列

· reghdfe PCIWD c. HEC#c. CEPI $XX, absorb(City Year Basin Province1#Year) vce(r) //第（3）列

```
·reghdfe IWDD c. HEC#c. CEPI $XX,absorb(City Year Basin Province1#Year) vce(r) //第（4）列
/*双向补偿模式下*/
·gen HEC1 = HEC
·replace HEC1 =0 if inlist(Province,"陕西","甘肃")
·replace HEC1 =0 if inlist(Province,"四川","云南","贵州")
·reghdfe IWD c. HEC1#c. CEPI $XX,absorb(City Year Basin Province1#Year) vce(r) //第（5）列
·reghdfe IWDI c. HEC1#c. CEPI $XX,absorb(City Year Basin Province1#Year) vce(r) //第（6）列
·reghdfe PCIWD c. HEC1#c. CEPI $XX,absorb(City Year Basin Province1#Year) vce(r) //第（7）列
·reghdfe IWDD c. HEC1#c. CEPI $XX,absorb(City Year Basin Province1#Year) vce(r) //第（8）列
```

上述 Stata 代码主要通过回归分析估计政策实施变量与多个控制变量之间的关系。和上述分析不一样的是，代码的核心解释变量为 HEC 和 CEPI 交互项，考察其对各项因变量（如 IWD、IWDI、PCIWD 和 IWDD）的影响。接着，代码重点针对双向补偿模式下的样本进行了处理，通过生成新变量 HEC1 来排除陕西、甘肃、四川、云南和贵州等省份的数据，因上述地区的横向生态补偿模式不属于双向补偿模式。

另外，关于本节的机制分析，读者可以结合实际情况进一步进行分析和探索。本节的机制分析不仅限于中央环保督察，还鼓励并支持读者在本案例的基础上进行更深层次的研究与拓展。此外，案例还为评估微观主体行为提供了良好的基础，例如地方政府的环保政策支持以及企业在污水处理投资项目中的行为如何影响政策效果。为了帮助读者更好地理解这些微观机制，本节将在课后提供相关练习，进一步深化对这些问题的探索。

基于上述实证结果分析，本小节的实证分析的结果主要有以下发现：

第一，跨界流域的横向生态补偿政策对上下游地区的水污染治理产生了影响，表明在双边协议的约束和中央奖励惩罚激励下，双向生态补偿模式将推动地方政府努力保护水源，横向生态补偿政策在中国水污染防治方面取得了预期效果。

第二，异质性分析表明，水污染防治主要体现在工业废水排放和水污染指标的减少方面。然而，点源生活污水、非点源农业污染和湖泊水质未显示出明显的治理效果。尽管如此，横向生态补偿政策鼓励了生态保护与经济发展的相互促进和融合。

第三，政策激励依赖于财政转移支付补偿，通过中央环保督察进行生态与环境责任追究，可以有效避免地方政府在环境监测中的不当行为和不作为。此外，横向生态补偿有效结合了双边的权利、利益和责任与奖惩机制，鼓励上下游责任主体协同治理，对水污染治理具有显著效果。

以下是针对实证结果的政策建议：

首先，过去的水污染政策主要集中在点源污染的治理，如工业废水和生活污水。然而，必须认识到农业非点源污染是水污染的重要原因，加剧了湖泊和水库的富营养化等问题。由于收集农业非点源污染数据的难度加大，农业非点源污染控制的难度也随之增加，通常被低估。为此，我们必须减少化肥和农药的过度使用，控制畜禽污染，严格规范秸秆焚烧，从而通过绿色农业帮助防治水污染。

其次，为了提升生态补偿的有效性，必须从单一的资金补偿方式转向更为综合的补偿方式。综合生态补偿策略涵盖多个方面，不限于政府主导的横向财政转移支付。同时，探索政府干预与市场机制相结合的多元化补偿模式至关重要。这种模式能够有效吸引私人资本的投资，推动流域上下游之间排污权和水权的市场化交易。尽管鼓励在市场中引入多样化的生态补偿方式，但仍需坚持并强化政府转移支付在补偿体系中的核心作用，以确保补偿机制的公平性和有效性。

最后，横向生态补偿的覆盖范围还需进一步深化。各地区需进一步扩展地表水质量监测断面覆盖，确保重点地表水得到覆盖，根据地表水的影响范围合理分配断面控制水平，增加水污染防治监测，及时监测并预警辖区内水环境质量变化趋势。

◗ 小 结 ◖

本章以跨界流域横向生态补偿政策为案例研究对象，采用多期双重差分法进行实证分析，结合 2006～2018 年的流域横向生态保护补偿相关数据，评估横向生态补偿政策试点的实施效果，重点探讨该政策在水污染防治中的激励效应。此外，为了便于读者学习与实践，本章还提供了使用 Stata 软件进行分析的案例代码，帮助读者深入理解多期双重差分法的应用和实证分析步骤，从而为客观评价横向生态补偿政策在水生态文明建设中的贡献提供有力支持。

其中，案例的实证研究对象主要为跨省界的流域横向生态补偿试点，重点分析财政转移支付作为补偿手段在促进流域上下游地区生态补偿资金的扣缴与分配中的作用。为突破局部流域研究的局限，采用的数据样本从地方流域扩展至全国流域，并细化至地级市层面，解决了局部样本导致的估计结果不稳定问题。实证结果表明，基于流域跨界横向生态补偿政策的效应评估，对地方政府的启示，尤其是对流域处于行政边界的地方政府而言，还需要进一步深化横向生态补偿的覆盖范围。在遵循自主协商的基础上，省级政府还应加强省内上下游之间全面推行横向生态补偿政策。

针对实证分析部分，本章节内容还存在一些局限性。首先，由于国家控制的横向污染指标数据限制，数据样本仅能覆盖到 2018 年，因此无法及时捕捉到 2018 年以后政策效果的变化。其次，实证研究未纳入省内（如县域层面）的横向生态补偿进行对比，主要困难在于无法获取准确的省内县级横向生态补偿面板数据。未来的政策效果评估研究可考虑纳入省级横向生态补偿数据，拓宽政策样本范围，从而进一步准确评估横向生态补偿政策试点的实际效果。

习题部分

1. 问答题

（1）简述双重差分法的类型和基本假设。

（2）概述标准双重差分法和多期双重差分法的模型设定。

（3）讨论跨界横向生态补偿政策为何适合采用双重差分法来评估其政策激励效应？

2. 操作题

（1）在本书案例数据的基础上，整理并分析 2018～2023 年横向生态补偿政策的数据，尝试通过双重差分法评估政策效果的稳健性。请描述数据整理过程，并分析结果的稳健性。

（2）使用 coefplot 和 eventadd 命令，分别对本节案例中的平行趋势检验的 Stata 代码进行更新和简化，并简要解释这些命令的作用与实现逻辑。

（3）在机制分析部分，基于横向生态补偿政策的框架，尝试分析其他微观主体行为（如地方政府环保政策支持、企业污水处理投资等）对政策效果的影响。请使用合适的回归模型进行实证分析，并提供 Stata 代码实现。

第 2 章与第 5 章的附表详情

表 A1　　　　　　"十二五"至"十四五"期间中国地表水国控断面的详情

时间	地表水考核断面	河流断面	湖泊断面	未检测断面	合计
2012 年 11 月	875	709	166	97	972
2012 年 12 月	859	698	161	113	972
2013 年 1 月	863	687	176	109	972
2013 年 2 月	870	691	179	102	972
2013 年 3 月	845	687	158	127	972
2013 年 4 月	844	688	156	128	972
2013 年 5 月	917	736	181	55	972
2013 年 6 月	944	740	204	28	972
2013 年 7 月	956	753	203	16	972
2013 年 8 月	952	749	203	20	972
2013 年 9 月	940	736	204	32	972
2013 年 10 月	945	742	203	27	972
2013 年 11 月	867	702	165	105	972
2013 年 12 月	857	694	163	115	972
2014 年 1 月	875	701	174	97	972
2014 年 2 月	846	691	173	108	972
2014 年 3 月	843	685	158	129	972
2014 年 4 月	847	686	161	125	972
2014 年 5 月	939	738	201	33	972
2014 年 6 月	927	736	191	45	972
2014 年 7 月	951	747	204	21	972
2014 年 8 月	943	739	204	29	972
2014 年 9 月	944	740	204	28	972

续表

时间	地表水考核断面	河流断面	湖泊断面	未检测断面	合计
2014 年 10 月	945	742	203	27	972
2014 年 11 月	862	699	163	110	972
2014 年 12 月	841	680	161	131	972
2015 年 1 月	863	689	175	108	972
2015 年 2 月	850	677	173	122	972
2015 年 3 月	822	662	160	150	972
2015 年 4 月	847	685	162	125	972
2015 年 5 月	942	738	204	30	972
2015 年 6 月	933	729	204	39	972
2015 年 7 月	937	732	205	35	972
2015 年 8 月	941	737	204	31	972
2015 年 9 月	948	744	204	24	972
2015 年 10 月	941	737	204	31	972
2015 年 11 月	851	687	164	121	972
2015 年 12 月	832	672	160	140	972
2016 年 1 月	1 680	1 482	198	260	1 940
2016 年 2 月	1 582	1 385	197	358	1 940
2016 年 3 月	1 659	1 469	190	281	1 940
2016 年 4 月	1 724	1 527	197	216	1 940
2016 年 5 月	1 871	1 629	242	69	1 940
2016 年 6 月	1 864	1 622	242	76	1 940
2016 年 7 月	1 843	1 614	228	98	1 940
2016 年 8 月	1 899	1 657	242	41	1 940
2016 年 9 月	1 894	1 652	242	46	1 940
2016 年 10 月	1 896	1 655	241	44	1 940
2016 年 11 月	1 807	1 603	204	133	1 940
2016 年 12 月	1 749	1 552	197	191	1 940
2017 年 1 月	—	—	—	—	1 940
2017 年 2 月	—	—	—	—	1 940
2017 年 3 月	—	—	—	—	1 940
2017 年 4 月	—	—	—	—	1 940
2017 年 5 月	—	—	—	—	1 940

续表

时间	地表水考核断面	河流断面	湖泊断面	未检测断面	合计
2017 年 6 月	—	—	—	—	1 940
2017 年 7 月	—	—	—	—	1 940
2017 年 8 月	—	—	—	—	1 940
2017 年 9 月	—	—	—	—	1 940
2017 年 10 月	—	—	—	—	1 940
2017 年 11 月	—	—	—	—	1 940
2017 年 12 月	—	—	—	—	1 940
2018 年 1 月	1 833	1 626	207	107	1 940
2018 年 2 月	1 812	1 606	206	128	1 940
2018 年 3 月	1 817	1 607	210	123	1 940
2018 年 4 月	1 805	1 608	197	135	1 940
2018 年 5 月	1 894	1 658	236	46	1 940
2018 年 6 月	1 908	1 667	241	32	1 940
2018 年 7 月	1 889	1 649	240	51	1 940
2018 年 8 月	1 903	1 664	239	37	1 940
2018 年 9 月	1 918	1 679	239	22	1 940
2018 年 10 月	1 899	1 666	233	41	1 940
2018 年 11 月	1 872	1 656	216	68	1 940
2018 年 12 月	1 795	1 600	195	145	1 940
2019 年 1 月	1 802	1 603	199	138	1 940
2019 年 2 月	1 794	1 594	200	146	1 940
2019 年 3 月	1 788	1 586	202	152	1 940
2019 年 4 月	1 825	1 630	195	115	1 940
2019 年 5 月	1 894	1 663	231	46	1 940
2019 年 6 月	1 883	1 645	238	57	1 940
2019 年 7 月	1 861	1 627	234	79	1 940
2019 年 8 月	1 874	1 638	236	66	1 940
2019 年 9 月	1 894	1 656	238	46	1 940
2019 年 10 月	1 886	1 661	225	54	1 940
2019 年 11 月	1 863	1 641	222	77	1 940
2019 年 12 月	1 811	1 594	217	129	1 940
2020 年 1 月	1 932	1 692	240	8	1 940

时间	地表水考核断面	河流断面	湖泊断面	未检测断面	合计
2020 年 2 月	1 934	1 693	241	6	1 940
2020 年 3 月	1 934	1 693	241	6	1 940
2020 年 4 月	1 935	1 693	242	5	1 940
2020 年 5 月	1 935	1 693	242	5	1 940
2020 年 6 月	1 935	1 693	242	5	1 940
2020 年 7 月	1 922	1 680	242	18	1 940
2020 年 8 月	1 922	1 682	240	18	1 940
2020 年 9 月	1 926	1 687	239	14	1 940
2020 年 10 月	1 925	1 686	239	15	1 940
2020 年 11 月	1 921	1 683	238	19	1 940
2020 年 12 月	1 914	1 677	237	26	1 940
2021 年 1 月	3 284	2 996	288	357	3 641
2021 年 2 月	3 323	3 018	305	318	3 641
2021 年 3 月	3 397	3 091	306	244	3 641
2021 年 4 月	3 537	3 204	333	104	3 641
2021 年 5 月	3 573	3 229	344	68	3 641
2021 年 6 月	3 576	3 232	344	65	3 641
2021 年 7 月	3 544	3 203	341	97	3 641
2021 年 8 月	3 542	3 205	337	99	3 641
2021 年 9 月	3 580	3 235	345	61	3 641
2021 年 10 月	3 552	3 212	340	89	3 641
2021 年 11 月	3 511	3 188	323	130	3 641
2021 年 12 月	3 456	3 142	314	185	3 641
2022 年 1 月	3 307	3 008	299	334	3 641
2022 年 2 月	3 190	2 901	289	451	3 641
2022 年 3 月	3 220	2 929	291	421	3 641
2022 年 4 月	2 997	2 700	277	664	3 641
2022 年 5 月	3 483	3 145	338	158	3 641
2022 年 6 月	3 545	3 202	343	96	3 641
2022 年 7 月	3 579	3 239	340	62	3 641
2022 年 8 月	3 499	3 173	326	142	3 641
2022 年 9 月	3 475	3 155	320	166	3 641

续表

时间	地表水考核断面	河流断面	湖泊断面	未检测断面	合计
2022 年 10 月	3 518	3 184	334	123	3 641
2022 年 11 月	3 464	3 150	314	177	3 641
2022 年 12 月	3 274	2 978	296	367	3 641
2023 年 1 月	2 822	2 555	267	819	3 641
2023 年 2 月	3 351	3048	303	290	3 641
2023 年 3 月	3 424	3 126	298	217	3 641
2023 年 4 月	3 536	3 213	323	105	3 641
2023 年 5 月	3 589	3 244	345	52	3 641
2023 年 6 月	3 580	3 235	345	61	3 641
2023 年 7 月	3 557	3 214	343	84	3 641
2023 年 8 月	3 565	3 222	343	76	3 641
2023 年 9 月	3 588	3 244	344	53	3 641
2023 年 10 月	3 581	3 240	341	60	3 641
2023 年 11 月	3 385	3 055	330	256	3 641
2023 年 12 月	3 358	3 031	327	283	3 641

表 A2　　　　　　　　　　政策启动期的重要政策信息

政策时间	政策标题	政策内容
1996 年	《关于"九五"时期和今年农村工作的主要任务和政策措施》	全面启动黄河中游、淮河太湖流域、珠江流域和辽河流域四大防护林体系工程,逐步建立森林生态效益补偿费制度
1998 年	《国务院关于印发全国生态环境建设规划的通知》	关于流域治理以防止水土流失为主,并提出按照"谁受益、谁补偿、谁破坏、谁恢复"的原则建立生态效益补偿制度
2002 年	《生态功能保护区规划编制大纲(试行)》	规划中明确颁布生态保护政策,如生态补偿政策
2005 年	《国民经济和社会发展第十一个五年规划的建议》	提出"建设资源节约型、环境友好型社会",重点流域的环境质量得到了重视。按照"谁开发谁保护、谁收益谁补偿"的原则,加快建立生态补偿机制
2005 年	《关于落实科学发展观加强环境保护的决定》	关于跨省流域间的污染纠纷的协调应该由国家来负责,一旦上游省份对下游省份造成了污染事故,上级省政府应该承担赔偿的补偿责任。并提出完善生态补偿政策,建立生态补偿机制。财政转移支付应该考虑补偿因素,国家和地方可分别展开生态补偿的试点工作

资料来源:由作者整理,资料来源于北大法宝。

表 A3   政策探索期的重要政策信息

政策时间	政策标题	政策内容
2006 年	《中华人民共和国国民经济和社会发展第十一个五年规划纲要》	针对重点流域、区域的水污染防治力度；对城市全面开征污水处理费；健全流域管理与区域管理相结合的水资源管理体制
2007 年	《关于进一步加强生态保护工作的意见》	探索生态补偿政策，抓好开展流域生态补偿试点工作，以点带面推动全局工作
2007 年	《关于开展生态补偿试点工作的指导意见》	明确生态补偿机制的含义；政策突出推动建立"专项资金"促进跨行政区域流域的水环境保护，并提出了建立流域生态补偿标准体系。由此，"横向赔偿"概念被引入
2010 年	《全国主体功能区规划的通知》	全国主体功能区按开发方式和开发内容可划分为不同区域。生态产品的概念得到了诠释，即生态功能区的"生态补偿"实质是政府代表人民购买这类地区提供的生态产品
2011 年	《中华人民共和国水土保持法》（2010 修订版）	将水土保持生态效益补偿纳入国家建立的生态效益补偿制度；造成水土流失的，应当缴纳水土保持补偿费
2011 年	《关于加强环境保护重点工作的意见》	要求加快建立生态补偿机制以及国家生态补偿专项资金，扩大生态补偿范围
2013 年	《关于生态补偿机制建设工作情况的报告》	积极支持在重点流域开展横向水生态补偿的实践探索
2013 年	《关于加强国家重点生态功能区环境保护和管理的意见》	鼓励探索建立地区间横向援助机制，采取多种补偿形式相配合。地方政府要研究规范财政转移支付资金主要用于保护生态环境和提高基本公共服务水平等
2014 年	《中华人民共和国环境保护法》（2014 年修订版）	新增了第三十一条"国家建立、健全生态保护补偿制度"。尤其提到"加大对生态保护地区的财政转移支付力度，地方政府应当确保并落实生态保护资金"
2015 年	《生态文明体制改革总体方案》	侧重完善生态补偿机制，探索建立多元化补偿机制，逐步增加对重点生态功能区转移支付，强调以"地方补偿为主、中央财政给予支持"的横向生态补偿机制
2015 年	《关于加快推进生态文明建设的意见》	侧重健全生态保护补偿机制

资料来源：由作者整理，资料来源于北大法宝。

表 A4   政策推广期的重要政策的信息

政策时间	政策标题	政策内容
2016 年	《关于健全生态保护补偿机制的意见》	推进横向生态保护补偿，要在长江、黄河等重要河流探索开展横向生态保护补偿试点。加大水土保持生态效益补偿资金筹集力度
2016 年	《关于加快建立流域上下游横向生态保护补偿机制的指导意见》	鼓励试点范围不仅集中在行政区域内，还可扩展为探索多个省份流域上下游横向生态保护补偿试点。其中，对于达成协议的重点流域中央财政给予财政奖励

续表

政策时间	政策标题	政策内容
2018 年	《中华人民共和国水污染防治法》	新增了第八条："国家通过转移支付等方式，建立健全对位于饮用水水源保护区区域和江河、湖泊、水库上游地区的水环境生态保护补偿机制"
2018 年	《关于建立市场化、多元化生态保护补偿机制行动计划》	加大生态保护补偿的投入力度，提高企业与社会公众的参与度和积极性
2018 年	《关于建立健全长江经济带生态补偿与保护长效机制的指导意见》	中央财政加大政策支持，地方财政抓好工作落实，通过统筹一般性转移支付和相关专项转移支付资金，建立激励引导机制
2019 年	《关于财政生态环保资金分配和使用情况的报告》	当前财政生态环保资金投入总量持续增长，财力有限与生态环保资金需求的矛盾进一步凸显
2019 年	《生态综合补偿试点方案》	在全国选择一批试点县开展生态综合补偿工作，创新生态补偿资金使用方式，鼓励地方探索建立资金补偿之外的其他多元化协作方式
2019 年	《中央对地方重点生态功能区转移支付办法》	确定重点生态功能区转移支付支持的范围
2019 年	《关于统筹推进自然资源资产产权制度改革的指导意见》	探索建立政府主导、企业和社会参与、市场化运作、可持续的生态保护补偿机制，对履行自然资源资产保护义务的权利主体给予合理补偿
2020 年	《支持引导黄河全流域建立横向生态补偿机制试点实施方案》	中央财政安排引导资金，支持引导沿黄九省（区）探索建立横向生态补偿机制，跨省流域横向生态补偿机制建设以地方补偿为主
2021 年	《中央生态环保转移支付资金项目储备制度管理暂行办法》	中央生态环保转移支付是指通过中央一般公共预算安排的，用于支持生态环境保护方面的资金
2021 年	《支持长江全流域建立横向生态保护补偿机制的实施方案》	长江流域涉及的 19 个省，流域横向生态保护补偿机制逐步健全。中央财政安排引导和奖励资金，以地方为主体建立横向生态保护补偿机制
2021 年	《关于深化生态保护补偿制度改革的意见》	聚焦重要生态环境要素，完善分类补偿制度；健全综合补偿制度；完善纵向补偿，健全横向补偿机制
2021 年	《黄河流域生态保护和高质量发展规划纲要》	建立纵向与横向、补偿与赔偿、政府与市场有机结合的黄河流域生态产品价值实现机制
2022 年	《中央财政关于推动黄河流域生态保护和高质量发展的财税支持方案》	利用水污染防治资金等，支持黄河全流域建立横向生态保护补偿机制，加强黄河水生态保护修复
2022 年	《关于推动建立太湖流域生态保护补偿机制的指导意见》	到 2030 年，太湖全流域生态保护补偿机制基本建成
2023 年	《检察公益诉讼助力流域生态环境保护治理典型案例》	最高检选编云南曲靖市南盘江流域生态公益诉讼案等七例，推进流域环保治理

资料来源：由作者整理，资料来源于北大法宝。

Stata 软件操作与说明

2.1 数据类型与概念介绍

2.1.1 数据类型

经济数据按照性质分类，可以分为三种：

（1）横截面数据（cross-sectional data），指多个经济个体的变量在同一时点上的取值。这类数据关注的是不同个体（如企业、家庭、国家）在某一固定时间点上的特征。

（2）时间序列数据（time series data），指某个经济个体的变量在不同时点上的取值。这类数据用来观察某一经济现象随时间的变化趋势。

（3）面板数据（panel data），指的是多个经济个体的变量在不同时点上的取值。这类数据结合了横截面数据和时间序列数据的特点，既可以分析个体之间的差异，也可以研究变量随时间的动态变化。

2.1.2 重要概念

总体（population）研究的是全部个体（数据）的集合，其中的每一个个体也称为元素。可分为有限总体和无限总体，其中，有限总体的范围能够明确确定，且元素的数目是有限的，如一个班级中所有学生的身高；无限总体所包括的元素是无限的，不可数的，如连续生产的产品重量。

样本（sample）从总体中抽取的一部分元素的集合。样本用于对总体进行推断或描述，通过样本统计量（如均值、方差）对总体参数进行估计。其中，构成样本的元素的数目称为样本容量或样本量（sample size）。

描述性统计：描述变量的分布情况（均值、方差、标准差、样本量、最大值以及最小值等）。

推断性统计：推断性统计能够说明两个变量之间的关系，可用于预测和假设检验（参数估计和假设检验）。参数估计是指利用样本统计量估计总体参数，例如总体均值的估计。假设检验是检验样本与总体或样本之间是否存在显著差异。

置信区间是指由样本统计量所构造的总体参数的估计区间。置信区间展现了参数的真实值在测量结果周围的分布概率，并给出测量值的可信程度。通常使用 95% 置信区间，表示在 95% 的情况下，区间覆盖总体参数的真实值。

P 值是一个用来检验假设显著性水平的统计量，常用的情况包含三种，分别有" *** "代表 1% 水平下的显著性，" ** "代表 5% 水平下的显著性，" * "代表 10% 水平下的显著性。$P < 0.01$ 表示在 1% 水平下显著，强证据拒绝原假设；$P < 0.05$ 表示在 5% 水平下显

著，表明可以拒绝原假设；P < 0.10 表示在 10% 水平下显著，弱证据拒绝原假设。例如，回归结果中的 P 值为 0.08，说明有关系数在 0.08 水平上统计显著，还可以表达为在正态分布的双侧检验中，有 8% 的 t 分布在均值 1.96 倍标准差的区间之外。

原假设一般认为样本与总体或样本与样本间的差异是由抽样误差引起的，不存在本质差异。在 Stata 软件中，原假设常用 H_0 表示，它通常设定为模型中的系数或系数间的关系为零，即不存在显著的影响或关联。

备择假设一般认为样本与总体或样本与样本间存在本质差异，而不是抽样误差引起的。在 Stata 软件中，原假设常用 H_1 表示，它通常设定为模型中的系数或系数间的关系不为零，即存在显著的影响或关联。

ASCII 文件是一种基本的文本文件格式，指采用 ASCII 编码（美国标准信息交换代码）的数据或文本。在 Stata 中，使用"import delimited"导入 ASCII 格式的数据文件，使用"export delimited"导出数据为 ASCII 文件。

2.2　Stata 的基本介绍

2.2.1　Stata 的基本界面

Stata 的界面包含命令窗口、回顾窗口、结果窗口、变量窗口和属性窗口，如图 A1 所示。其中，命令窗口位于界面底部，是用户输入命令的主要区域，可以逐行输入并实时执行命令。该窗口支持自动补全功能，方便快速输入较长的命令，也允许通过添加///分行书写，增强可读性；回顾窗口通常位于左上角，显示所有已执行的命令历史，用户可以通过点击某一条命令将其复制到命令窗口进行修改或重新运行，这在重复执行分析时非常

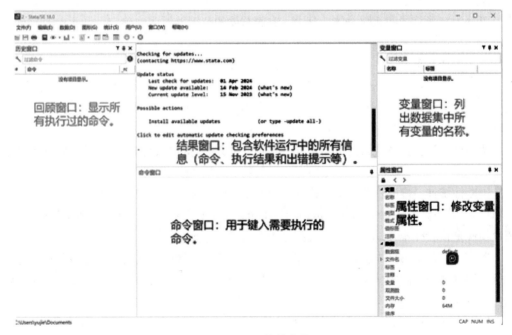

图 A1　Stata 的基本界面

高效。此外，右键菜单允许用户删除不必要的历史记录，保持界面的整洁有序；结果窗口位于界面中央，是显示分析结果的主要区域，包括描述性统计、回归输出以及错误提示信息等内容。用户可以通过快捷键 Ctrl + F 在结果中快速查找关键信息。当输出内容过长时，建议使用 log 命令将结果保存为文本文件，便于后续查阅；右侧上方的变量窗口列出了当前数据集中所有变量的名称、标签和数据类型，并显示变量的观察数和缺失值数量。用户可以直接点击变量名称，将其插入命令窗口，避免手动输入带来的错误。变量窗口还支持排序和筛选功能，便于快速定位所需变量；右侧下方的属性窗口则详细展示了选定变量的属性信息，包括数据类型、变量标签、存储格式等，用户可以在此直接修改变量标签或检查数据特征。例如，在发现数值格式或缺失值问题时，可以通过属性窗口快速识别和修正。

2.2.2　do 文件

（1）打开 do 文件的两种方式。

①下拉式菜单。可通过下拉式菜单（pull – down menu）中的级联式菜单，点击 Stata 软件的"文件"菜单，并在下拉菜单中选择"打开"。同时，在级联菜单中选择"Do 文件…"，然后选择需要打开的 do 文件。

②命令窗口。在命令窗口中输入以下命令"doedit [文件路径]"，其中 [文件路径] 是需要打开的 do 文件的完整路径或相对路径。

③使用快捷键。在 Stata 窗口双击快捷键▤ ▾，可直接打开 do 文件。

（2）执行和运行 do 文件。

①快捷菜单。打开 do 文件后，点击"运行"快捷键▷ ▾。

②命令窗口。打开 do 文件，选中你想要执行的命令，按 Ctrl + D（或在 Mac 系统中使用 Command + D），选中的命令将会在命令窗口中执行。

③快捷键。打开 do 文件，将光标放在待执行的命令行。其中，Ctrl + D 表示执行当前光标所在行的命令。Ctrl + S 表示执行从当前光标所在行开始到文件末尾的所有命令。

（3）do 文件的规范。

在进行 do 文件编写时，需要注意几点规则，分别是：

①单行行首注释。在行首通常使用" * "号，可重复，一次能注释单行语句。

②单行行尾注释。在命令之后至少一个空格之后加上"∥"字符，同样一次能注释单行语句。

③多行注释。需要将注释内容放在"/ *　　 * /"中。

④断行命令。delimit 命令改变 Stata 的行结束符。其中"#delimit；"将行结束符更改为分号"；"。"#delimit cr"命令将行结束符恢复为默认的回车。

⑤续行符。通常命令的后方使用"///"在行尾来表示该行命令继续到下一行。

需要补充的是，do 文件里面 Ctrl + F 表示查找，而 Ctrl + H 表示替换。此外，保存 do 文件时，要选择文件类型为" * . do"。

2.2.3　路径设置

（1）显示路径。

pwd 命令可直接显示路径。

· pwd

· C：\Users\yujie\Documents

（2）改变路径。

cd 命令将当前工作目录更改为指定的目录或路径。无论是 pwd 还是 cd 命令两者都会显示当前工作目录的路径。

· cd［"文件夹路径"］

（3）永久更改路径。

sysdir set 命令将路径改为 Stata 的系统目录。

· sysdir set［"文件夹路径"］

2.2.4　导入和打开数据

（1）菜单栏。点击菜单栏中的"文件"，在下拉菜单中选择"导入"或"打开"，选择需要导入或打开的数据。

（2）快捷键。在 Stata 的界面找到"数据编辑器"图标▦，点击该图标能够打开数据编辑器窗口，可直接将数据复制并粘贴到数据编辑器中。

（3）导入命令 input、infix 以及 insheet。

· input id str10 name economicscore

· 01 andy 99

· 02 bennie 98

· end

· save economic. dta，replace

（4）打开命令 use、sysuse 以及 webuse 等命令。

· sysuse auto，clear

2.2.5　log 日志文件

在 Stata 中，日志文件（文件扩展名为 . smcl）用于记录 Stata 会话中的所有命令和输出结果。log 日志文件（文件扩展名 . smcl）。首先，可通过菜单栏来实现日志记录，点击菜单栏中的"文件"→"日志"→"开始"，或者可以通过 Stata 快捷键中的▉来快速开始日志记录。

可以通过命令来管理日志文件，暂时关闭日志记录为 log off 命令，恢复日志记录可使用 log on 命令，关闭日志文件为 log close。

2.3　数据管理和处理

2.3.1　语法结构

Stata 命令的通用语法结构可以表示为：

$$[\text{by varlist}:]\text{command}[\text{varlist}][=\text{exp}][\text{if exp}][\text{in range}][\text{weight}][,\text{options}]$$

语法结构的含义分别为：

by varlist 表示按照已排序的变量 varlist 分组执行指令，冒号后接具体的命令，而 varlist 表示需要执行命令的变量，可以是一个或多个变量；而 command 表示内容或具体命令；=exp 用于变量赋值；if exp 是条件语句，用于限定命令的执行范围；in range 表示指定命令应用的数据范围；weight 表示对某变量的加权；而 ［, options］在逗号后的部分表示命令的可选参数，即命令的补充说明或扩展功能。

需要注意的是，Stata 严格区分大小写字母，一般建议变量名使用小写字母。另外，关于 Stata 的数据格式遵循%w.dg 的结构，这里 w 表示字节长度，d 表示保留的小数位数，g 表示数值的通用格式。

2.3.2　帮助和安装函数

表 A5 是 Stata 的帮助命令和安装命令：

表 A5　　　　　　　　　　　　Stata 的帮助和安装命令

功能	命令
查看命令帮助	help 命令名
网络帮助	net search
关键词搜索帮助	search 关键词
关键词搜索帮助	findit 关键词
安装新命令	ssc install 新命令
卸载命令	ssc uninstall 命令
查看命令描述	ssc describe
查找最新命令	ssc new
查看热门命令	ssc hot

非官方命令安装：通过手工安装，将所有相关文件下载到 Stata 文件夹，通常位于 ado \ plus \ …目录下。

2.3.3　四种运算

Stata 共有四种运算，分别是代数运算、逻辑运算、关系运算和字符运算（见表 A6）。

表 A6   **Stata 的四种运算**

代数运算		逻辑运算		关系运算		字符运算	
+	加	!	非	>	大于	&	连接
−	减	~	非	<	小于	+	字符相加
*	乘	|	或	> =	大于等于		
/	除	&	与	< =	小于等于		
^	指数			= =	等于		
sqrt（）	开方			! =	不等于		
				~ =	不等于		

2.3.4　常用函数

Stata 常用函数分为数值型函数、随机函数、字符函数与系统变量（见表 A7）。

表 A7   **Stata 的常用函数**

类型	函数	含义
数值型函数	abs	绝对值
	round	四舍五入
	mod	取余
	sum	求和
	sqrt	开方
	int	取整
	ln	对数
	log10	以 10 为底的对数
	fill	自动填充数据
	exp	指数
	comb（n，k）	从 n 中取 k 个组合
随机函数	uniform	均匀分布随机数
字符函数	real	字符型转化为数值型
	string	数值型转化为字符型
	substr（s，n_1，n_2）	从 s 的第 n_1 个字符开始，截取 n_2 个字符
	word（s，n）	返回 s 的第 n 个字符
系统变量	_n	当前观察值的序号
	_N	当前观察值的总数
	_pi	π 圆周率

2.3.5　常用命令

Stata 的常用命令见表 A8。

表 A8　　　　　　　　　　　　　　　Stata 的常用命令

命令	功能
use	加载或打开数据集
describe（des）	显示数据集的结构（包括变量名、变量标签、类型、标签等）
codebook	详细描述数据（包括变量的值、频数、缺失值等）
browse（bro）	浏览数据，以表格形式查看数据集内容
list	显示数据，通常用于列出特定变量或观察值
misstable	处理和分析数据中的缺失值
recode	修改现有变量的值，通常用于分类变量的值转换
replace	可以在指定条件下替换某个变量的值
rename	重命名变量
generate	创建新变量
egen	创建新变量，全称是"extensions to generate"，即 generate 命令的扩展，支持更复杂的统计和计算功能
keep	保留数据中的某些变量或观察值
drop	删除数据中的某些变量或观察值
label define	定义标签
label values	将已经定义的标签集分配给特定的分类变量
tabulate	显示一个或多个变量的频率分布
frequencies（fre）	比 tabulate 命令更为详细
hist	绘制直方图，查看数据的分布情况
graph pie	绘制饼图，通常用于展示类别变量的比例
summarize（sum）	显示变量的基本统计量，包括均值、标准差、最小值、最大值以及缺失值情况
tabstat	提供详细的汇总统计量，支持更多统计量的定制，如中位数、四分位数等

2.4　数据整理

2.4.1　纵向合并与横向合并

数据清理中会常遇到数据合并，数据合并包括纵向合并和横向合并。

纵向合并数据是指将一个数据集的观测值添加到另外一个数据集中，可被视为观测数量 N 的增加。纵向合并的命令为 append，该命令可以将一个或多个数据文件追加到当前数据集中，具体用法可以 help append。append 命令在 Stata 中的具体语法说明如下：

append using filename［filename…］［，options］

其中，options 选项里面常用的有生成一个新变量 generate（newvar）；keep（varlist）保留的变量列表；nolabel 表示忽略标签变量，直接追加原始值；nonotes 不附加数据文件中的笔记或注释；force 允许将字符串值附加到数值变量或将数值附加到字符串变量，而不会产生错误。

横向合并数据是指基于变量合并两个数据集，即将一个数据集的变量添加到另外一个数据集中来，可被视为变量数量的增加。横向合并的命令为 merge，将两个数据集按共同变量进行合并。具体用法可以 help merge。

（1）一对一匹配。

---

merge 1∶1 varlist using filename[,options]

这里需要说明的是，1∶1 表示匹配的类型是一对一，即每个主数据集中的每一行与使用数据集中的每一行通过 varlist 中的共同变量一一匹配，比如个人 id 或城市名。1∶1 冒号前的"1"特指主数据集中的共同变量，冒号后的"1"是使用数据集中的对应变量，并且主数据集和使用数据集中的每个共同变量值的对应关系是唯一的。using 后面紧跟的是使用数据集的路径和文件名。在 options 部分，常用的选项包括 keep（保留指定变量）、gen（生成新变量）等。

merge 命令的注意事项：

两个数据必须有至少一个共同变量；merge 可以进行 1∶1（一对一匹配）、m∶1（多对一匹配）、1∶m（一对多匹配）以及 m∶m（多对多）匹配；匹配后，需将新生成变量_merge 删掉，避免再次匹配时，提示变量_merge 已被定义。另外，_merge = 1 表示正在使用的数据、_merge = 2 表示合并的数据、_merge = 3 表示成功合并的数据。

（2）多对一匹配。

---

merge m∶1 varlist using filename[,options]

---

m∶1 表示多对一匹配，即主数据集中的多行通过共同变量与使用数据集中的每一行进行匹配。在 m∶1 中，冒号前的"m"表示主数据集中的共同变量（可以有多个重复值），冒号后的"1"表示使用数据集中的对应变量必须是唯一（唯一值）。具体来说，主数据集中的每个共同变量值可以对应使用数据集中的多个记录，但在使用数据集中，每个共同变量值只能对应一个记录。

（3）一对多匹配。

---

merge 1∶m varlist using filename[,options]

1∶m 表示一对多匹配，即主数据集中的每一行与使用数据集中的多行通过共同变量进行匹配。在 1∶m 中，冒号前的"1"表示主数据集中的共同变量（唯一值），冒号

后的 "m" 表示使用数据集中的对应变量（可以有多个重复值）。这意味着，在主数据集中每个共同变量值对应一个记录，而在使用数据集中，每个共同变量值可以对应多个记录。

然而，通常不推荐使用 m：m（多对多匹配），因为这种匹配方式可能会导致数据关系变得复杂。如果涉及字符串的模糊匹配，可以关注如 reclink、joinby 和 nearmrg 命令。对于多对多的匹配需求，尤其是常用的面板数据匹配或更加复杂的嵌套数据，可以使用 joinby 命令来实现。

joinby 命令根据指定的变量列表将当前数据集（主数据集，用 master 表示）与另一个数据文件（使用数据集，用 using 表示）进行合并。以下是 joinby 的语法和说明：

---

joinby[varlist]using filename[,options]

其中，选项 update 允许使用数据文件中的值来更新主数据集中缺失的数据；选项 replace 将内存中的所有数据替换为 filename 中的值。此外，当观测值不匹配时，可以通过选项 unmatched（可缩写为 unm）来指定处理方式，其中括号中为 none 是默认选项，表示忽略所有不匹配的观测值；both 是包含主数据集（master）和使用数据集（using）中不匹配的观测值；using 代表的是需要附加的数据集。另外，_merge（varname）是默认变量，用于标识观测值的来源，即主数据集或使用数据集。

2.4.2　数据变型

数据变型涉及 "宽型数据转长型数据" 和 "长型数据转宽型数据"，相应的命令为 reshape，长数据转换为宽数据使用 reshape wide，宽数据转换为长数据使用 reshape long。

在数据结构中，我们通常区分两种形式：长数据格式（long）和宽数据格式（wide）。长数据格式（long）中，每个观测值独占一行，变量 i 通常用作唯一标识符，如个人 ID；变量 j 表示不同条件或时间点，例如年份；而变量 stub 代表在特定的 i 和 j 组合下的具体数值或属性。宽数据格式（wide）中，一个观测单元的多个观测值位于同一行，分别占据不同的列；变量名如 stub1 和 stub2 通常是由变量 stub 和 j 的组合构成。变量 stub 的值会根据不同的 j 而变化，体现在不同的列中（见图 A2）。

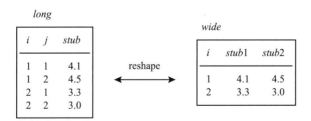

图 A2　长数据和宽数据示例

（1）长数据转宽数据。

---

reshape wide stub,i(i) j(j)

这里的 j 是已存在的变量。转换后的数据，如果想要恢复为长数据，可使用命令 reshape long 进行恢复。

（2）宽数据转长数据。

---

reshape long stub,i(i) j(j)

这里的 j 是新的变量。转换后的数据，如果想要恢复为宽数据，可使用命令 reshape wide 进行恢复。

2.5　数据输出和处理函数

2.5.1　数据输出函数

（1）outreg2 命令。

命令 outreg2 可将回归结果输出到 Word、Excel 或 LaTeX 文档中，其语法结构如下：

---

outreg2[varlist][estlist] using filename[,options][:command]

其中，varlist 指变量列表，可以指定特定变量的输出，而 estlist 代表估计量列表，若不执行 estlist，则 outreg2 默认使用最近执行的回归分析结果。using filename 用于指定输出文件的名称和格式，filename 是输出文件的名称，可以包含完整路径。

outreg2 命令提供了多种选项来定制回归结果的输出，包括：replace 可覆盖原文件；seeout 可同时导出结果和在命令窗口中查看结果；skip 可跳过列标题（变量名）或回归结果中的某些部分；label 可在输出结果时，使用变量标签而不是变量名；当需要将多个回归模型的结果放在同一列中时，可选择 onecol；long 表示此输出为“长格式”结果；wide 表示输出为“宽格式”结果。另外，outreg2 还支持多种文件类型输出，包括：dta（Stata 数据文件）、word（Word 文档）、excel（Excel 工作表）、tex（LaTeX 文件）以及 text（纯文本文件）等。

描述性统计输出。

· sysuse auto,clear //打开系统 auto. dta 数据
· outreg2 using myfile,replace sum(log) title（“描述性统计”）

输出全部的描述性统计，包括均值、标准差、最小值、最大值以及样本量等，并输出到文件中，选项 sum（log）会提示输出标准的描述性统计量，myfile 是输出的文件名和类型，标题为“描述性统计”。

此外，在描述性统计中，outreg2 命令还可以根据指定类型，进行输出，如下所示：

· sysuse auto,clear

· outreg2 using myfile,replace sum(log) keep(var1 var2 var3) title("描述性统计") //输出指定变量的描述性统计

· outreg2 using myfile,replace sum(detail) title("描述性统计") //输出详细的描述性统计

· outreg2 using myfile,replace sum(log) keep(var1 var2 var3) eqkeep(N min mix) title("描述性统计") //输出部分(含样本量、最小值和最大值)的描述性统计

· bysort var1:outreg2 using myfile,replace sum(log) title("描述性统计") //输出分组(按照 var1 进行分组)的描述性统计

· outreg2 var1 using myfile,replace cross title("描述性统计") //输出频数统计,cross 用于生成频数分布

---

outreg2 不仅用于输出描述性统计,还能帮助用户输出回归分析的结果,并提供多种定制化选项。

· sysuse auto,clear

· outreg2 using myfile,replace tstat ctitle(y) bdec(3) tdec(2) keep(var1 var2 var3) addtext(Company FE,YES) //面板固定效应回归输出

· outreg using myfile,replace tstat bdec(3) tdec(2) ctitle(y) //基准回归结果输出

· outreg using myfile,append tstat bdec(3) tdec(2) ctitle(y) //逐步增加变量的回归模型

上述命令中,根据选项可定制输出结果:tstat 显示 t 统计量,ctitle (y) 是回归结果的标题为 y,bdec (3) 表示小数点后保留三位,tdec (2) 为 t 值的小数点后保留两位,keep 为仅输出指定变量的回归结果,addtext 在输出文件中添加额外文本。

当多个回归模型合并输出时,可表示为:

· outreg2 using myfile,replace tstat bdec(3) tdec(2) ctitle(model1)

· outreg2 using myfile,append tstat bdec(3) tdec(2) ctitle(model2)

· outreg2 using myfile,append tstat bdec(3) tdec(2) ctitle(model3) //合并输出多个回归模型

输出三个回归模型的结果,分别为 model1、model2 和 model3,并将它们合并在同一个文件中。replace 会覆盖已有文件,append 会将新的回归结果附加到已有的文件中。

(2) logout 命令。

logout 也是 Stata 的输出命令。其基本语法如下:

---

logout, [options: command]

以下是 logout 的代码演示:

· sysuse auto, clear

· logout, save(myfile) excel word replace: sum, detail

· sysuse auto, clear

· logout, clear excel dta tex save(myfile) replace: tab foreign rep78

其中,主要功能中 save 选择指定输出文件的名称;excel 和 word 选项表示 logout 命令将输出结果转换为 Excel 和 Word 兼容的格式;replace 选项允许 logout 命令覆盖已存在的同名文件;sum 是 summarize 的缩写,detail 选项则提供了更详尽的信息,如均值、标准差、最小值、最大值、四分位数等;tab 是 tabulate 的缩写,用于生成两个变量之间的频数表。

(3) asdoc 命令。

适合描述性统计,包括平均值、标准差、最小值、最大值等。使用时只需将 asdoc 命令添加为 Stata 命令的前缀。以下是其语法结构:

[bysort varname:] asdoc Stata_Commands, [Stata_command_options asdoc_options]

---

asdoc 命令前的 bysort 是基于变量名 (varname) 进行排序和分组,用于按照该变量对数据进行分组和排序。

· asdoc sum, detail replace dec(3) stat(statistics)

其中,asdoc 命令与 sum 结合使用,asdoc sum 为输出描述性统计的命令,输出的格式为 Word 或 RTF 格式。sum 命令用来生成一个变量的描述性统计量;detail 用于显示详细统计量,包括分位数、偏度和峰度等;replace 选项指示如果已有 Word 文件存在,则覆盖该文件;dec (3) 选项指定数字保留的小数位数,括号中的"3"表示输出结果中的数字将保留三位小数。stat (statistics) 指定要在输出表格中显示哪些统计量,statistics 的具体详情可见表 A9。

表 A9　　　　　　　　　　　asdoc 命令的统计量

统计量	含义
N	观测值的数量
mean	算术平均值

统计量	含义
sd	标准差
semean	均值的标准误差
sum	总和
range	极差
min	最小值
max	最大值
count	计数
var	方差
cv	变异系数
skewness	偏度
kurtosis	峰度
iqr	四分位距
p1	第 1 百分位数
p5	第 5 百分位数
p10	第 10 百分位数
p25	第 25 百分位数
p50	中位数
p75	第 75 百分位数
p99	第 99 百分位数
tstat	给定变量等于 0 的 t 统计量

（4）esttab 命令。

esttab 是 Stata 中用于快速生成回归结果表格的命令，可被看作 estout 命令的简化版，estout 所有的功能都可以通过 esttab 实现。通常，esttab 与 estimates store 命令结合使用，以存储和比较多个模型的估计结果。其语法结构如下：

esttab[namelist][using filename][,options]

· esttab M1 M2 M3 using 表 1. rtf, b(4) se r2 star(* 0.1 ** 0.05 *** 0.01) obslast nogap compress onecell replace

---

这里的 M1、M2 和 M3 是存储模型结果的名字列表（namelist），即估计结果的存储 estimates store 命令指定的名字。using filename 将输出结果保存为文件，表 1 为 filename，支持 txt、csv、rtf 等格式，其中后缀 rtf 格式适合在 Word 中打开。

结合第 7 章节的 Stata 代码的输出结果，在常用的选项中，b 为回归系数，例如，b（4）表示回归系数的有效 4 位小数；se 代表指定结果括号中显示标准误差；r2 要求在输出中显示 R – squared 值，用以衡量回归模型拟合程度的统计量；star（ * 0.1 ** 0.05 *** 0.01）根据显著性添加星号。其中，* 表 10% 的显著性水平（p < 0.1），** 表示 5% 的显著性水平（p < 0.05），*** 表示 1% 的显著性水平（p < 0.01）；obslast 表示在表格的最后一列显示每个模型的观察数；选项 nogap：能确保输出表格中的列之间没有空隙；compress 可以压缩表格内容，减少列宽，使表格更加紧凑；而 onecell 能够将回归系数与标准误差显示在同一个单元格中；选项 replace 可以覆盖已有的文件。

此外，关于 esttab 的更多选项，读者可以通过 help esttab 来进行查询和学习。

2.5.2 数据处理函数

（1）collapse 函数。

collapse 命令能够实现分组统计数据，并生成汇总统计数据的数据集，其语法结构如下：

```
collapse clist[if][in][weight][,options]
```

其中，clist 是数字变量列表，而 stat 是统计量的缩写，可以指定具体的统计函数，比如中位数（p50）、标准差（sd）、求和（sum）以及百分比（percent）等，默认的统计量为均值。在选项部分，by（varlist）是按照指定变量计算统计量的值，cw 可删除含有缺失值的观测值。

如需更详细的信息和示例，可进一步通过 help collapse 命令进行查阅相关帮助文档。

（2）循环函数。

forvalue 是循环执行一系列命令的函数，可以根据指定的范围重复执行包含在循环体内的 Stata 命令，其语法结构如下：

```
forvalues lname = range{
    stata commands referring to 'lname'
}
```

这里的 range 有以下几种形式：#1 (#d) #2 表示从#1 到#2，且步长为#d；#1/#2 表示从#1 到#2，且步长为 1；#1 #t to #2 表示从#1 到#2，且步长为#t – #1。

然而，在使用 forvalues 函数的时候，还需要遵循大括号 {} 的使用规则。具体注意事项如下：开括号 { 必须与 forvalues 命令在同一行，其后面不能直接跟任何命令；相应的 stata commands referring to 'lname' 必须在新的一行，并且行首需要保留适当空格以区分循环体内容；闭括号 } 必须单独占据一行，以此明确标识循环体的结束。

（3）画图函数。

①graph twoway。

Stata 中的绘图命令，graph twoway 可用于创建双变量图表，能够绘制多种类型的图标，比如线图、散点图以及条形图等。绘图类型指定了图表的类型，而变量列表则包含了用于绘图的变量。其语法结构如下：

［graph］twoway plot［if］［in］［,twoway_options］

语法中方括号［］表示可选元素，而圆括号（）则是必需的，plot 是绘图的类型，plot 包含绘图类型 plottype 和变量列表 varlist，相关的语法可表示为：［（］plottype varlist …，options［）］［‖］。plottype 包含散点图（scatter）、线图（line）、连线图（connected）、阴影线图（area）以及条形图（bar）等。竖线 ‖ 用于在同一个图表中添加多个绘图命令。graph 是选择性的，如果是 scatter 和 line，语法可以省略前面的 graph twoway。

②coefplot 命令。

coefplot 是绘制回归系数和其他结果的命令，特别是在面对多模型回归时，它能够清晰地显示各个模型中变量的系数和对应的置信区间。其语法结构如下：

---

coefplot subgraph［‖ subgraph…］［,globalopts］

这里的子图（subgraph）由一个或多个绘图（plot）或模型（model）组成。主要的选项包括：绘制垂直回归系数图（vertical）、水平的回归系数图（horizontal）、显示系数的置信区间（ci）、指定回归系数来源（b（mspec））、设置绘图位置（at［（spec）]）、改变绘图类型（recast）、自定义系数标签（coeflabels）以及添加参考线 xline（）等。

2.6　双重差分法涉及的命令集合

目前，关于双重差分法涉及的命令主要有以下几种：diff、reg、areg、reghdfe、xtreg、didregress、xtdidregress 以及 Stata18 版本新增的 hdidregress 和 xthdidregress 命令。

2.6.1　diff 命令

diff 命令适用于计算处理组和控制组在政策干预前后的变化差异，可用于面板或时间序列以及重复截面数据，该命令可估计单一双重差分（Single Diff – in – Diff）、控制协变量的双重差分（Diff – in – Diff accounting for covariates）、核倾向得分匹配的双重差分（Kernel Propensity Score Matching diff – in – diff）以及分位数双重差分（the Quantile Diff – in – Diff）。其语法结构如下：

---

diff outcome_var［if］［in］［weight］,［options］

其中，outcome_var 一般指被解释变量，即研究的结果变量。Options 中需要特别关注以下两个关键选项：period（varname）用于指定二元的时间期变量，其中 0 表示政策干预前期，1 表示政策干预后期；treated（varname）用于指定一个二元处理变量，其中 0 表示控制组，1 表示处理组。

由于 diff 属于外部命令，可通过 ssc install diff, replace 命令进行下载与安装。其他选项可通过 Stata 命令窗口中输入 help diff 来进一步查询。

2.6.2　reg 命令

reg 命令是线性回归中最常见的命令。在双重差分中，可以使用 reg 命令来估计处理效应，在回归方程中，通过引入虚拟变量代表不同的个体，这样可以实现类似于固定效应模型的效果。采用 reg 命令执行双重差分，除了常规变量外，还需要定义事件虚拟变量和处理虚拟变量，以及他们的交互项。其语法结构如下：

regress depvar[indepvars][if][in][weight][, options]

其中，depvar 代表被解释变量，而 indepvars 则代表解释变量。在双重差分模型中，解释变量通常包括时间虚拟变量（post）与处理虚拟变量（treat）的交互项 treat * post。需要注意的是，不仅要将 post 和 treat 的交互项纳入回归模型，同时还包括这两个变量各自的独立效应，但交互项的系数才是我们关注的处理效应。

为了获得更准确的标准误差估计，cluster（id）选项可以计算聚类调整后的标准误；robust 选项则用于计算稳健标准误，以应对可能存在的异方差问题；而 fe 选项则为固定效应回归，以控制那些不随时间变化的个体特定效应。

2.6.3　xtreg 命令

xtreg 命令适合面板数据，也适合具有固定效应模型的双重差分法。在使用 xtreg 之前，需要通过 xtset 命令定义个体维度和时间维度。fe 是固定效应模型组内估计方法的官方命令，默认个体固定效应已被设定。同时，要实现多维度的固定效应（比如时间维度的固体效应），需要使用 i. var 方式引入虚拟变量。其语法结构如下：

GLS 随机效应（RE）模型：

xtreg depvar[indepvars][if][in][, re RE_options]

组间效应（BE）模型：

xtreg depvar[indepvars][if][in], be[BE_options]

固定效应（FE）模型：

xtreg depvar[indepvars][if][in][weight], fe[FE_options]

ML 随机效应（MLE）模型

xtreg depvar[indepvars][if][in][weight], mle[MLE_options]

混合回归（PA）模型：

---

xtreg depvar［indepvars］［if］［in］［weight］,pa［PA_options］

在使用 xtreg 命令进行面板数据分析时，默认采用随机效应模型。如果要使用固定效应模型，应在选项中添加 fe 来指定。

2.6.4　areg 命令

areg 命令是在 reg 基础上的优化和扩展，适合有较多虚拟变量的线性回归。使用 areg 可以控制多个虚拟变量，优点在于可以让结果的汇报更加简洁，然而其局限在于，absorb（）的括号中只能包含一个变量，要实现更高维度的固定效应，还需要使用 i. var 方式引入虚拟变量。其语法结构如下：

---

areg depvar［indepvars］［if］［in］［weight］,absorb（varname）［options］

2.6.5　reghdfe 命令

reghdfe 命令能够吸收固定效应，适合多维固定效应模型。相比 areg 而言，reghdfe 命令的 absorb（）选项支持多个变量，例如 absorb（var1，var2，…）便可以吸收多维固定效应，而不许使用 i. var 的方式引入虚拟变量。其语法结构如下：

最小二乘法（不包含固定效应）：

---

reghdfe depvar［indepvars］［if］［in］［weight］［,options］

固定效应回归：

---

reghdfe depvar［indepvars］［if］［in］［weight］,absorb（absvars）［options］

带有组别层级的结果和个体固定效应：

---

reghdfe depvar［indepvars］［if］［in］［weight］,absorb（absvars indvar）group（groupvar）individual（indvar）［options］

这里的 absorb 选项中的 absvars indvar，可以直接是变量名（varname）、分类变量（i. varname）、分类变量的交互项（i. var1#i. var2）、分类变量和连续变量的交互项（i. var1#c. var2）。还需要说明的是，括号中 "var1##c. var2" 等同于 "i. var1 i. var1#c. var2"；var1##c.（var2 var3）的替代语法为 "var1##（c. var2 c. var3）"。另外，可以组合使用因子运算符，比如 var1#var2#var3##c.（var4 var5）。如果选项中制定了个体 individual（），就需要同时调用分组 group（）。

2.6.6 didregress 和 xtdidregress 命令

didregress 和 xtdidregress 命令是 Stata 17 及以上版本中用于执行双重差分法（DID）估计的工具，是同质性处理效应下双重差分法的命令。didregress 命令适用于处理重复横截面数据，而 xtdidregress 命令则适用于面板数据，两个命令都能够直接进行双重差分或三重差分的估计。以下是这两个命令的语法结构：

didregress（ovar omvarlist）（tvar [, continuous]）[if] [in] [weight]，group（groupvars）[time（timevar）options]

xtdidregress（ovar omvarlist）（tvar [, continuous]）[if] [in] [weight]，group（groupvars）[time（timevar）options]

以上的语法结构中，（ovar omvarlist）部分代表模型的设定，ovar 是因变量，而 omvarlist 是协变量列表，该列表中包含了自变量。tvar 为处理变量，通常是一个虚拟变量，如果处理变量是连续的，可以在 tvar 后添加 continuous 来处理连续变量的情况。此外，选项 group（）为分组变量，而 time（）为时间变量，用于标识政策或事件的前后时期。

2.6.7 hdidregress 和 xthdidregress 命令

hdidregress 和 xthdidregress 命令是 Stata 18 及以上版本中用于估计异质性双重差分法估计的工具。hdidregress 命令适合重复横截面数据，而 xthdidregress 命令适用于面板数据。hdidregress 命令的估计方法可用于双向固定效应（TWFE）、回归调整（RA）、逆概率权重（IPW）以及增强的逆概率权重（AIPW）。限于篇幅，以下仅介绍常用的双向固定效益的语法结构：

hdidregress twfe（ovar [omvarlist]）（tvar）[if] [in] [weight]，group（groupvar）time（timevar）[options]

其中，ovar 作为因变量，omvarlist 是可选的附加结果变量列表。Tvar 作为处理变量，它是一个二元变量，用来标识政策的实施或干预情况。group（）可以指定分组变量，用于标识面板数据中的个体单元，如个人 id；time（）指定时间变量，用于标识时间序列中的观测点，如年份 year；vce（vartype）指定方差—协方差矩阵的估计方法，其中 robust 选项用于获取异方差稳健的标准误；cluster 选项允许根据分组变量进行聚类，以调整标准误。

对于面板数据的分析，xthdidregress 命令是一个合适的选择，其语法结构与 hdidregress 命令相似。

2.6.8 倾向得分匹配

倾向得分匹配常用命令有 pscore、psmatch2 和 nnmatch 包。

（1）pacore 命令。

pscore 命令的语法结构如下：

---

pscore treatment varlist［weight］［if exp］［in range］,pscore（newvar）［blockid（newvar）detail logit comsup level（#）numblo（#）　］

---

pscore（newvar）拟合的倾向指数保存在该选项设定的新变量中，blockid（newvar）如果后面想根据估计的倾向指数进行分层匹配，detail 将详细报告分层及平衡指数特征检验的过程，logit 模型，comsup 将平衡指数特征检验限制在共同区间上进行，numblo（#）可以允许用户自行设定分层，默认 5 层，level（#）显著性水平，默认为 1%。

（2）psmatch2 命令。

Stata 中常用的 PSM 命令之一，除了能够实施近邻匹配、半径匹配、核匹配之外，还增加了局部线性回归匹配、样条匹配等。还包括两个辅助命令：pstest 和 psgraph。其语法结构如下：

---

psmatch2 depvar［indepvars］［if exp］［in range］［,options］

这里，depvar 是处理变量，indepvar 适用于估计倾向得分的协变量。具体的匹配类型可以通过 options 来进行定义，不同匹配类型的语法结构如下：

①一对一匹配。

psmatch2 depvar［indepvars］［if exp］［in range］,［outcome（varlist）pscore（varname）ai（integer k ＞ 1）mahalanobis（varlist）caliper（real）noreplacement descending common trim（real）odds index logit ties warnings quietly ate］

②k 近邻匹配。

psmatch2 depvar［indepvars］［if exp］［in range］,［outcome（varlist）pscore（varname）neighbor（integer k ＞ 1）caliper（real）common trim（real）odds index logit ties warnings quietly ate］

③半径匹配。

psmatch2 depvar［indepvars］［if exp］［in range］,radius caliper（real）［outcome（varlist）pscore（varname）common trim（real）odds index logit quietly ate］

④核匹配。

psmatch2 depvar［indepvars］［if exp］［in range］,kernel［outcome（varlist）kerneltype（kernel_type）pscore（varname）bwidth（real）mahalanobis（varlist）common trim（real）odds index logit quietly ate］

⑤局部线性回归匹配。

psmatch2 depvar［indepvars］［if exp］［in range］,llr outcome（varlist）［kerneltype（kernel_type）pscore（varname）bwidth（real）mahalanobis（varlist）common trim（real）odds index logit quietly ate］

⑥样条匹配。

psmatch2 depvar［indepvars］［if exp］［in range］,spline outcome（varlist）［nknots（integer） pscore（varname）neighbor（integer）caliper（real）common trim（real）odds index logit ties warnings quietly ate］

这里不同类型匹配下的 option 可参考 Stata 中的 help psmatch2 获得进一步的信息和示例。

2.6.9 安慰剂检验

在 DID 模型中，安慰剂检验就是使用"假的政策发生时间或处理组"进行分析，以检验能否得到政策效应，如果政策效应依然显著，则表明基准回归中政策效应并不可靠，从而确认存在非政策因素影响研究结果。安慰剂检验有多种方式，如政策时间前置（类似于平行趋势检验）、替换变量，与稳健性检验有所不同的是，稳健性检验希望在替换变量后结果依然稳健，而安慰剂检验希望替换变量后结果不再显著。

（1）传统的安慰剂检验。

传统的安慰剂检验通过随机生成实验组方法，且常附加 forvalue 循环，随机抽取样本进行多次回归，并生成多个文件或结果进行检验，整个过程和代码比较复杂。Stata 中 permute 函数是一种用于随机重排数据的函数，其基本的语法结构如下：

```
permute permvar exp_list［,options］:command
```

其中，permvar 表示需要进行随机抽样的变量；exp_list 则是需要提取的统计量，一般是回归系数；reps（#）为抽样次数；enumerate 能计算所有可能的不同排列；rseed（#）为设定抽样种子；strara（varlist）属于分层抽样；saving（file）为保存抽样值；command 即对应的回归命令。

（2）混合安慰剂检验。

在进行混合安慰剂检验时，从样本中无放回地随机抽取若干个体作为"伪处理个体"，并随机抽取一个统一的"伪处理时间"进行 DID 估计，得到一个安慰剂效应的估计值。如此重复 500 次（或 1 000 次），即可得到安慰剂效应的分布。混合安慰剂检验的其余步骤与空间安慰剂检验相同。可以通过 ssc install didplacebo，all replace 来安装 didplacebo 命令。

didplacebo 命令可用于双重差分中的安慰剂检验，该命令可以进行三种安慰剂检验：时间安慰剂检验（in-time placebo tests）、空间安慰剂检验（in-space placebo tests）以及混合安慰剂检验（mixed placebo tests）。

时间安慰剂检验将处理前的某个时期作为"伪处理时间"（fake treatment time），仅使用处理前的样本数据进行 DID 估计。由于在处理前政策并未实施，故若发现处理前某期的安慰剂效应显著，则可怀疑处理效应可能由偶然因素或混杂事件所驱动。在选项中，pbotime 代表时间虚拟检验。

例如，图 A3 将初始处理时间向前移动两年，即由初始时间 t = 5 移动到 t = 3：

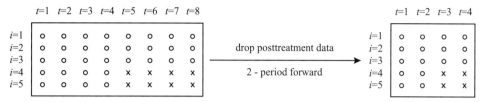

图 A3　时间安慰剂检验的数据示例

空间安慰剂检验通过随机选择样本作为虚假处理组，并保持原有的处理时间不变，进行空间安慰剂检验。对于具有分阶段政策采纳的 DID 模型，空间安慰剂检验能保持分组结构，即每个时间段的处理组数量相同。在选项中，pbounit 代表空间安慰剂检验。

例如，图 A4 将原有的处理组 i = 4 和 i = 5 替换为 i = 1 和 i = 4。

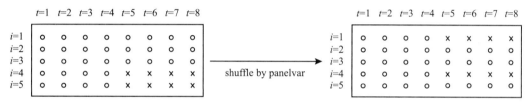

图 A4　空间安慰剂检验的数据示例

混合安慰剂检验可同时随机选择虚假的处理组和处理时间进行混合安慰剂检验。该方法通过多次重复（例如 500 次）生成虚假的处理变量，每次随机选择处理组和处理时间。在选项中，pbomix 用于指定混合安慰剂检验的类型，可以选择 1、2 或 3 来指定混合虚拟检验的类型。其中，pbomix（1）适用于标准 DID，假设政策采纳是同步或同批次的；pbomix（2）适用于分阶段 DID，假设政策采纳是分阶段的；pbomix（3）同样适用于分阶段 DID，假设政策采纳是分阶段的，并且保持每个组的单位数量保持不变。在每次重复中，随机将单位分配到各组，并为每个组分配一个虚假的处理时间。

例如，图 A5 将初始的处理时间 t = 5 替换为 t = 7，原有的处理组 i = 4 和 i = 5 替换为 i = 1 和 i = 2。

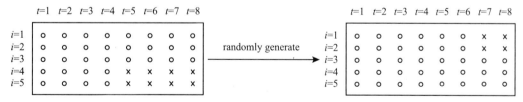

图 A5　混合安慰剂检验的数据示例

didplacebo 命令的具体语法结构如下：

didplacebo estimatename, treatvar(treatvarname)[options]

参 考 文 献

[1] 安虎森、周亚雄:《区际生态补偿主体的研究:基于新经济地理学的分析》,载于《世界经济》2013 年第 2 期。

[2] 曹鸿杰、卢洪友、祁毓:《分权对国家重点生态功能区转移支付政策效果的影响研究》,载于《财经论丛》2020 年第 5 期。

[3] 常亮:《基于准市场的跨界流域生态补偿机制研究——以辽河流域为例》,载于《大连理工大学学报》2013 年第 1 期。

[4] 陈登科:《贸易壁垒下降与环境污染改善——来自中国企业污染数据的新证据》,载于《经济研究》2020 年第 12 期。

[5] 陈少强、覃凤琴:《财政生态补偿:一个理论逻辑》,载于《中央财经大学学报》2022 年第 11 期。

[6] 陈诗一、陈登科:《雾霾污染、政府治理与经济高质量发展》,载于《经济研究》2018 年第 2 期。

[7] 陈硕、高琳:《央地关系:财政分权度量及作用机制再评估》,载于《管理世界》2012 年第 6 期。

[8] 陈挺、王刚、何利辉等:《生态补偿的国际案例及借鉴》,载于《宏观经济管理》2016 年第 3 期。

[9] 陈彦霞、张艳玲、刘秀玲等:《实施生态补偿的作用与意义》,载于《科技视界》2012 年第 24 期。

[10] 程翔、鲍新中、沈新誉:《京津冀地区科技金融政策文本的量化研究》,载于《经济体制改革》2018 年第 4 期。

[11] 戴胜利、李筱雅:《流域生态补偿协同共担机制的运作逻辑——以新安江流域为例》,载于《行政论坛》2022 年第 6 期。

[12] 邓晴晴、李二玲、任世鑫:《农业集聚对农业面源污染的影响——基于中国地级市面板数据门槛效应分析》,载于《地理研究》2020 年第 4 期。

[13] 邓晓兰、黄显林、杨秀:《积极探索建立生态补偿横向转移支付制度》,载于《经济纵横》2013 年第 10 期。

[14] 段禄峰:《国外农业生态补偿机制研究》,载于《世界农业》2015 年第 9 期。

[15] 伏润民、缪小林:《中国生态功能区财政转移支付制度体系重构——基于拓展的能值模型衡量的生态外溢价值》,载于《经济研究》2015 年第 3 期。

[16] 高彤、杨姝影:《国际生态补偿政策对中国的借鉴意义》,载于《环境保护》

2006 年第 19 期。

　　［17］葛颜祥、梁丽娟、王蓓蓓等：《黄河流域居民生态补偿意愿及支付水平分析——以山东省为例》，载于《中国农村经济》2009 年第 10 期。

　　［18］郭亨孝：《建立生态补偿机制促进生态文明建设》，载于《四川林业科技》2009 年第 6 期。

　　［19］韩超、陈震、王震：《节能目标约束下企业污染减排效应的机制研究》，载于《中国工业经济》2020 年第 10 期。

　　［20］韩超、孙晓琳、李静：《环境规制垂直管理改革的减排效应——来自地级市环保系统改革的证据》，载于《经济学季刊》2021 年第 1 期。

　　［21］［荷兰］沃特·德·诺伊（Wouter De Nooy），（斯洛文尼亚）安德烈·姆尔瓦（Andrej Mrvar），［斯洛文尼亚］弗拉迪米尔·巴塔盖尔吉（Vladimir Batagelj）著，林枫译：《蜘蛛：社会网络分析技术》（第二版），世界图书出版公司 2014 年版。

　　［22］贺东航、孔繁斌：《中国公共政策执行中的政治势能——基于近 20 年农村林改政策的分析》，载于《中社会科学》2019 年第 4 期。

　　［23］洪尚群、马丕京、郭慧光：《生态补偿制度的探索》，载于《环境科学与技术》2001 年第 5 期。

　　［24］后小仙、陈琪、郑田丹：《财政分权与环境质量关系的再检验——基于政府偏好权变的视角》，载于《财贸研究》2018 年第 6 期。

　　［25］胡振华、刘景月、钟美瑞等：《基于演化博弈的跨界流域生态补偿利益均衡分析——以漓江流域为例》，载于《经济地理》2016 年第 6 期。

　　［26］胡振华、刘景月、钟美瑞等：《基于演化博弈的跨界流域生态补偿利益均衡分析》，载于《经济地理》2016 年第 36 期。

　　［27］黄萃、任弢、李江、赵培强等：《责任与利益：基于政策文献量化分析的中国科技创新政策府际协作关系演进研究》，载于《管理世界》2015 年第 12 期。

　　［28］黄溶冰、赵谦、王丽艳：《自然资源资产离任审计与空气污染防治："和谐锦标赛"还是"环保资格赛"》，载于《中国工业经济》2019 年第 10 期。

　　［29］黄先蓉、程梦瑶：《我国网络内容政策法规的文本分析》，载于《图书情报工作》2019 年第 63 卷第 21 期。

　　［30］黄晓春、周黎安：《政府治理机制转型与社会组织发展》，载于《中国社会科学》2017 年第 11 期。

　　［31］贾洪波、谢沁璇：《基于政策文本共词可视化证据的生育政策演化：1949 – 2019》，载于《人口与发展》2021 年第 27 卷第 4 期。

　　［32］江晶：《污水处理技术与设备》，冶金工业出版社 2014 年版。

　　［33］蒋永甫、弓蕾：《地方政府间横向财政转移支付：区域生态补偿的维度》，载于《学习论坛》2015 年第 3 期。

　　［34］靳乐山、魏同洋：《生态补偿在生态文明建设中的作用》，载于《探索》2013 年第 3 期。

［35］景守武、张捷:《新安江流域横向生态补偿降低水污染强度了吗?》,载于《中国人口·资源与环境》2018 年第 10 期。

［36］黎文靖、郑曼妮:《空气污染的治理机制及其作用效果——来自地级市的经验数据》,载于《中国工业经济》2016 年第 4 期。

［37］黎元生:《基于生命共同体的流域生态补偿机制改革——以闽江流域为例》,载于《中国行政管理》2019 年第 3 期。

［38］李昌峰、张娈英、赵广川等:《基于演化博弈理论的流域生态补偿研究——以太湖流域为例》,载于《中国人口·资源与环境》2014 年第 1 期。

［39］李国平、李潇:《国家重点生态功能区转移支付资金分配机制研究》,载于《中国人口·资源与环境》2014 年第 5 期。

［40］李国平、刘生胜:《中国生态补偿 40 年:政策演进与理论逻辑》,载于《西安交通大学学报(社会科学版)》2018 年第 6 期。

［41］李果仁:《国外生态补偿政策的借鉴与启示》,载于《中国财政》2009 年第 13 期。

［42］李江、刘源浩、黄萃等:《用文献计量研究重塑政策文本数据分析——政策文献计量的起源、迁移与方法创新》,载于《公共管理学报》2015 年第 12 卷第 2 期。

［43］李静、杨娜、陶璐:《跨境河流污染的“边界效应”与减排政策效果研究——基于重点断面水质监测周数据的检验》,载于《中国产业经济》2015 年第 3 期。

［44］李宁、丁四保、王荣成等:《我国实践区际生态补偿机制的困境与措施研究》,载于《人文地理》2010 年第 1 期。

［45］李群、于法稳、沙涛等:《生态治理蓝皮书:中国生态治理发展报告(2020～2021)》,社会科学文献出版社 2021 年版。

［46］李坦、徐帆、祁云云:《从“共饮一江水”到“共护一江水”——新安江生态补偿下农户就业与收入的变化》,载于《管理世界》2022 年第 11 期。

［47］李万慧、于印辉:《横向财政转移支付:理论、国际实践以及在中国的可行性》,载于《地方财政研究》2017 年第 8 期。

［48］李卫兵、张凯霞:《空气污染对企业生产率的影响——来自中国工业企业的证据》,载于《管理世界》2019 年第 10 期。

［49］李文华、刘某承:《关于中国生态补偿机制建设的几点思考》,载于《资源科学》2010 年第 5 期。

［50］李潇、李国平:《基于不完全契约的生态补偿“敲竹杠”治理——以国家重点生态功能区为例》,载于《财贸研究》2014 年第 6 期。

［51］李永友、张子楠:《转移支付提高了政府社会性公共品供给激励吗?》,载于《经济研究》2017 年第 1 期。

［52］厉以宁、章铮:《环境经济学》,中国计划出版社 1995 年版。

［53］梁流涛、祝孔超:《区际农业生态补偿:区域划分与补偿标准核算——基于虚拟耕地流动视角的考察》,载于《地理研究》2019 年第 8 期。

［54］梁若冰、席鹏辉:《轨道交通对空气污染的异质性影响——基于 RDID 方法的经

验研究》，载于《中国工业经济》2016 年第 3 期。

[55] 刘冲、乔坤元、周黎安：《行政分权与财政分权的不同效应：来自中国县域的经验证据》，载于《世界经济》2014 年第 10 期。

[56] 刘凤朝、徐茜：《中国科技政策主体合作网络演化研究》，载于《科学学研究》2012 年第 2 期。

[57] 刘格格、周玉玺、葛颜祥：《多样化生态补偿有助于缓解生态保护红线区农户相对贫困吗》，载于《中国农村观察》2023 年第 6 期。

[58] 刘桂环、陆军、王夏晖：《中国生态补偿政策概览》，中国环境出版社 2013 年版。

[59] 刘桂环、王夏晖、何军等：《中国生态补偿政策发展报告（2018）》，中国环境出版社 2019 年版。

[60] 刘桂环、王夏晖、文一惠：《中国生态补偿政策发展报告（2019）》，中国环境出版社 2020 年版。

[61] 刘炯：《政府间财政生态补偿的激励机制与政策效果：基于东部六省 47 个地级城市的实证研究》，武汉大学出版社 2015 年版。

[62] 刘尚希、李敏：《论政府间转移支付的分类》，载于《财贸经济》2006 年第 3 期。

[63] 卢洪友、杜亦谡、祁毓：《生态补偿的财政政策研究》，载于《环境保护》2014 年第 5 期。

[64] 卢洪友、余锦亮：《生态转移支付的成效与问题》，载于《中国财政》2018 年第 4 期。

[65] 吕忠：《理解中国科层制行为：基于既有文献的分析》，载于《社会主义研究》2019 年第 2 期。

[66] 吕忠梅：《超越与保守——可持续发展视野下的环境法创新》，法律出版社 2003 年版。

[67] 罗小芳、卢现祥：《环境治理中的三大制度经济学学派：理论与实践》，载于《国外社会科学》2011 年第 6 期。

[68] 罗知、齐博成：《环境规制的产业转移升级效应与银行协同发展效应——来自长江流域水污染治理的证据》，载于《经济研究》2021 年第 2 期。

[69] 马恩涛、李鑫：《PPP 模式下项目参与方协作关系研究——基于社会网络理论的分析框架》，载于《财贸经济》2017 年第 38 卷第 7 期。

[70] 马骏、程常高、唐彦：《基于多主体成本分担博弈的流域生态补偿机制设计》，载于《中国人口·资源与环境》2021 年第 31 期。

[71] 毛显强、钟瑜、张胜：《生态补偿的理论探讨》，载于《中国人口·资源与环境》2002 年第 12 期。

[72] 毛显强、钟瑜、张胜：《生态补偿的理论探讨》，载于《中国人口·资源与环境》2002 年第 4 期。

[73] 缪小林、赵一心：《生态功能区转移支付对生态环境改善的影响：资金补偿还是制度激励？》，载于《财政研究》2019 年第 5 期。

[74] 牛志伟、邹昭晞：《农业生态补偿的理论与方法——基于生态系统与生态价值一致性补偿标准模型》，载于《管理世界》2019 年第 11 期。

[75] 潘鹤思、李英、柳洪志：《央地两级政府生态治理行动的演化博弈分析——基于财政分权视角》，载于《生态学报》2019 年第 39 期。

[76] 潘华、周小凤：《长江流域横向生态补偿准市场化路径研究——基于国土治理与产权视角》，载于《生态经济》2018 年第 34 期。

[77] 邱君：《我国化肥施用对水污染的影响及其调控措施》，载于《农业经济问题》2007 年第 S1 期。

[78] 曲超、刘艳红、董战峰：《基于 DID 模型的流域横向生态补偿政策的污染——贵州省赤水河流域实证研究》，载于《生态经济》2019 年第 35 期。

[79] 渠敬东：《项目制：一种新的国家治理体制》，载于《中国社会科学》2012 年第 5 期。

[80] 权昌会、李生、王乐军：《美国农业法》，经济科学出版社 1997 年版。

[81] 任以胜、龙一鸣、陆林：《流域生态补偿政策对受偿地区水污染强度的影响——以新安江流域为例》，载于《经济地理》2023 年第 11 期。

[82] 任以胜、陆林、虞虎等：《尺度政治视角下的新安江流域生态补偿政府主体博弈》，载于《地理学报》2020 年第 75 期。

[83] 邵帅、李欣、曹建华：《中国的城市化推进与雾霾治理》，载于《经济研究》2019 年第 54 期。

[84] 沈洪满、程华、陆根尧：《生态文明建设与区域经济协调发展战略研究》，科学出版社 2012 年版。

[85] 沈坤荣、金刚：《中国地方政府环境治理的政策效应——基于"河长制"演进的研究》，载于《中国社会科学》2018 年第 5 期。

[86] 沈满洪、陆菁：《论生态保护补偿机制》，载于《浙江学刊》2004 年第 4 期。

[87] 沈满洪、谢慧明：《跨界流域生态补偿的"新安江模式"及可持续制度安排》，载于《中国人口·资源与环境》2020 年第 30 期。

[88] 施祖麟、毕亮亮：《我国跨行政区河流域水污染治理管理机制的研究——以江浙边界水污染治理为例》，载于《中国人口·资源与环境》2007 年第 3 期。

[89] 石绍宾、樊丽明：《对口支援：一种中国式横向转移支付》，载于《财政研究》2020 年第 1 期。

[90] 宋皓：《中美两国农业生态补偿法律机制比较及经验借鉴研究》，载于《世界农业》2016 年第 12 期。

[91] 宋弘、孙雅洁、陈登科：《政府空气污染治理效应评估——来自中国"低碳城市"建设的经验研究》，载于《管理世界》2019 年第 35 期。

[92] 宋娇娇、徐芳、孟溦：《中国科技评价政策的变迁与演化：特征、主题与合作网络》，载于《科研管理》2021 年第 10 期。

[93] 苏竣：《公共科技政策导论》，科学出版社 2014 年版。

[94] 孙开、孙琳：《流域生态补偿机制的标准设计与转移支付安排——基于资金供给视角的分析》，载于《财贸经济》2015 年第 12 期。

[95] 孙翔、王玢、董战峰：《流域生态补偿：理论基础与模式创新》，载于《改革》2021 年第 8 期。

[96] 孙玉涛、张宏烨、姜琳：《贡献者还是中间人：中央部门在创新政策网络治理中的角色——一项 1980—2019 年的实证研究》，载于《科学学与科学技术管理》2022 年第 3 期。

[97] 唐为：《分权、外部性与边界效应》，载于《经济研究》2019 年第 3 期。

[98] 田民利：《基于区域生态补偿的横向转移支付制度研究》，中国海洋大学博士学位论文，2013 年。

[99] 王传海、李宽意、文明章、刘正文：《苦草对水中环境因子影响的日变化特征》，载于《农业环境科学学报》2007 年第 2 期。

[100] 王登举：《日本的森林生态效益补偿制度及最新实践》，载于《世界林业研究》2005 年第 5 期。

[101] 王刚、毛杨：《海洋环境治理的注意力变迁：基于政策内容与社会网络的分析》，载于《中国海洋大学学报（社会科学版）》2019 年第 1 期。

[102] 王慧杰、毕粉粉、董战峰：《基于 AHP – 模糊综合评价法的新安江流域生态补偿政策绩效评估》，载于《生态学报》2020 年第 40 期。

[103] 王金南、万军、张惠远：《关于我国生态补偿机制与政策的几点认识》，载于《环境保护》2006 年第 19 期。

[104] 王军锋、侯超波：《中国流域生态补偿机制实施框架与补偿模式研究——基于补偿资金来源的视角》，载于《中国人口·资源与环境》2013 年第 23 期。

[105] 王攀科：《论我国生态补偿法律制度的完善》，石家庄经济学院硕士学位论文，2014 年。

[106] 王前进、王希群、陆诗雷等：《生态补偿的经济学理论基础及中国的实践》，载于《林业经济》2019 年第 1 期。

[107] 王玮：《中国能引入横向财政平衡机制吗？——兼论"对口支援"的改革》，载于《财贸研究》2010 年第 21 期。

[108] 王奕淇、李国平：《基于能值拓展的流域生态外溢价值补偿研究——以渭河流域上游为例》，载于《中国人口·资源与环境》2016 年第 11 期。

[109] 伍如昕、黄沐、郎玉函：《中国节能政策注意力变迁研究——基于中央政策文本的量化分析》，载于《资源科学》2023 年第 1 期。

[110] 伍文中：《从对口支援到横向财政转移支付：文献综述及未来研究趋势》，载于《财经论丛》2012 年第 1 期。

[111] 夏勇、钟茂初、寇冬雪：《流域生态补偿试点的经济效益》，载于《世界经济》2024 年第 5 期。

[112] 谢申祥、范鹏飞、宛圆渊：《传统 PSM – DID 模型的改进与应用》，载于《统计研究》2021 年第 38 期。

[113] 熊烨：《我国地方政策转移中的政策"再建构"研究——基于江苏省一个地级市河长制转移的扎根理论分析》，载于《公共管理学报》2019 年第 16 期。

[114] 徐大伟、荣金芳、李斌：《生态补偿的逐级协商机制分析：以跨区域流域为例》，载于《经济学家》2013 年第 9 期。

[115] 徐大伟、涂少云、常亮、赵云峰：《基于演化博弈的流域生态补偿利益冲突分析》，载于《中国人口·资源与环境》2012 年第 22 期。

[116] 徐国冲、霍龙霞：《食品安全合作监管的生成逻辑——基于 2000—2017 年政策文本的实证分析》，载于《公共管理学报》2020 年第 17 卷第 1 期。

[117] 徐敏、张涛、王东等：《中国水污染防治 40 年回顾与展望》，载于《中国环境管理》2019 年第 3 期。

[118] 徐阳光：《对口支援与横向财政转移支付立法问题研究》，载于《经济法学评论》2011 年第 11 期。

[119] 阎波、武龙、陈斌、杨泽森、吴建南：《大气污染何以治理？——基于政策执行网络分析的跨案例比较研究》，载于《中国人口·资源与环境》2020 年第 30 卷第 7 期。

[120] 杨梦杰、杨凯、李根、牛小丹：《博弈视角下跨界河流水资源保护协作机制——以太湖流域太浦河为例》，载于《自然资源学报》2019 年第 34 期。

[121] 杨小军、费梓萱、任林静：《组态视角下流域多元化生态补偿的差异化驱动路径分析》，载于《中国农村经济》2023 年第 12 期。

[122] 杨晓萌：《中国生态补偿与横向转移支付制度的建立》，载于《财政研究》2013 年第 2 期。

[123] 杨志、牛桂敏、兰梓睿：《左右岸跨界水污染治理演化博弈与政策路径研究》，载于《中国环境科学》2021 年第 41 期。

[124] 俞海、任勇：《流域生态补偿机制的关键问题分析——以南水北调中线水源涵养区为例》，载于《资源科学》2007 年第 2 期。

[125] 袁广达：《环境成本视角的跨界流域生态补偿标准量化研究》，载于《会计研究》2022 年第 6 期。

[126] 曾婧婧、张阿城、刘定杰：《互联网时代府际关系网络的结构特征及其成因——基于 284 个地级市政务微博数据的社会网络分析》，载于《情报杂志》2018 年第 37 卷第 7 期。

[127] 张兵兵、王圆、申广军：《流域横向生态保护补偿与共同富裕》，载于《世界经济》2024 年第 4 期。

[128] 张国建、佟孟华、李慧等：《扶贫改革试验区的经济增长效应及政策有效性评估》，载于《中国工业经济》2019 年第 8 期。

[129] 张捷、傅京燕：《我国流域省际横向生态补偿机制初探——以九洲江和汀江—韩江流域为例》，载于《中国环境管理》2016 年第 8 期。

[130] 张捷、王海燕：《社区主导型市场化生态补偿机制研究——基于"制度拼凑"与"资源拼凑"的视角》，载于《公共管理学报》2020 年第 3 期。

[131] 张涛、马海群、易扬：《文本相似度视角下我国大数据政策比较研究》，载于《图书情报工作》2020 年第 64 卷第 12 期。

[132] 张文彬、李国平：《国家重点生态功能区转移支付动态激励效应分析》，载于《中国人口·资源与环境》2015 年（a）第 25 期。

[133] 张文彬、李国平：《生态保护能力异质性、信号发送与生态补偿激励——以国家重点生态功能区转移支付为例》，载于《中国地质大学学报（社会科学版）》2015 年（b）第 15 期。

[134] 张细兵：《中国古代治水理念对现代治水的启示》，载于《人民长江》2015 年第 18 期。

[135] 赵西亮：《基本有用的计量经济学》，北京大学出版社 2022 年版。

[136] 赵杏一：《美国、德国、日本森林生态补偿法律制度研究》，载于《世界农业》2016 年第 8 期。

[137] 赵阳、沈洪涛、刘乾：《中国的边界污染治理——基于环保督查中心试点和微观企业排放的经验证据》，载于《经济研究》2021 年第 56 期。

[138] 折晓叶、陈婴婴：《项目制的分级运作机制和治理逻辑——对"项目进村"案例的社会学分析》，载于《中国社会科学》2011 年第 4 期。

[139] 郑云辰、葛颜祥、接玉梅等：《流域多元化生态补偿分析框架：补偿主体视角》，载于《中国人口·资源与环境》2019 年第 29 期。

[140] 郑周胜：《中国式财政分权下环境污染问题研究》，兰州大学博士学位论文，2012 年。

[141] 周晨、丁晓辉、李国平等：《南水北调中线工程水源区生态补偿标准研究——以生态系统服务价值为视角》，载于《资源科学》2015 年第 4 期。

[142] 周黎安：《行政发包制》，载于《社会》2014 年第 6 期。

[143] 周黎安：《转型中的地方政府：官员激励与治理（第二版）》，上海人民出版社 2018 年版。

[144] 周雪光、练宏：《中国政府的治理模式：一个"控制权"理论》，载于《社会学研究》2012 年第 5 期。

[145] 周英男、黄赛、宋晓曼：《中国绿色增长政策执行主体协同网络演化研究》，载于《科研管理》2021 年第 42 卷第 8 期。

[146] 周映华：《流域生态补偿的困境与出路——基于东江流域的分析》，载于《公共管理学报》2008 年第 2 期。

[147] 朱建华、张惠远、郝海广、胡旭珺：《市场化流域生态补偿机制探索——以贵州省赤水河为例》，载于《环境保护》2018 年第 46 期。

[148] 朱仁显、李佩姿：《跨区流域生态补偿如何实现横向协同？——基于 13 个流域生态补偿案例的定性比较分析》，载于《公共行政评论》2021 年第 14 期。

[149] Abbasi, A., Altmann, J., Hossain, L. Identifying the Effects of Co-authorship networks on the Performance of Scholars: A Correlation and Regression Analysis of Performance

Measures and Social Network Analysis Measures. *Journal of Informetrics*, Vol. 5, No. 4, 2011, pp. 594 – 607.

［150］Allers M. A., Yardstick Competition, Fiscal Disparities, and Equalization. *Economics Letters*, Vol. 117, No. 1, 2012, pp. 4 – 6.

［151］Ballatore T., 5. 14 Lake Biwa and the World's Lakes: Rapporteurs: Williams and Ballatore. *Water Policy*, Vol. 3, 2001, pp. 1 – 10.

［152］Beck T., Levine R., Levkov A., Big Bad Banks? The Winners and Losers from Bank Deregulation in the United States. *Journal of Finance*, Vol. 65, No. 5, 2010, pp. 1637 – 1667.

［153］Behr P., Sonnekalb S., The Effect of Information Sharing Between Lenders on Access to Credit, Cost of Credit, and Loan Performance – Evidence from a Credit Registry Introduction. *Journal of Banking & Finance*, Vol. 36, No. 11, 2012, pp. 3017 – 3032.

［154］Busch J., Mukherjee A., Encouraging State Governments to Protect and Restore Forests Using Ecological Fiscal Transfers: India's Tax Revenue Distribution Reform. *Conservation Letters*, Vol. 11, No. 2, 2018, pp. 1 – 23.

［155］Busch J., Ring I., Akullo M., Amarjargal O., Borie M., Cassola R. S., …… Zhou K., A Global Review of Ecological Fiscal Transfers. *Nature Sustainability*, Vol. 4, No. 9, 2021, pp. 756 – 765.

［156］Callaway B., Sant'Anna P. H. C., Difference-in – Differences with Multiple Time Periods. *Journal of Econometrics*, Vol. 225, No. 2, 2020, pp. 200 – 230.

［157］Carson, R., *Silent Spring*. New York: Houghton Mifflin Harcourt, 1962.

［158］Chen, D., Lü, L., Shang, M. S., Zhang, Y. C., Zhou, T. Identifying Influential Nodes in Complex Networks. *Physica A: Statistical Mechanics and its Applications*, Vol. 391, No. 4, 2012, pp. 1777 – 1787.

［159］Daily G. R., Nature's Services: Societal Dependence on Natural Ecosystems. *Environmental Values*, Vol. 7, No. 3, 1998, pp. 1 – 12.

［160］De Nooy, W., Mrvar, A., Batagelj, V. *Exploratory social network analysis with Pajek* (Revised and expanded edition for updated software). Cambridge University Press, 2018.

［161］D. Knoke, Burt, R. S. Applied network analysis. Sage, 1983.

［162］Freeman, L. C. A Set of Measures of Centrality Based on Betweenness. *Sociometry*, 1977, pp. 35 – 41.

［163］Freeman, L. C. Centrality in Social Networks: Conceptual Clarification. *Social Networks*, Vol. 1, No. 3, 1978, pp. 215 – 239.

［164］Gao, X., Shen, J., He, W., Sun, F., Zhang, Z., Guo, W., ……Kong, Y., An Evolutionary Game Analysis of Governments' Decision – Making Behaviors and Factors Influencing Watershed Ecological Compensation in China. *Journal of Environmental Management*, Vol. 251, 2019, P. 109592.

［165］ Heckman J. J. , Ichimura H. , Todd P. E. , Matching as an Econometric Evaluation Estimator. *Review of Economic Studies*, Vol. 65, No. 2, 1998, pp. 261 – 294.

［166］ He G. , Wang S. , Zhang B. , Watering Down Environmental Regulation in China. *The Quarterly Journal of Economics*, Vol. 135, No. 4, 2020, pp. 2135 – 2185.

［167］ Imperatives S. , Report of the World Commission on Environment and Development: Our Common Future. *Accessed*, Vol. 10, Feb. 1987, pp. 42 – 427.

［168］ Irawan S. , Tacconi L. , Ring I. , Designing Intergovernmental Fiscal Transfers for Conservation: The Case of REDD + Revenue Distribution to Local Governments in Indonesia. *Land Use Policy*, Vol. 36, 2014, pp. 47 – 59.

［169］ I. Ring, D. N. Barton, *Economic Instruments in Policy Mixes for Biodiversity Conservation and Ecosystem Governance*. Handbook of Ecological Economics, Edward Elgar Publishing, 2015.

［170］ Kahn M. E. , Li P. , Zhao D. , Water Pollution Progress at Borders: The Role of Changes in China's Political Promotion Incentives. *American Economic Journal: Economic Policy*, Vol. 7, No. 4, 2015, pp. 223 – 242.

［171］ Kosoy N. , Martinez – Tuna M. , Muradian R. , Martinez – Alier J. , Payments for Environmental Services in Watersheds: Insights from a Comparative Study of Three Cases in Central America. *Ecological Economics*, Vol. 61, Nos. 2 – 3, 2007, pp. 446 – 455.

［172］ Kumar S. , Managi S. , Compensation for Environmental Services and Intergovernmental Fiscal Transfers: The Case of India. *Ecological Economics*, Vol. 68, No. 12, 2009, pp. 3052 – 3059.

［173］ Li, P. , Lu, Y. , Wang, J. Does Flattening Government Improve Economic Performance? Evidence from China. *Journal of Development Economics*, Vol. 123, 2016, pp. 18 – 37.

［174］ Liu, Y. , Alm, J. "Province – Managing – County" fiscal reform, land expansion, and urban growth in China. *Journal of Housing Economics*, Vol. 33, 2016, pp. 82 – 100.

［175］ Lu, Y. , Fan, L. , Zhai, L. , Evolutionary Game Analysis of Inter – Provincial Diversified Ecological Compensation Collaborative Governance. *Water Resources Management*, Vol. 37, No. 1, 2023, pp. 341 – 357.

［176］ Nieminen, J. On the Centrality in a Graph. *Scandinavian Journal of Psychology*, Vol. 15, No. 1, 1974, pp. 332 – 336.

［177］ N. Lin, *Foundations of Social Research*. McGraw – Hill Press, 1995.

［178］ Nunn N. , Qian N. , The Potato's Contribution to Population and Urbanization: Evidence from a Historical Experiment. The Quarterly *Journal of Economics*, Vol. 126, No. 2, 2011, pp. 593 – 650.

［179］ P. Dugan, *Biochemical Ecology of Water Pollution*. Berlin: Springer Science & Business Media, 2012, pp. 1 – 300.

[180] Ring I. , Integrating Local Ecological Services into Intergovernmental Fiscal Trans-fers: The Case of the Ecological ICMS in Brazil. *Land Use Policy*, Vol. 25, No. 4, 2008, pp. 485 – 497.

[181] Russo, T. C. , Koesten, J. Prestige, Centrality, and Learning: A Social Network Analysis of an Online Class. *Communication Education*, Vol. 54, No. 3, 2005, pp. 254 – 261.

[182] Sabidussi, G. The Centrality Index of a Graph. *Psychometrika*, Vol. 31, No. 4, 1966, pp. 581 – 603.

[183] Salzman J. , Bennett G. , Carroll N. , Goldstein A. , Jenkins M. , The Global Status and Trends of Payments for Ecosystem Services. *Nature Sustainability*, Vol. 1, No. 3, 2018, pp. 136 – 144.

[184] Samuelson, P. A. , The Transfer Problem and Transport Costs, II: Analysis of Effects of Trade Impediments. *The Economic Journal*, Vol. 64, No. 254, 1954, pp. 264 – 289.

[185] Santos R. , Ring I. , Antunes P. , Clemente P. , Fiscal Transfers for Biodiversity Conservation: The Portuguese Local Finances Law. *Land Use Policy*, Vol. 29, No. 2, 2012, pp. 261 – 273.

[186] Sauquet A. , Marchand S. , Feres J. G. , Protected Areas, Local Governments, and Strategic Interactions: The Case of the ICMS-Ecológico in the Brazilian State of Pa-raná. *Ecological Economics*, Vol. 107, 2014, pp. 249 – 258.

[187] Shih, H. Y. Network Characteristics of Drive Tourism Destinations: An Application of Network Analysis in Tourism. *Tourism Management*, Vol. 27, No. 5, 2006, pp. 1029 – 1039.

[188] Smith, J. M. , Price, G. R. , The Logic of Animal Conflict. *Nature*, Vol. 246, No. 5427, 1973, pp. 15 – 18.

[189] Suhardiman D. , Wichelns D. , Lestrelin G. , Hoanh C. T. , Payments for Ecosystem Services in Vietnam: Market-Based Incentives or State Control of Resources? *Ecosystem Services*, Vol. 5, 2013, pp. 94 – 101.

[190] S. Wasserman, Faust, K. *Social network analysis: Methods and applications.* Cambridge University Press, 1994.

[191] Taylor, P. D. , Jonker, L. B. , Evolutionarily Stable Strategies and Game Dynamics. *Mathematical Biosciences*, Vol. 40, No. 1 – 2, 1978, pp. 145 – 156.

[192] Wang S. , Li J. , Zhang B. , Lee Z. , Spyrakos E. , Feng L. , Zhang X. , Changes of Water Clarity in Large Lakes and Reservoirs Across China Observed from Long – Term MODIS. *Remote Sensing of Environment*, Vol. 247, 2020, P. 111949.

[193] Wang S. , Li J. , Zhang W. , Cao C. , Zhang F. , Shen Q. , Zhang B. , A Dataset of Remote – Sensed Forel – Ule Index for Global Inland Waters During 2000 – 2018. *Scientific Data*, Vol. 8, No. 1, 2021 (a), pp. 1 – 10.

[194] Wang X. , Wu H. , Woo W. T. , Xie S. , OFDI and Stock Returns: Evidence from Manufacturing Firms Listed on the Chinese A – Shares Market. *Journal of Asian Economics*,

Vol. 74，2021（b），P. 101304.

［195］Wei C. , Luo C. , A Differential Game Design of Watershed Pollution Management Under Ecological Compensation Criterion. *Journal of Cleaner Production*, 2020, pp. 122320.

［196］Wing C. , Simon K. , Bello-Gomez R. A. , Designing Difference in Difference Studies: Best Practices for Public Health Policy Research. *Annual Review of Public Health*, Vol. 39, No. 1, 2018, pp. 453 – 469.

［197］Xu，C. The Fundamental Institutions of China's Reforms and Development. *Journal of Economic Literature*, Vol. 49, No. 4, 2011, pp. 1076 – 1151.

［198］Yin，C. , Gu，H. , Zhang，S. Measuring Technological Collaborations on Carbon Capture and Storage Based on Patents: A Social Network Analysis Approach. *Journal of Cleaner Production*, 2020, P. 122867.

［199］Young，H. P. , The Evolution of Conventions. *Econometrica*, Vol. 61, No. 1, 1993, pp. 57 – 84.

［200］Zhong S. , Geng Y. , Huang B. , Zhu Q. , Wu F. , Quantitative Assessment of Eco – Compensation Standard from the Perspective of Ecosystem Services: A Case Study of Erhai in China. *Journal of Cleaner Production*, 2020, P. 121530.

后　记

　　生态补偿是生态文明建设的重要制度创新，特别是横向生态补偿机制，作为探索流域跨区域合作的新路径，为生态文明建设注入了源源不断的绿色动力。本书的起草和编撰历时五年之余，笔者自博士阶段起便将研究重点聚焦于生态补偿政策。在撰写博士学位论文《流域生态补偿转移支付的政策激励与效应研究》时，笔者已经深入探索了该领域的理论与实践，在此基础上，通过本书进一步深化了对政策的概述与实际应用，并对流域生态补偿政策的内容进行了扩展与更新。

　　在撰写博士论文的过程中，笔者曾设想，毕业以后若有机会担任大学教师，愿将自己的研究成果转化为教学内容，让更多的学生或读者能够了解并掌握该领域的基础知识与前沿问题，尤其是在方法论及其应用进一步细化和阐述。将研究成果转化为教学内容是一项既辛苦又充满成就感的工作，尤其在还原研究过程与步骤并细化操作过程中。这种对研究方法的复现与演绎，不仅使我们更深入地理解自己的研究成果，也让我们对这些成果的价值和意义更加充满信心。因此，经过与合作者的深入讨论，笔者决定通过编撰著作的形式，结合数据与软件应用的操作示范，不仅能够分享研究成果，还能推动这些研究成果转化为教学知识，将科学研究更好地融入课堂教学，进而激发学生们对学术研究的兴趣和探索精神。

　　在本书稿的编写过程中，笔者衷心感谢以下人员的帮助：首先，感谢西南财经大学财政税务学院曾斌博士对本教材第6章的博弈模型设置与代码的检验，以及课后习题的整理，为本书稿的理论部分提供了重要支撑；其次，感谢成都工业学院鲜琴讲师对本书稿第7章的资料整理与精心校稿，不仅包括代码整理和语言润色，极大地提升了书稿的质量。与此同时，特别感谢西南财经大学工商管理学院研究生雷念念同学在书稿前四章资料整理与语言修订方面所付出的努力，为本书提供了扎实的基础资料，为本书稿的顺利完成做出了重大贡献（按姓名笔画排序）。

　　最后，为了感谢读者的信任，本书对第5章至第7章中涉及的相关数据资料进行授权共享。资料包含政策文本数据与面板数据：第 5 章提供的流域生态补偿政策文本数据（文件名：Policy. CSV）和第 7 章的城市间横向生态补偿面板数据文件（文件名：HEC_trans. dta）以及其他辅助数据集（如 pollu_Indicator. dta 和 FUI. dta）等。若读者对第 7 章中的数据感兴趣，可以通过访问作者个人网页（目前正在建设中）或关注微信公众号"双碳数据开发及能源安全研究团队"获取下载链接。

余　婕